世纪英才高等职业教育课改系列规划教材（计算机类）

计算机网络项目教程

李林峰　王利冬　主　编

王　华　张国芳　黄莎莉　赵德宝　副主编

何　杰　龚　瑞　编　著

人民邮电出版社

北　京

图书在版编目（CIP）数据

计算机网络项目教程 / 李林峰，王利冬主编；何杰，龚瑞编著. -- 北京：人民邮电出版社，2011.9
世纪英才高等职业教育课改系列规划教材. 计算机类
ISBN 978-7-115-25274-6

Ⅰ. ①计… Ⅱ. ①李… ②王… ③何… ④龚… Ⅲ. ①计算机网络－高等职业教育－教材 Ⅳ. ①TP393

中国版本图书馆CIP数据核字(2011)第115897号

内 容 提 要

根据高职高专教育的培养目标、特点和要求，本书在内容上遵循"宽、新、浅、实"的原则，较全面地介绍了计算机网络的基础知识和基本技术。全书内容包括认识计算机网络、计算机与局域网的连接、小型局域网的组建、小型企业网的组建、网络操作系统的基本配置、Internet 的接入、应用服务器的安装与配置、计算机网络安全防护。

本书内容丰富，条理清晰，难度适中，理论结合实际，讲解深入浅出，循序渐进，通俗易懂，附有大量的图形、表格、实例和习题。

本书可作为高职高专各专业的计算机网络技术基础课程教材，也可作为计算机网络培训班和计算机网络爱好者的自学参考书。

世纪英才高等职业教育课改系列规划教材（计算机类）

计算机网络项目教程

◆ 主　　编　李林峰　王利冬
　　副 主 编　王　华　张国芳　黄莎莉　赵德宝
　　编　　著　何　杰　龚　瑞
　　责任编辑　丁金炎
　　执行编辑　郝彩红　严世圣

◆ 人民邮电出版社出版发行　　北京市崇文区夕照寺街 14 号
　　邮编　100061　　电子邮件　315@ptpress.com.cn
　　网址　http://www.ptpress.com.cn
　　大厂聚鑫印刷有限责任公司印刷

◆ 开本：787×1092　1/16
　　印张：14.25
　　字数：357 千字　　　　　　　2011 年 9 月第 1 版
　　印数：1 - 3 000 册　　　　　　2011 年 9 月河北第 1 次印刷

ISBN 978-7-115-25274-6

定价：28.00 元

读者服务热线：(010)67132746　印装质量热线：(010)67129223
反盗版热线：(010)67171154
广告经营许可证：京崇工商广字第 0021 号

在计算机网络教材的内容上，不同的作者是见仁见智。有的教材内容侧重于对网络分层结构以及各层通信协议的深入探讨。学生学习这些理论知识能够掌握计算机网络的原理，了解计算机网络运行的基本机制和方法，但是学完这些以后，由于缺乏感性认识，学生还是不会解决具体的问题，比如不会使用网络设备，不了解网络工程的施工思路，对具体的网络管理问题束手无策。关键的是理论和现实脱节，甚至不知道学完以后自己可以去做什么。

许多应用型教材则把重心放到各种实训上，学生可以迅速接触到一些社会上的应用热点和常见问题，能够迅速上手，但是这样的教材更像是视频教程的纸面版，缺乏思维的深度，学生只知其然，不知其所以然，这样培养出来的学生，没有后发优势，不宜进一步的提高。

本教材的思路是：一方面参考经典本科教材的理论体系，内容取舍以够用为原则，一般来说，研究型、分析型的知识点不再保留或降低难度要求；另一方面舍弃过时的知识，重点探讨当前社会应用的主流技术，在保持难度适宜的原则下，不吝篇幅进行基础理论讲述，帮助学生把基础打牢。

本教材在编写时着力突出以下特色。

（1）参考国家职业标准

国家职业标准具有以职业活动为导向、以职业能力为核心的特点。目前，我国正在高职院校积极推行职业院校"双证书"制度。要求高职院校毕业生在取得学历证书的同时应获得相应的职业资格证书，因此，本书在编写时参照了《计算机网络管理员国家职业标准》，内容涵盖网络管理员职业标准所规定的能力范围，力求突出职业特色和岗位特色。

（2）采用项目模式

本书的所有内容以组建和管理一个基于 Windows Server 2003 和 Windows XP 的小型局域网为主要目标，从硬件网络的构建到软件应用的实现，按照网络工程的实际流程展开，并采用项目模式，将计算机网络基础知识综合在各项技能中。希望读者能边做边学，真正能够利用所学知识解决实际问题，以形成基本的职业能力。

（3）紧跟社会热点应用

计算机网络技术发展很快，本书着力于当前主流技术和新技术的讲解，加入了一些较新的热点技术。在编写过程中，还有丰富实践经验的企业技术人员参与教材的编写，所有的内容都和当前计算机网络实际应用情况密切联系，使所有内容紧跟行业发展。

本书主要内容为：认识计算机网络、计算机与局域网的连接、小型局域网的组建、小型企业网的组建、网络操作系统的基本配置、Internet 的接入、应用服务器的安装与配置、计算机网络安全防护。每个项目后都附有技能实训和思考与练习。

本教材由李林峰、王利冬担任主编，王华、张国芳、黄莎莉、赵德宝担任副主编，何杰、龚瑞担任编著。参加本书编写的有李林峰（导读、项目1）、王利冬（项目2、项目3）、张国芳（项目4）、郭小娟（项目5）、河南工程学院的李林峻（项目6、项目7）。

本书的编者意在奉献给读者一本实用并具有特色的教材，但由于书中涉及的很多内容较新，加上编者水平有限，所以难免有错误和不妥之处，敬请广大读者批评指正。

编者

Contents

目 录

导读 认识计算机网络

计算机网络是计算机技术与通信技术相融合的产物。1946 年第一台电子计算机 ENIAC 的诞生标志着向信息社会迈进的开始。随着半导体技术、磁记录技术的发展和计算机软件的开发，计算机技术的发展异常迅速，而 20 世纪 70 年代微型计算机（微机）的出现和发展，使计算机在各个领域得到广泛普及和应用，从而加快了信息技术革命，使人类进入了信息时代。在计算机应用的过程中，需要对大量复杂的信息进行收集、交换、加工、处理和传输，从而引入了通信技术，以便通过通信线路为计算机或终端设备提供收集、交换和传输信息的手段。

0.1 计算机网络

一台计算机的资源是有限的，要想实现共享数据资源和硬件资源，就必须将计算机连接起来形成网络。从某种意义上讲，计算机网络的发展水平不仅反映了一个国家的计算机科学和通信技术的水平，同时也是衡量其国力及现代化程度的重要标志之一。

0.1.1 计算机网络的定义和功能

计算机网络的定义没有统一的标准，根据计算机网络发展的阶段或侧重点的不同，对计算机网络有几种不同的定义。根据目前计算机网络的特点，侧重资源共享的计算机网络定义则更准确地描述了计算机网络的特点。

计算机网络是把一定地理范围内的计算机通过通信线路连接起来，在特定的通信协议和网络系统软件的支持下，彼此相互通信并共享资源的系统。

因此，可以把计算机网络系统定义为：凡是将地理位置不同，并具有独立功能的多台计算机系统通过通信设备和线路连接起来，以功能完善的网络软件实现在网络中资源共享的系统。

计算机网络的功能很多，归纳起来有 4 种。

1. 数据交换和通信

计算机网络中的计算机之间或计算机与终端之间，可以快速可靠地相互传递数据、程序或文件。例如，电子邮件（E-mail）可以使相隔万里的异地用户快速、准确地相互通信；电子数据交换（EDI）可以实现在商业部门（如海关、银行等）或公司之间进行订单、发票、单据等商业文件安全准确的交换；文件传输协议（FTP）可以实现文件的实时传递，为用户复制和查找文件提供了有力的工具。

2. 资源共享

充分利用计算机网络中提供的资源（包括硬件、软件和数据）是计算机网络组网的主要目标之一。计算机的许多资源是十分昂贵的，不可能为每个用户所拥有。例如，进行复杂运算的巨型计算机、海量存储器、高速激光打印机、大型绘图仪、一些特殊的外设等，另外还有大型数据库、大型软件等，这些昂贵的资源都可以为计算机网络上的用户共享。资源共享既可以使用户减少投资，又可以提高这些计算机资源的利用率。

3．提高系统的可靠性

在一些用于计算机实时控制和要求高可靠性的场合，通过计算机网络实现的备份技术可以提高计算机系统的可靠性。当某一台计算机出现故障时，可以立即由计算机网络中的另一台计算机来代替其完成所承担的任务。例如，空中交通管理、工业自动化生产线、军事防御系统、电力供应系统等，都可以通过计算机网络设置备用或替换的计算机系统，以保证实时性管理和不间断运行系统的安全性和可靠性。

4．分布式网络处理和负载均衡

对于大型的任务或当网络中某台计算机的任务负荷太重时，可将任务分散到网络中的其他计算机上进行，这样既可以处理大型任务，使得一台计算机不会负担过重，又提高了计算机的可用性，起到了分布式处理和均衡负荷的作用。网格计算是目前兴起的分布式处理的典型应用。

0.1.2 计算机网络的应用

计算机网络的应用领域非常广泛，已经深入到社会的各个角落，在此仅给出几种典型的应用服务。

1．企业信息化

在行政部门、企业、校园内都运行有大量计算机，它们通常分布在整栋办公楼、工厂厂区和校园内。同时，有些公司拥有多家工厂，这些工厂与公司的一些分支机构和部门可能分布在世界各地。为了实现全公司的生产、经营与客户资料等信息的收集、分析和管理工作，很多公司将办公楼、厂区内以及分布在世界各地的分支机构内的计算机连接在各自的局域网内，然后再将这些地理位置分散的多个局域网互联起来，构成支持整个公司的大型信息系统的网络环境。员工可以通过计算机网络方便地收集各种信息资源，利用不同的计算机软件对信息进行处理，各种管理信息发布到各分支机构，完成信息资源的收集、分析、使用与管理，实现从产品设计、生产、销售到财务的全面管理。

2．电子商务

现代计算机技术为信息的传输和处理提供了强大的工具，特别是 Internet 在世界范围内的普及和发展，改变了产品的生产过程和企业的服务过程，商业空间拓展为全球性的规模、传统意义上的服务、商品流通、产品生产等概念和内涵在理念上发生了变化。面对全球激烈的市场竞争，企业的产品目录查询、订单接收、送货通知、网络营销、财务管理、库存管理、股票及期货分析与交易等，从多方位为企业提供了更多的商机，必须对变化的信息及时做出反应，充分利用现有的技术和资源对企业内部进行必要的改造和重组，以谋求更广泛的市场。事实上，电子商务正在将计算机技术，特别是万维网技术广泛应用于企业的业务流程，形成崭新的业务构架和交易模式。

从企业的角度出发，电子商务是基于计算机软硬件、网络通信等的经济活动。它以Internet、内联网和外联网作为载体，使企业有效地完成各项经营管理活动（包括市场、生产、制造、服务等），并协调企业之间的商业贸易和合作关系，发展和加深个体消费者与企业之间的联系，最终降低产、供、销的成本，增加企业利润，开辟新的市场。在这里，电子技术、网络手段、新的市场等因素汇合起来，形成一种崭新的商业机制，并逐步发展成与未来数字化社会相适应的贸易形式。

针对个人而言，电子商务正逐渐渗透到每个人的生存空间中，其范围涉及人们的生活、工作、学习及消费等领域。网上购物、远程医疗、远程教学、网上炒股等，这些崭新的名词不仅越来越多地出现在新闻媒体上，同时逐渐成为每个人生活的一部分。

电子商务对人们的生活方式也产生深远的影响。网上购物可以使人们足不出户就实现交易的全过程，网络搜索功能可以方便地让客户货比多家。同时，消费者将能以一种十分轻松、自由的自我服务方式来完成交易，从而使用户对服务的满意度大幅度提高。

3．信息发布与检索

随着新闻走向在线与个性化，人们可以通过网络向公共传媒服务商订阅感兴趣的新闻内容，然后传媒服务商会将用户订阅的新闻传送到其个人的计算机或手机上。这种服务也可以用于杂志、书籍和学术论文的在线数字图书馆。

另一类应用就是以万维网方式访问各类信息系统，它所包括的信息类型有政府、教育、艺术、保健、娱乐、科学、体育、旅游等各个方面，甚至是各类的商业广告。

在信息浩如烟海的互联网上，搜索引擎（如百度、雅虎、Google 等）为人们快速检索信息提供了有力的帮助，但是"信息爆炸"仍是阻碍人们获取有用信息的一大难题。

还有些网络应用允许用户主动发布信息，互相提供信息服务，如允许用户浏览、编辑或添加信息以共享某个领域的知识的维基百科（Wikipedia），以及在网络上出版、发表和张贴个人文章的网络日志（Blog、Web Log），等等。

4．个人通信

20 世纪人与人之间通信的基本工具是电话，21 世纪人与人之间通信的基本工具则是计算机网络，而计算机网络与个人移动通信业务的融合更加速了这方面的应用。电子邮件目前已得到广泛应用。电子邮件不仅用于传送文本文件，还可用于传送语音和图像文件。实时电子邮件允许远程用户之间无延时地进行通信，参与通信的双方可以看到对方的图像，听到对方的声音。这种技术可用于视频会议（Video Conference），而视频会议可用于远程教学、远程医疗以及其他很多方面的应用。即时通信（Instant Messaging，IM）自 1998 年面世以来，功能日益丰富，逐渐集成了电子邮件、博客、音乐、电视、游戏和搜索等多种功能。目前，微软、美国在线、雅虎、腾讯等公司都提供了互联网即时通信业务，如 Windows Live（MSN）、ICQ、网易泡泡、淘宝旺旺、雅虎通、Skype 等。

5．家庭娱乐

家庭娱乐正在对信息服务业产生着巨大的影响。它可以让人们在家里按需点播电影和电视节目，目前一些发达国家已经开展了这方面的服务。看电影有可能成为交互式的，观众可以在看电影时参与到电影情节中。家庭电视也可以成为交互式的，观众可以参与到猜谜等活动之中。

家庭娱乐最重要的应用可能是在游戏上。现在有很多人已经喜欢玩多人实时仿真游戏。如果使用虚拟现实的头盔和三维实时、高清晰度的图像，那么就可以共享很多虚拟现实的游戏和训练。

总之，基于计算机网络的各种应用、信息服务、通信与家庭娱乐都在促进信息产品制造业、软件产业与信息服务业的高速发展，也正在引起社会产业结构和从业人员知识结构的变化，将来会有更多的人从事信息产业与信息服务业的工作。

0.1.3　计算机网络的发展趋势

对于广大网络用户来说，Internet 是一个利用路由器来实现多个广域网和局域网互联的大型广域计算机网络。它对推动世界科学、文化、经济和社会的发展有着不可估量的作用。用户可以利用 Internet 来实现全球范围的电子邮件、信息查询与浏览、电子新闻、文件传输、语音与图像通信服务等功能。实际上，Internet 已成为覆盖全球的信息基础设施之一。

在 Internet 飞速发展与广泛应用的同时，高速网络的发展也引起了人们越来越多的注意。高速网络技术的发展主要表现在宽带综合业务数据网（B-ISDN）、异步传输模式（ATM）、高速局域网、交换局域网与虚拟网络上。

进入 20 世纪 90 年代以后，世界经济已经进入了一个全新的发展阶段。世界经济的发展推动着信息产业的发展，信息技术与网络的应用已成为衡量 21 世纪综合国力与企业竞争力的重要标准。1993 年 9 月，美国宣布了国家信息基础设施建设计划，它被形象地称为信息高速公路。美国建设信息高速公路的计划触动了世界各国，人们开始认识到信息技术的应用与信息产业的发展将会对各国经济发展产生重要的作用，因此，很多国家也纷纷开始制订各自的信息高速公路的建设计划。对于国家信息基础设施建设的重要性已在各国达成共识。1995 年 2 月，全球信息基础设施委员会成立，目的是推动与协调各国信息技术与信息服务的发展与应用。在这种情况下，全球信息化的发展趋势已不可逆转。

在企业内部网中采用 Internet 技术，促进了 Internet 技术的发展；企业网（Intranet）之间电子商务活动的开展又进一步促进了外联网（Extranet）技术的发展，同时对社会经济生活产生了重要的影响。Internet、Intranet 和 Extranet 是当前企业网研究与应用的热点。

建设信息高速公路就是为了满足人们在未来随时随地对信息交换的需要，在此基础上人们相应地提出了个人通信与个人通信网的概念，它将最终实现全球有线网与无线网的互联、邮电通信网与电视通信网的互联以及固定通信与移动通信的结合。在现有电话交换网（PSTN）、公共数据网（PDN）、广播电视网和 B-ISDN 的基础上，利用无线通信、蜂窝移动电话、卫星移动通信、有线电视网等通信手段，最终实现"任何人在任何地方，在任何的时间里，使用任一种通信方式，实现任何业务的通信"。

信息高速公路的服务对象是整个社会，因此，它要求网络无所不在，未来的计算机网络将覆盖所有的企业、学校、科研部门、政府及家庭，其覆盖范围可能要超过现有的电话通信网。为了支持各种信息的传输，网上电话、视频会议等应用对网络传输的实时性要求很高，未来的网络必须具有足够的带宽、很好的服务质量与完善的安全机制，以满足不同应用的需求。

以 ATM 为代表的高速网络技术发展迅速，目前，世界上很多发达国家都组建了各自的 ATM 网络，我国电信部门的骨干网和一些商业网上也广泛采用了 ATM 技术。在网络传输上，全光通信网（AON）因其在传输和交换的过程中始终以光的形式存在，具有处理高速率的光信号，可实现超长距离、超大容量的无中继通信，提高网络效率等多种优点而成为通信网未来的发展方向。

为了有效地保护金融、贸易等商业秘密以及政府机要信息与个人隐私，网络必须具有足够的安全机制，以防止信息被非法窃取、破坏与丢失。作为信息高速公路基础设施的网络系统，必须具备高度的可靠性与完善的管理功能，以保证信息传输的安全与畅通。因此，计算机网络技术的发展与应用必将对 21 世纪经济、军事、科技、教育与文化的发展产生重大的影响。

0.1.4　计算机网络的组成

1．计算机网络的系统组成
计算机网络要完成数据处理与数据通信两大基本功能，那么，它在结构上必然也可以分成两个部分：负责数据处理的计算机与终端；负责数据通信的通信控制处理机与通信线路。从计算机网络系统组成的角度看，典型的计算机网络从逻辑功能上可以分为资源子网和通信子网两部分，其结构如图 0-1 所示。

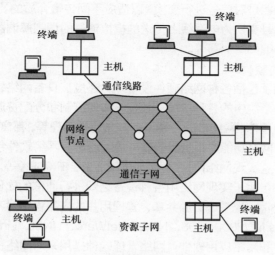

图 0-1　计算机网络的组成

（1）资源子网

资源子网由主机、终端、终端控制器、联网外设、各种软件资源与信息资源组成。资源子网负责全网的数据处理业务，并向网络用户提供各种网络资源与网络服务。

网络中主机可以是大型机、中型机、小型机、工作站或微机。主机是资源子网的主要组成单元，它通过高速通信线路与通信子网的通信控制处理机相连接。普通用户终端通过主机连入网内。主机要为本地用户访问网络其他主机设备与资源提供服务，同时要为网中远程用户共享本地资源提供服务。随着微机的广泛应用，连入计算机网络的微机数量日益增多，它可以作为主机的一种类型直接通过通信控制处理机连入网内，也可以通过联网的大、中、小型计算机系统间接连入网内。

终端控制器连接一组终端，负责这些终端和主机的信息通信，或直接作为网络节点。终端是直接面向用户的交互设备，可以是由键盘和显示器组成的简单的终端，也可以是微机系统。

计算机外设主要是网络中的一些共享设备，如大型的硬盘机、高速打印机、大型绘图仪等。

（2）通信子网

通信子网由通信控制处理机、通信线路与其他通信设备组成，完成网络数据传送、转发等通信处理任务。

通信控制处理机在通信子网中又称为网络节点。一方面，它作为与资源子网的主机、终端连接的接口，将主机和终端连入网内；另一方面，它又作为通信子网中的分组存储转发节点，完成分组的接收、校验、存储和转发等功能，实现将源主机报文准确发送到目的主机的作用。

通信线路为通信控制处理机与通信控制处理机、通信控制处理机与主机之间提供通信信道。计算机网络采用了多种通信线路，如电话线、双绞线、同轴电缆、光纤、无线通信信道、微波与卫星通信信道等。一般在大型网络中和相距较远的两节点之间的通信链路都利用现有的公共数据通信线路。

信号变换设备的功能是对信号进行变换，以适应不同传输介质的要求。这些设备一般有：将计算机输出的数字信号变换为电话线上传送的模拟信号的调制解调器、无线通信接收和发送器、用于光纤通信的编码解码器等。

2．计算机网络的软件

在网络系统中，除了包括各种网络硬件设备外，还应该具备网络软件。因为在网络上，每一个用户都可以共享系统中的各种资源、系统该如何控制和分配资源、网络中各种设备以何种规则实现彼此间的通信、网络中的各种设备该如何被管理等，都离不开网络的软件系统。因此，网络软件是实现网络功能必不可少的软环境。通常，网络软件包括以下几种。

（1）网络协议软件：实现网络协议功能，如 TCP/IP、IPX/SPX 等。

（2）网络通信软件：用于实现网络中各种设备之间进行通信的软件。

（3）网络操作系统：实现系统资源共享，管理用户的应用程序对不同资源的访问。典型的操作系统有 Windows NT/2000/2003、Novell NetWare、UNIX、Linux 等。

（4）网络管理软件和网络应用软件：网络管理软件是用来对网络资源进行管理以及对网络进行维护的软件，而网络应用软件是为网络用户提供服务的，是网络用户在网络上解决实际问题的软件。

网络软件最重要的特征是，它研究的重点不是网络中各个独立的计算机本身的功能，而是如何实现网络特有的功能。

0.2　计算机网络的拓扑结构

0.2.1　网络拓扑结构的定义

计算机网络的拓扑结构就是网络中通信线路和站点（计算机或设备）的几何排列形式。在计算机网络中，将主机和终端抽象为点，将通信介质抽象为线，形成点和线组成的图形，使人们对网络整体有明确的全貌印象。

0.2.2　常见的网络拓扑结构

常见的几种计算机网络拓扑结构如图 0-2 所示。

1．星型拓扑结构

在星型拓扑结构中，各节点通过点到点的链路与中心节点相连。中心节点可以是转接中心，起到连通的作用；也可以是一台主机，此时就具有数据处理和转接的功能。星型拓扑结构的优点是很容易在网络中增加新的站点，容易实现数据的安全性和优先级控制，易实现网络监控；缺点是属于集中控制，对中心节点的依赖性大，一旦中心节点有故障会引起整个网络的瘫痪。

2．树型拓扑结构

在树型拓扑结构中，网络的各节点形成了一个层次化的结构，树中的各个节点都为计算机。树中低层计算机的功能和应用有关，一般都具有明确定义和专业化很强的任务，如数据的采集和变换等；而高层的计算机具备通用的功能，以便协调系统的工作，如数据处理、命令执行、综合处理等。一般来说，层次结构的层不宜过多，以免转接开销过大，使高层节点的负荷过重。

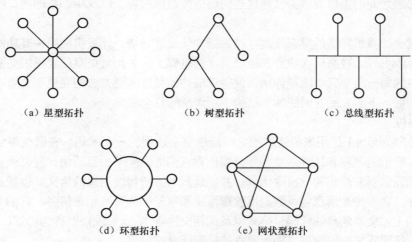

（a）星型拓扑　　　　　　（b）树型拓扑　　　　　　（c）总线型拓扑

（d）环型拓扑　　　　　（e）网状型拓扑

图 0-2　计算机网络的拓扑结构

若树型拓扑结构只有两层，就变成了星型拓扑结构，因此，树型拓扑结构可以看成是星型拓扑结构的扩展。

3．总线型拓扑结构

在总线型拓扑结构中，所有的节点共享一条数据通道，一个节点发出的信息可以被网络上的多个节点接收。由于多个节点连接到一条公用信道上，所以必须采取某种方法分配信道，以决定哪个节点可以发送数据。

总线型拓扑结构简单，安装方便，需要铺设的线缆最短，成本低，且某个节点自身的故障一般不会影响整个网络，因此它是最普遍使用的一种网络。其缺点是实时性较差，总线的任何一点故障都会导致网络瘫痪。

4．环型拓扑结构

在环型拓扑结构中，节点通过点到点通信线路连接成闭合环路。环中数据将沿一个方向逐站传送。环型拓扑结构简单，传输延时确定，但是环中每个节点与连接节点之间的通信线路都会成为网络可靠性的屏障。环中节点出现故障，有可能造成网络瘫痪。另外，对于环型拓扑结构，网络节点的加入、退出以及环路的维护和管理都比较复杂。

5．网状型拓扑结构

在网状型拓扑结构中，节点之间的连接是任意的，没有规律。其主要优点是可靠性高，但结构复杂，必须采用路由选择算法和流量控制方法。广域网基本上采用网状型拓扑结构。

0.3　计算机网络的体系结构

0.3.1　网络体系结构及协议

体系结构是研究系统各部分组成及相互关系的技术科学。计算机网络的体系结构采用分层配对结构，定义和描述了一组用于计算机及其通信设施之间互联的标准和规范的集合。遵循这组规范可以方便地实现计算机设备之间的通信。所谓网络体系就是为了完成计算机间的通信合作，把每台计算机互联的功能划分成有明确定义的层次，并规定了同层次进程通信的协议及相邻层之间的接口及服务，将这些同层进程通信的协议以及相邻层的接口统称为网络体系结构。

为了减少计算机网络的复杂程度，按照结构化设计方法，计算机网络将其功能划分为若干个层次（Layer），较高层次建立在较低层次的基础上，并为其更高层次提供必要的服务功能。网络中的每一层都起到隔离作用，使得低层功能具体实现方法的变更不会影响到高一层所执行的功能。下面介绍在网络体系结构中所涉及的几个概念。

1. 协议

协议（Protocol）是用来描述进程之间信息交换过程的一个术语。在网络中包含多种计算机系统，它们的硬件和软件系统各异，要使得它们之间能够相互通信，就必须有一套通信管理机制使通信双方能正确地接收信息，并能理解对方所传输信息的含义。也就是说，当用户应用程序、文件传输信息包、数据库管理系统和电子邮件等互相通信时，它们必须事先约定一种规则（如交换信息的代码、格式以及如何交换等）。这种规则就称为协议，准确地说，协议就是为实现网络中的数据交换而建立的规则标准或约定。

网络协议由语法、语义和交换规则3部分组成，即协议的3要素。

（1）语法：确定协议元素的格式，即规定数据与控制信息的结构和格式。

（2）语义：确定协议元素的类型，即规定通信双方要发出何种控制信息、完成何种动作以及做出何种应答。

（3）交换规则：规定事件实现顺序的详细说明，即确定通信状态的变化和过程，如通信双方的应答关系。

2. 实体

在网络分层体系结构中，每一层都由一些实体（Entity）组成，这些实体抽象地表示了通信时的软件元素（如进程或子程序）或硬件元素（如智能 I/O 芯片等）。实体是通信时能发送和接收信息的任何软硬件设施。

3. 接口

分层结构中各相邻层之间要有一个接口（Interface），它定义了较低层向较高层提供的原始操作和服务。相邻层通过它们之间的接口交换信息，高层并不需要知道低层是如何实现的，仅需要知道该层通过层间的接口所提供的服务，这样使得两层之间保持了功能的独立性。

对于网络结构化层次模型，其特点是每一层都建立在前一层的基础上，较低层只是为较高一层提供服务。这样，每一层在实现自身功能时，都直接使用了较低一层提供的服务，而间接地使用了更低层提供的服务，并向较高一层提供更完善的服务，同时屏蔽了具体实现这些功能的细节。

层次结构是描述体系结构的基本方法，而体系结构总是带有分层的特征，用分层研究方法定义的计算机网络各层的功能、各层协议和接口的集合称为计算机网络体系结构。

0.3.2 开放系统互联参考模型

1. ISO/OSI 模型

计算机网络中实现通信就必须依靠网络通信协议。20 世纪 70 年代，各大计算机生产厂家（如 IBM、DEC 等）的产品都有自己的网络通信协议，这样，不同厂家生产的计算机系统就难以联网。为了实现不同厂家生产的计算机系统之间以及不同网络之间的数据通信，国际标准化组织（ISO）对当时的各类计算机网络体系结构进行了研究，并于 1981 年正式公布了一个网络体系结构模型作为国际标准，称为开放系统互联参考模型，即 OSI/RM（Reference Model of Open System Interconnection/Reference Model），也称为 ISO/OSI。这里的"开放"表示任何两个遵守 OSI/RM 模型的系统都可以进行互联，当一个系统能按 OSI/RM 模型与另一个系统进行通信时，就称该系统为开放系统。

OSI/RM 模型只给出了一些原则性的说明，它并不是一个具体的网络。它将整个网络的功能划分成 7 个层次，而且在两个通信实体之间的通信必须遵循这 7 层结构，如图 0-3 所示。

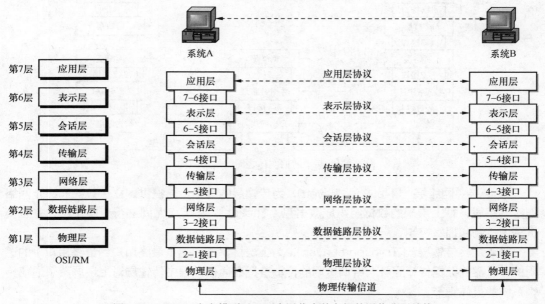

图 0-3 OSI/RM 参考模型以及两个通信实体之间的通信分层结构

OSI/RM 模型最高层为应用层，面向用户提供应用服务；最低层为物理层，连接通信媒体实现数据传输。层与层之间的联系是通过各层之间的接口来进行的，上层通过接口向下层提出服务请求，而下层通过接口向上层提供服务。两个用户计算机通过网络进行通信时，除物理层之外，其余各对等层之间均不存在直接的通信关系，而是通过各对等层的协议来进行通信，例如，两个对等的网络层使用网络层协议通信。只有两个物理层之间才通过媒体进行真正的数据通信。

在实际中，当两个通信实体通过一个通信子网进行通信时，必然会经过一些中间节点，一般来说，通信子网中的节点只涉及低 3 层的结构，因此，两个通信实体之间的层次结构如图 0-4 所示。

（1）OSI/RM 参考模型各层的功能概述

第 1 层：物理层（Physical Layer），在物理信道上传输原始的数据比特（bit）流，提供为建立、维护和拆除物理链路连接所需的各种传输介质、通信接口特性等。

第 2 层：数据链路层（Data Link Layer），在物理层提供比特流服务的基础上，建立相邻节点之间的数据链路，通过差错控制提供数据帧在信道上无差错地传输，并进行数据流量控制。

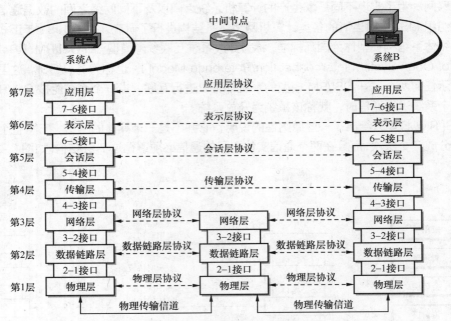

图 0-4　两个通信实体之间的层次结构

第 3 层：网络层（Network Layer），为传输层的数据传输提供建立、维护和终止网络连接的手段，把上层来的数据组织成数据包（Packet），在节点之间进行交换传送，并且负责路由控制和拥塞控制。

第 4 层：传输层（Transport Layer），为上层提供端到端（最终用户到最终用户）的透明的、可靠的数据传输服务。所谓透明的传输是指在通信过程中传输层对上层屏蔽了通信传输系统的具体细节。

第 5 层：会话层（Session Layer），为表示层提供建立、维护和结束会话连接的功能，并提供会话管理服务。

第 6 层：表示层（Presentation Layer），为应用层提供信息表示方式的服务，如数据格式的变换、文本压缩和加密技术等。

第 7 层：应用层（Application Layer），为网络用户或应用程序提供各种服务，如文件传输、电子邮件（E-mail）、分布式数据库以及网络管理等。

从各层的网络功能角度看，可以将 OSI/RM 模型的 7 层分为：第 1、2 层解决有关网络信道问题；第 3、4 层解决传输服务问题；第 5、6、7 层处理对应用进程的访问问题。从控制角度看，OSI/RM 模型中的第 1、2、3 层可以看做是传输控制层，负责通信子网的工作，解决网络中的通信问题；第 5、6、7 层为应用控制层，负责有关资源子网的工作，解决应用进程的通信问题；第 4 层为通信子网和资源子网的接口，起到连接传输和应用的作用。

（2）OSI/RM 模型的信息流动

在 OSI/RM 模型中，系统 A 的用户向系统 B 的用户传送数据时，信息实际流动的情况如图 0-5 所示。系统 A 的应用进程传输给系统 B 应用进程的数据是经过发送端的各层从上到下传递到物理信道，然后再传输到接收端的最低层，经过从下到上各层传递，最后到达系统

B 的应用进程。在数据传输的过程中，随着数据块在各层中的依次传递，其长度有所变化。系统 A 发送到系统 B 的数据先进入应用层，加上该层的有关控制信息报文头 AH，然后作为整个数据块传送到表示层，在表示层再加上控制信息 PH 传递到会话层，这样，在以下的每一层都加上控制信息 SH、TH、NH 和 DH 传递到物理层，其中，在数据链路层还要在整个数据帧的尾部加上用于差错检测的控制信息 DT，这样，整个数据帧在物理层就作为比特流通过物理信道传送到接收端。在接收端按照上述的相反过程，逐层去掉发送端相应层加上的控制信息，这样看起来好像是对方相应层直接发送来的信息，但实际上相应层之间的通信是虚通信。这个过程就像邮政信件的传递，加信封、加邮袋、上邮车等，在各个邮递环节加封、传递，收件时再层层去掉封装。

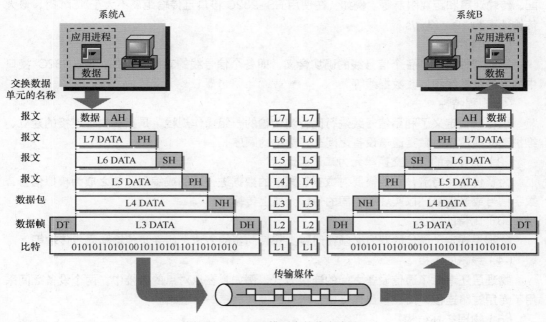

图 0-5　OSI/RM 模型中的信息流动

2. 物理层

物理层是 OSI/RM 模型的最低层，如图 0-6 所示。它直接与物理信道相连，起到数据链路层和传输媒体之间的逻辑接口作用，提供建立、维护和释放物理连接的方法，并可实现在物理信道上进行比特流传输的功能。

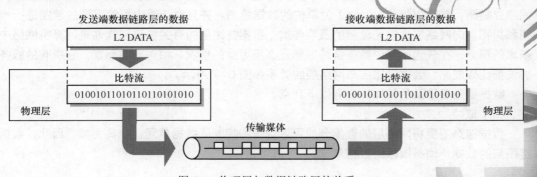

图 0-6　物理层与数据链路层的关系

物理层涉及的内容包括以下几个方面。

（1）通信接口与传输媒体的物理特性

除了不同的传输介质自身的物理特性外，物理层还对通信设备和传输媒体之间使用的接口做了详细的规定，主要体现在以下4个方面。

① 机械特性

机械特性规定了物理连接时所需接插件的规格尺寸、针脚数量和排列情况等。例如，EIARS-232C 标准规定的 D 型 25 针接口，ITU-T X.21 标准规定的 15 针接口等。

② 电气特性

电气特性规定了在物理信道上传输比特流时信号电平的大小、数据的编码方式、阻抗匹配、传输速率和距离限制等。例如，在使用 RS-232C 接口且传输距离不大于 15m 时，最大传输速率为 19.2 Kbit/s。

③ 功能特性

功能特性定义了各个信号线的确切含义，即各个信号线的功能。例如，RS-232C 接口中的发送数据线和接收数据线等。

④ 规程特性

规程特性定义了利用信号线进行比特流传输的一组操作规程，是指在物理连接的建立、维护和交换信息时数据通信设备之间交换数据的顺序。

（2）物理层的数据交换单元为二进制比特

为了传输比特流，可能需要对数据链路层的数据进行调制或编码，使之成为模拟信号、数字信号或光信号，以实现在不同的传输介质上传输。

（3）比特的同步

物理层规定了通信的双方必须在时钟上保持同步的方法，如异步传输和同步传输等。

（4）线路的连接

物理层还考虑了通信设备之间的连接方式，例如，在点对点的连接中，两个设备之间采用了专用链路连接，而在多点连接中，所有的设备共享一个链路。

（5）物理拓扑结构

物理拓扑定义了设备之间连接的结构关系，如星型拓扑、环型拓扑和网状拓扑等。

（6）传输方式

物理层也定义了两个通信设备之间的传输方式，如单工、半双工和全双工。

3. 数据链路层

数据链路层是 OSI/RM 模型的第 2 层，它通过物理层提供的比特流服务，在相邻节点之间建立链路，传送以帧（Frame）为单位的数据信息，并且对传输中可能出现的差错进行检错和纠错，向网络层提供无差错的透明传输。数据链路层的有关协议和软件是计算机网络中基本的部分，在任何网络中数据链路层都是必不可少的层次，相对高层而言，它所有的服务协议都比较成熟。数据链路层与网络层的关系如图 0-7 所示。

数据链路层涉及的具体内容有以下几点。

（1）成帧

数据链路层要将网络层的数据分成可以管理和控制的数据单元，称其为帧。因此，数据链路层的数据传输是以帧为数据单位的。

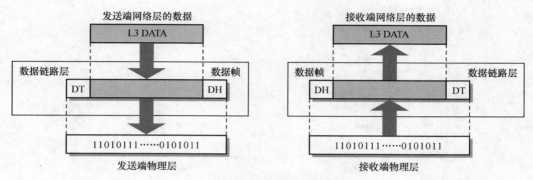

图 0-7 数据链路层与网络层的关系

（2）物理地址寻址

数据帧在不同的网络中传输时，需要标识出发送数据帧和接收数据帧的节点。因此，数据链路层要在数据帧中的头部加入一个控制信息（DH），其中包含了源节点和目的节点的地址，这个地址也称为物理地址。例如，在图 0-8 所示的网络中，节点 1 的物理地址为 A，若节点 1 要给节点 4 发送数据，那么在数据帧的头部要包含节点 1 和节点 4 的物理地址，在帧的尾部还有差错控制信息（DT）。

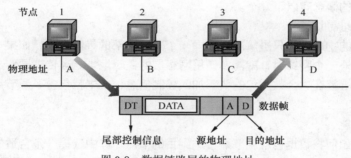

图 0-8 数据链路层的物理地址

（3）流量控制

数据链路层对发送数据帧的速率必须进行控制，如果发送的数据帧太多，就会使目的节点来不及处理而造成数据丢失。

（4）差错控制

为了保证物理层传输数据的可靠性，数据链路层需要在数据帧中使用一些控制方法，检测出错或重复的数据帧，并对错误的帧进行纠错或重发。数据帧中的尾部控制信息（DT）就是用来进行差错控制的。

（5）接入控制

当两个或者更多的节点共享通信链路时，由数据链路层确定在某一时间内该由哪一个节点发送数据，接入控制技术也称为媒体访问控制技术。在后文讨论局域网时，媒体访问控制技术是决定局域网特性的关键技术。

4．网络层

计算机网络分为资源子网和通信子网。网络层就是通信子网的最高层，它在数据链路层提供服务的基础上向资源子网提供服务。网络层与传输层的关系如图 0-9 所示。

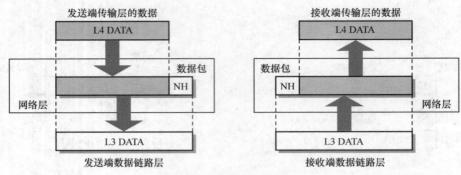

图 0-9　网络层与传输层的关系

　　网络层的作用是实现分别位于不同网络的源节点与目的节点之间的数据包传输，它与数据链路层的作用不同，数据链路层只是负责同一个网络中的相邻两节点之间链路管理及帧的传输等问题。因此，当两个节点连接在同一个网络中时，可能并不需要网络层，只有当两个节点分布在不同的网络中时，通常才会涉及网络层的功能，从而保证了数据包从源节点到目的节点的正确传输。而且，网络层要负责确定在网络中采用何种技术，从源节点出发选择一条通路通过中间的节点将数据包最终送达目的节点。

　　网络层涉及的概念有以下几个。

　　（1）逻辑地址寻址

　　数据链路层的物理地址只是解决了在同一个网络内部的寻址问题，如果一个数据包从一个网络跨越到另外一个网络时，就需要使用网络层的逻辑地址。当传输层传递给网络层一个数据包时，网络层就在这个数据包的头部加入控制信息，其中就包含了源节点和目的节点的逻辑地址。

　　（2）路由功能

　　在网络层中如何将数据包从源节点传送到目的节点，其中选择一条合适的传输路径是至关重要的，尤其是从源节点到目的节点的通路存在多条路径时，就存在选择最佳路由的问题。路由选择就是根据一定的原则和算法在传输通路中选出一条通向目的节点的最佳路由。

　　（3）流量控制

　　在数据链路层中介绍过流量控制，在网络层中同样也存在流量控制问题。只不过在数据链路层中的流量控制是在两个相邻节点之间进行的，而在网络层中是完成数据包从源节点到目的节点过程中的流量控制。

　　（4）拥塞控制

　　在通信子网内，由于出现过量的数据包而引起网络性能下降的现象称为拥塞。为了避免拥塞现象出现，要采用能防止拥塞的一系列方法对子网进行拥塞控制。

　　拥塞控制主要解决的问题是如何获取网络中发生拥塞的信息，从而利用这些信息进行控制，以避免由于拥塞而出现数据包的丢失以及严重拥塞而产生网络死锁的现象。

　　5．其他各层简介

　　（1）传输层

　　传输层是资源子网与通信子网的接口和桥梁，它完成了资源子网中两节点间的直接逻辑通信，实现了通信子网端到端的可靠传输。传输层下面的物理层、数据链路层和网络层均属于通信子网，可完成有关的通信处理，向传输层提供网络服务；传输层上面的会话层、表示层和应用层完成面向数据处理的功能，并为用户提供与网络之间的接口。因此，传输层在 7 层网络模型中起到承上启下的作用，是整个网络体系结构中的关键部分。

由于通信子网向传输层提供通信服务的可靠性有差异，所以无论通信子网提供的服务可靠性如何，经传输层处理后都应向上层提交可靠的、透明的数据传输。为此，传输层协议要复杂得多，以适应通信子网中存在的各种问题。也就是说，如果通信子网的功能完善、可靠性高，则传输层的任务就比较简单；若通信子网提供的质量很差，则传输层的任务就复杂，以填补会话层所要求的服务质量和网络层所能提供的服务质量之间的差别。

传输层在网络层提供服务的基础上为高层提供两种基本的服务：面向连接的服务和面向无连接的服务。面向连接的服务要求高层的应用在进行通信之前，先要建立一个逻辑的连接，并在此连接的基础上进行通信，通信完毕后要拆除逻辑连接，而且通信过程中还进行流量控制、差错控制和顺序控制。因此，面向连接提供的是可靠的服务，而面向无连接是一种不太可靠的服务，由于它不需要高层应用建立逻辑的连接，因此，它不能保证传输的信息按发送顺序提交给用户。不过，在某些场合必须依靠这种服务，如网络中的广播数据。

（2）会话层

会话层是利用传输层提供的端到端的服务向表示层或会话用户提供会话服务。在 ISO/OSI 环境中，所谓一次会话，就是指两个用户进程之间为完成一次完整的通信而进行的过程，包括建立、维护和结束会话连接。会话协议的主要目的就是提供一个面向用户的连接服务，并为会话活动提供有效的组织和同步所必需的手段，为数据传送提供控制和管理。

（3）表示层

表示层处理的是 OSI 系统之间用户信息的表示问题。表示层不像 OSI/RM 模型的低 5 层那样只关心将信息可靠地从一端传输到另外一端，它主要涉及被传输信息的内容和表示形式，如文字、图形和声音的表示。另外，数据压缩、数据加密等工作都是由表示层负责处理的。

表示层服务的典型例子是数据的编码问题，大多数的用户程序中所用到的人名、日期和数据等可以用字符串（如使用 ASCII 或其他的字符集）、整型（如用有符号数或无符号数）等各种数据类型来表示。由于各个不同的终端系统可能有不同的数据表示方法，如机器的字长不同、数据类型的格式以及所采用的字符编码集不同，同样的一个字符串或一个数据在不同的端系统上会表现为不同的内部形式，因此，这些不同的内部数据表示不可能在开放系统中交换。为了解决这一问题，表示层通过抽象的方法来定义一种数据类型或数据结构，并通过使用这种抽象的数据结构在各端系统之间实现数据类型和编码的转换。

（4）应用层

应用层是 OSI/RM 模型的最高层，它是计算机网络与最终用户间的接口，它包含系统管理员管理网络服务所涉及的所有问题和基本功能。它在 OSI/RM 模型下面 6 层提供的数据传输和数据表示等各种服务的基础上，为网络用户或应用程序提供完成特定网络服务功能所需的各种应用协议。

常用的网络服务包括文件服务、电子邮件（E-mail）服务、打印服务、集成通信服务、目录服务、网络管理服务、安全服务、多协议路由与路由互联服务、分布式数据库服务以及虚拟终端服务等。网络服务由相应的应用协议来实现，不同的网络操作系统提供的网络服务在功能、用户界面、实现技术、硬件平台支持以及开发应用软件所需的应用程序接口（API）等方面均存在较大差异，而采纳应用协议也各具特色，因此，需要应用协议的标准化。

0.3.3　TCP/IP 的体系结构

1. TCP/IP 概述

TCP/IP（Transmission Control Protocol/Internet Protocol）是指传输控制协议/网际协议。它起源于美国的 ARPAnet 网。ARPAnet 开始使用的是网络控制协议（Network Control Protocol，NCP）。随着 ARPAnet 的发展，需要更复杂的协议。1973 年，ARPAnet 引进了 TCP，随后，在 1981 年引入了 IP。1982 年，TCP 和 IP 被标准化成为 TCP/IP 协议簇，1983 年取代了 ARPAnet 上的 NCP，并最终形成较为完善的 TCP/IP 体系结构和协议规范。

目前，TCP/IP 是 Internet 上所有网络和主机之间进行交流所使用的共同"语言"，也是 Internet 上使用的一组完整的标准网络连接协议。通常所说的 TCP/IP 实际上包含了大量的协议和应用，且由多个独立定义的协议组合在一起，因此，更确切地说，应该称其为 TCP/IP 协议簇。

TCP/IP 最初是作为一个标准组件在伯克利标准发行中心（BSD）UNIX 操作系统中使用的，因此，早期的 TCP/IP 与 UNIX 操作系统关系非常密切。随着 Internet 的快速发展和广泛应用，目前，TCP/IP 不但在多数计算机上得到应用，从巨型机到 PC，包括 IBM、AT&T、DEC、HP、SUN 等主要计算机和通信厂家都在各自的产品中提供对 TCP/IP 的支持，而且各种局域网操作系统也将 TCP/IP 纳入自己的体系结构中，包括 Novell NetWare、Microsoft NT/2000/2003、UNIX 和 Linux。

2. TCP/IP 的层次结构

OSI 参考模型研究的初衷是希望为网络体系结构与协议的发展提供一种国际标准，但由于 Internet 在全世界的飞速发展，使得 TCP/IP 得到了广泛的应用，虽然 TCP/IP 不是 ISO 标准，但广泛的使用也使 TCP/IP 成为一种"实际上的标准"，并形成了 TCP/IP 参考模型。不过，ISO/OSI 模型的制定也参考了 TCP/IP 协议簇及其分层体系结构的思想。而 TCP/IP 在不断发展的过程中也吸收了 OSI 标准中的概念及特征。

TCP/IP 具有以下几个特点。

① 开放的协议标准，可以免费使用，并且独立于特定的计算机硬件与操作系统。

② 独立于特定的网络硬件，可以运行在局域网、广域网中，更适用于互联网中。

③ 统一分配方案，使得整个 TCP/IP 设备在网络中都具有唯一的地址。

④ 标准化的高层协议，可以提供多种可靠的用户服务。

TCP/IP 参考模型共有 4 个层次，它们分别是网络接口层、网际层、传输层和应用层。TCP/IP 参考模型的层次结构与 OSI 参考模型层次结构的对照关系如图 0-10 所示。

（1）网络接口层

TCP/IP 参考模型的最低层是网络接口层，也称为网络访问层。它包括能使用 TCP/IP 与物理网络进行通信的协议，且对应着 OSI 参考模型的物理层和数据链路层。TCP/IP 标准并没有定义具体的网络接口协议，而是旨在提供灵活性，以适应各种网络类型，如 LAN、MAN 和 WAN。这也说明了 TCP/IP 可以运行在任何网络之上。

（2）网际层

网际层是在 Internet 标准中正式定义的第一层。网际层所执行的主要功能是处理来自传输层的分组，将分组形成数据包（IP 数据包），并为该数据包进行路径选择，最终将数据包从源主机发送到目的主机。在网际层中，最常用的协议是网际协议（IP），其他一些协议用来协助 IP 的操作。

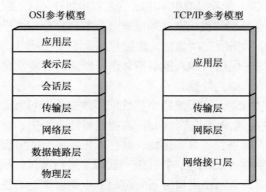

图 0-10　OSI 参考模型与 TCP/IP 参考模型的对照

（3）传输层

TCP/IP 参考模型的传输层也称为主机至主机层，与 OSI 参考模型的传输层类似，它主要负责主机到主机之间的端对端通信，该层使用了两种协议来支持两种数据的传送方法，它们是 TCP 和 UDP。

（4）应用层

在 TCP/IP 参考模型中，应用程序接口是最高层，它与 OSI 参考模型中的高 3 层的任务相同，都是用于提供网络服务，如文件传输、远程登录、域名服务和简单网络管理等。

3．TCP/IP 协议簇

在 TCP/IP 参考模型的层次结构中包括 4 个层次，但实际上只有 3 个层次包含实际的协议。TCP/IP 参考模型中各层的协议如图 0-11 所示。

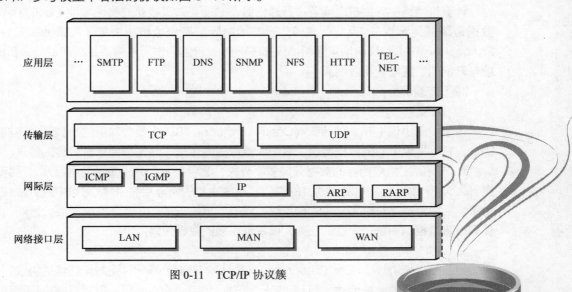

图 0-11　TCP/IP 协议簇

（1）网际层的协议

① IP

网际协议（Internet Protocol，IP）的任务是对数据包进行相应的寻址和路由，并从一个网络转发到另一个网络。IP 在每个发送的数据包前加入一个控制信息，其中包含了源主机的 IP 地址（IP 地址相当于 OSI 参考模型中网络层的逻辑地址）、目的主机的 IP 地址和其他一些信息。IP 的另一项工作是分割和重编在传输层被分割的数据包。由于数据包要从一个网络转发到另一个网络，当两个网络所支持传输的数据包的大小不相同时，IP 就要在发送端将数据包分割，然后在分割的每一段前再加入控制信息进行传输。当接收端接收到数据包后，IP 将所有的片段重新组合形成原始的数据。

IP 是一个无连接的协议。无连接是指主机之间不建立用于可靠通信的端到端的连接，源主机只是简单地将 IP 数据包发送出去，而 IP 数据包可能会丢失、重复，延迟时间大或者次序会混乱。因此，要实现数据包的可靠传输，就必须依靠高层的协议或应用程序，如传输层的 TCP。IP 提供一种全网统一的地址，并在统一管理下进行地址分配，通过这种逻辑地址实现网际层的寻址，从而避免了网络接口层不同链路节点物理地址的差异。

② ICMP

网际控制报文协议（Internet Control Message Protocol，ICMP） 为 IP 提供差错报告。由于 IP 是无连接的，且不进行差错检验，当网络上发生错误时它不能检测错误。向发送 IP 数据包的主机汇报错误就是 ICMP 的责任。例如，如果某台设备不能将一个 IP 数据包转发到另一个网络，它就向发送数据包的源主机发送一个消息，并通过 ICMP 解释这个错误。ICMP 能够报告的一些普通错误类型有：目标无法到达、阻塞、回波请求和回波应答等。

③ IGMP

IP 只是负责网络中点到点的数据包传输，而点到多点的数据包传输则要依靠网际主机组管理协议（Internet Group Management Protocol，IGMP）来完成。它主要负责报告主机组之间的关系，以便相关的设备（路由器）可支持多播发送。

④ ARP 和 RARP

计算机网络中各主机之间要进行通信时，必须要知道彼此的物理地址（OSI 参考模型中数据链路层的地址）。因此，在 TCP/IP 的网际层有地址解析协议（Address Resolution Protocol，ARP）和反向地址解析协议（RARP），它们的作用是将源主机和目的主机的 IP 地址与它们的物理地址相匹配。

（2）传输层协议

① TCP

传输控制协议（Transmission Control Protocol，TCP）是传输层的一种面向连接的通信协议，它可提供可靠的数据传送。对于大量数据的传输，通常都要求有可靠的传送。

TCP 将源主机应用层的数据分成多个分段，然后将每个分段传送到网际层，网际层将数据封装为 IP 数据包，并发送到目的主机。目的主机的网际层将 IP 数据包中的分段传送给传输层，再由传输层对这些分段进行重组，还原成原始数据，并传送给应用层。另外，TCP 还要完成流量控制和差错检验的任务，以保证可靠的数据传输。

② UDP

用户数据报协议（User Datagram Protocol，UDP）是一种面向无连接的协议，因此，它不能提供可靠的数据传输，而且 UDP 不进行差错检验，必须由应用层的应用程序来实现可靠性机制和差错控制，以保证端到端数据传输的正确性。虽然 LIDP 与 TCP 相比显得非常不可靠，但在一些特定的环境下还是非常有优势的。例如，要发送的信息较短，不值得在主机之间建立一次连接。另外，面向连接的通信通常只能在两个主机之间进行，若要实现多个主机之间的一对多或多对多的数据传输，即广播或多播，就需要使用 UDP。

（3）应用层协议

在 TCP/IP 参考模型中，应用层包括了所有的高层协议，而且总是不断有新的协议加入，应用层的协议主要有以下几种。

① 远程终端协议（Telnet）：本地主机作为仿真终端登录到远程主机上运行应用程序。

② 文件传输协议（FTP）：实现主机之间的文件传送。

③ 简单邮件传输协议（SMTP）：实现主机之间电子邮件的传送。

④ 域名服务（DNS）：用于实现主机名与 IP 地址之间的映射。

⑤ 动态主机配置协议（DHCP）：实现对主机的地址分配和配置工作。

⑥ 路由信息协议（RIP）：用于网络设备之间交换路由信息。

⑦ 超文本传输（HTTP）：用于 Internet 中的客户机与 WWW 服务器之间的数据传输。

⑧ 网络文件系统（NFS）：实现主机之间的文件系统的共享。

⑨ 引导协议（BOOTP）：用于无盘主机或工作站的启动。

⑩ 简单网络管理协议（SNMP）：实现网络的管理。

与 OSI 参考模型的应用层相同，TCP/IP 参考模型应用层中的各种协议都是为网络用户或应用程序提供特定的网络服务功能来设计和使用的。在后文中会陆续涉及各种不同的高层应用和其所依赖的相关协议，在此对这些协议就不做详细的说明。

0.3.4　OSI 参考模型与 TCP/IP 参考模型的比较

ISO 制定的开放系统互联标准可以使世界范围内的应用进程开放式地进行信息交换。世界上任何地方的任何系统只要遵循 OSI 标准即可进行相互通信。TCP/IP 是最早作为 ARPAnet 使用的网络体系结构和协议标准，以它为基础的 Internet 是目前国际上规模最大的计算机网络。

OSI 参考模型和 TCP/IP 参考模型有着许多的共同点。

① 采用了协议分层方法，将庞大且复杂的问题划分为若干个较容易处理的范围较小的问题。

② 各协议层次的功能大体上相似，都存在网络层、传输层和应用层。网络层实现点到点通信，并完成路由选择、流量控制和拥塞控制功能；传输层实现端到端通信，将高层的用户应用与低层的通信子网隔离开来，并保证数据传输的最终可靠性。传输层的以上各层都是面向用户应用的，而以下各层都是面向通信的。

③ 两者都可以解决异构网的互联，实现世界上不同厂家生产的计算机之间的通信。

④ 都是计算机通信的国际性标准，虽然这种标准一个（OSI）原则上是国际通用的，一个（TCP/IP）是当前工业界使用最多的。

⑤ 都能够提供面向连接和无连接的两种通信服务机制。

⑥ 都是基于一种协议集的概念，协议集是一簇完成特定功能的相互独立的协议。

虽然 OSI 参考模型和 TCP/IP 参考模型存在着不少的共同点，但是它们的区别还是相当大的。如果具体到每个协议的实现上，这种差别就到了难以比较的程度。下面主要从不同的角度对 OSI 参考模型和 TCP/IP 参考模型进行比较。

1．模型设计的差别

OSI 参考模型是在具体协议制定之前设计的，对具体协议的制定进行了约束。因此，造成在模型设计时考虑不是很全面，有时不能完全指导协议某些功能的实现，从而反过来导致对模型的修修补补。例如，数据链路层最初只用来处理点到点的通信网络，当广播网出现后，又存在一点对多点的问题，OSI 不得不在参考模型中插入新的子层来处理这种通信模式。当人们开始使用 OSI 参考模型及其协议簇建立实际网络时，才发现它们与需求的服务规范存在不匹配的问题，最终只能用增加子层的方法来掩饰其缺陷。TCP/IP 参考模型正好相反，协议在先，模型在后。模型实际上只不过是对已有协议的抽象描述。TCP/IP 参考模型不存在与协议的匹配问题。

2. 层数和层间调用关系不同

OSI 参考模型分为 7 层，而 TCP/IP 参考模型只有 4 层，除网络层、传输层和应用层外，其他各层都不相同。另外，TCP/IP 参考模型虽然也分层次，但层次之间的调用关系不像 OSI 参考模型那么严格。在 OSI 参考模型中，两个实体通信必须涉及下一层实体，下层向上层提供服务，上层通过接口调用下层的服务，层间不能有越级调用关系。OSI 参考模型这种严格分层确实是必要的。遗憾的是，严格按照分层模型编写的软件效率极低。为了克服以上缺点，提高效率，TCP/IP 参考模型在保持基本层次结构的前提下，允许越过紧挨着的下一级而直接使用更低层次提供的服务。

3. 最初设计的差别

TCP/IP 参考模型在设计之初就着重考虑不同网络之间的互联问题，并将 IP 作为一个单独的重要的层次。OSI 参考模型最初只考虑到用一种标准的公用数据网将各种不同的系统互联在一起。后来，OSI 参考模型虽认识到了 IP 的重要性，然而已经来不及像 TCP/IP 参考模型那样将 IP 作为一个独立的层次，只好在网络层中划分出一个子层来完成类似 IP 的作用。

4. 对可靠性的强调不同

OSI 参考模型认为数据传输的可靠性应该由点到点的数据链路层和端到端的传输层来共同保证，而 TCP/IP 参考模型分层思想认为，可靠性是端到端的问题，应该由传输层来解决。因此，它允许单个的链路、机器丢失或数据损坏，网络本身不进行数据恢复，对丢失或被损坏数据的恢复是在源节点设备与目的节点设备之间进行的。在 TCP/IP 网络中，可靠性的工作是由主机来完成的。

5. 标准的效率和性能上存在差别

由于 OSI 参考模型是作为国际标准由多个国家共同努力而制定的，于是不得不照顾到各个国家的利益，有时不得不走一些折中路线，造成标准大而全，效率却低（OSI 参考模型的各项标准已超过 200 多种）。TCP/IP 参考模型并不是作为国际标准开发的，它只是对一种已有标准的概念性描述。所以，它的设计目的单一、影响因素少，且不存在照顾和折中，结果是协议简单高效、可操作性强。

6. 市场应用和支持上不同

OSI 参考模型制定之初，人们普遍希望网络标准化，对 OSI 参考模型寄予厚望，然而，OSI 参考模型迟迟无成熟产品推出，妨碍了第三方厂家开发相应的软、硬件，进而影响了 OSI 参考模型的市场占有率和未来发展。另外，在 OSI 参考模型出台之前，TCP/IP 参考模型就代表着市场主流，OSI 参考模型出台后很长时间不具有可操作性，因此，在信息爆炸、网络迅速发展的近 10 多年里，性能差异、市场需求的优势客观上促使众多的用户选择了 TCP/IP 参考模型，并使其成为"既成事实"的国际标准。

0.4 计算机网络的主要性能指标

计算机网络的主要性能指标就是带宽（Band width）、时延（Delay）和服务质量（QoS），下面分别介绍这几个指标的含义。

0.4.1 网络带宽

带宽的本意是指某个信号具有的频带宽度。在各类电子设备和元器件中都可以接触到带宽的概念，例如，显示器的带宽、内存的带宽、总线的带宽和网络的带宽等，对这些设备而言，带宽是一个非常重要的指标。不过有些带宽的单位是 Hz、kHz、MHz，相当于频率的概念；而有些带宽的单位则是 bit/s，相当于数据传输率的概念。如果从电子电路角度出发，带宽（Bandwidth）是指电子电路中存在一个固有通频带，是电路可以保持稳定工作的频率范围。

在通信和网络领域，带宽的含义又与电子电路中的定义存在差异，它是指网络信号可使用的最高频率与最低频率之差。或者说是"频带的宽度"，也就是所谓的"信道带宽"。因此，对于数字信道，带宽是指在一个信道上能够传送的数字信号的速率，即数据率或比特率，有时也称为吞吐量。比特（bit）是计算机中的数据的最小单元，是信息量的量度单位。表示二进制数字 1 和 0 在线路上传输的速度。所用带宽的单位是比特每秒（bit/s）。常见的带宽的单位有千比特每秒（Kbit/s）、兆比特每秒（Mbit/s）、吉比特每秒（Gbit/s）和太比特每秒（Tbit/s）。

在以太网的铜介质布线系统中，双绞线的信道带宽通常用 MHz 为单位，它指的是在信噪比恒定的情况下允许的信道频率范围。不过，网络的信道带宽与它的数据传输能力（单位为 Byte/s）存在一个稳定的基本关系。用高速公路来作比喻：在高速路上，所能承受的最大交通流量就相当于网络的数据运输能力，而这条高速路允许形成的宽度就相当于网络的带宽。显然，带宽越高、数据传输可利用的资源就越多，因而能达到越高的速度。除此之外，还可以通过改善信号质量和消除瓶颈效应实现更高的传输速度。

网络带宽与数据传输能力的正比关系最早是由贝尔实验室的工程师 Shannon 发现的，因此这一规律也被称为 Shannon 定律。通常将网络的数据传输能力与"网络带宽"完全等同起来。

0.4.2 网络时延

时延（Delay）是指一个报文或分组从网络的一端传送到另一端所需要的时间。它由以下几部分组成，是这几部分的总和。

① 传播时延

传播时延是电磁波在信道中传播所需要的时间，一般电磁波在电缆中的传播速度约为 2.3×10^5 km/s，在光纤中的传播速度约为 2.0×10^5 km/s。

② 发送时延

发送时延是发送数据所需要的时间，它与数据块的长度和信道带宽有关。

③ 排队时延

排队时延是数据在交换节点等候发送时，在缓冲队列中排队所经历的时延。它主要取决于网络中当时的通信量。当网络的通信量大时，可能会发生队列溢出，丢失数据，使排队时延变为无穷大。

由此可见，网络中总的时延和这 3 种时延都有关系，哪种时延在网络中占主导地位，要根据网络的具体情况而定。只有减少占主导地位的时延，才能使总的时延减少。

0.4.3　网络服务质量

服务质量的英文全称为"Quality of Service"，缩写为 QoS。QoS 是网络的一种安全机制，是用来解决网络延迟和阻塞等问题的一种技术。

在正常情况下，如果网络只用于特定的无时间限制的应用系统，并不需要 QoS，比如浏览网页或发送电子邮件等。但是对关键应用和多媒体应用就十分必要。当网络过载或拥塞时，QoS 能确保重要业务量不受延迟或丢弃，同时保证网络的高效运行。QoS 具有如下功能。

1．分类

分类是指具有 QoS 的网络能够识别哪种应用产生哪种数据包。通过分类，网络能确定对特殊数据包要进行的处理。所有应用都会在数据包上留下可以用来识别源应用的标识。分类就是检查这些标识，识别数据包是由哪个应用产生的。下面是 4 种常见的分类方法。

（1）协议

根据协议对数据包进行识别和优先级处理可以降低延迟。应用可以通过它们的以太网类型进行识别。根据协议进行优先级处理是控制或阻止少数设备的某些协议的一种强有力的方法。

（2）TCP 和 UDP 端口号

许多应用都采用 TCP 或 UDP 端口进行通信，通过检查数据包的端口号，可以确定数据包是由哪类应用产生的。

（3）源 IP 地址

许多应用都是通过其源口地址进行识别的。由于服务器有时是专门针对单一应用而配置的（如电子邮件服务器），分析数据包的源 IP 地址可以识别该数据包是由什么应用产生的。当识别交换机与应用服务器不直接相连，而且许多不同服务器的数据流都到达该交换机时，这种方法就非常有用。

（4）物理端口号

物理端口号可以指示哪个服务器正在发送数据。这种方法取决于交换机物理端口和应用服务器的映射关系。虽然这是最简单的分类形式，但是它依赖于直接与该交换机连接的服务器。

2．标注

在识别数据包之后，要对它进行标注，这样其他网络设备才能方便地识别这种数据。由于分类可能非常复杂，因此最好只进行一次。识别应用之后就必须对其数据包进行标记处理，以便确保网络上的交换机或路由器可以对该应用进行优先级处理。通过采纳标注数据的标准，来确保多厂商网络设备能够对该业务进行优先级处理。

3．优先级设置

为了确保准确的优先级处理，所有业务量都必须在骨干网络内进行识别。在工作站终端进行的数据优先级处理可能会因人为的差错或恶意的破坏而出现问题。在局域网交换机中，多种业务队列允许数据包优先级存在。较高优先级的业务可以在不受较低优先级业务的影响下通过交换机，减少对诸如话音或视频等对时间敏感业务的延迟事故。

为了提供优先级，交换机的每个端口有多个队列。虽然每个端口有更多队列可以提供更为精细的优先级选择，当每个数据包到达交换机时，都要根据其优先级别分配到适当的队列，然后该交换机再从每个队列转发数据包。该交换机通过其排队机制确定下一步要服务的队列。

0.5　知识拓展：标准化组织

1．ISO

国际标准化组织（International Organization for Standardization，ISO）是一个全球性的非政府组织，是国际标准化领域中一个十分重要的组织。ISO 的任务是促进全球范围内的标准化及其有关活动的开展，以利于国际产品与服务的交流以及在知识、科学、技术和经济活动中发展国际的相互合作。它显示了强大的生命力，吸引了越来越多的国家参与其活动。ISO 制定了网络通信的标准，即开放系统互联（OSI）。

2．ITU

国际电信联盟（ITU）是世界各国政府的电信主管部门之间协调电信事务方面的一个国际组织。

ITU 的宗旨是维持和扩大国际合作，以改进和合理地使用电信资源；促进技术设施的发展及其有效地运用，以提高电信业务的效率，扩大技术设施的用途，并尽量使公众得以普遍利用；协调各国行动，以达到上述的目的。

在通信领域，最著名的国际电信联盟电信标准化部门（ITU–T）标准有 V 系列标准，例如，V.32、V.33 和 V.42 标准对使用电话线传输数据做了明确的说明；还有 X 系列标准，例如，X.25、X.400 和 X.500 为公用数字网上传输数据的标准；ITU–T 的标准还包括电子邮件、目录服务、综合业务数字网（ISDN）、宽带 ISDN 等方面的内容。

3．ANSI

美国国家标准学会（American National Standards Institute，ANSI）致力于国际标准化事业和实现消费品方面的标准化。

4．TIA

美国通信工业协会（TIA）是一个全方位的服务性国家贸易组织。其成员包括为美国和世界各地提供通信和信息技术产品、系统和专业技术服务的 900 余家大小公司，本协会成员有能力制造供应现代通信网中应用的所有产品。此外，TIA 还有一个分支机构——多媒体通信协会（MMTA）。TIA 还与美国电子工业协会（EIA）有着广泛而密切的联系。

5．IEEE

电气和电子工程师协会（Institute of Electrical and Electronics Engineers，IEEE）在 1963 年由美国电气工程师学会（AIEE）和美国无线电工程师学会（IRE）合并而成，是美国规模最大的专业学会。

IEEE 最大的成果是制定了局域网和城域网的标准，这个标准被称为 802 项目或 802 系列标准。

6．EIA

美国电子工业协会（EIA）广泛代表了设计生产电子元件、部件、通信系统和设备的制造商以及工业界、政府和用户的利益，在提高美国制造商的竞争力方面起到了重要的作用。

在信息领域，EIA 在定义数据通信设备的物理接口和电气特性等方面做了巨大的贡献，尤其是数字设备之间串行通信的接口标准，例如，EIARS-232、EIARS-449 和 EIARS-5300。

7．IEC

国际电工委员会（IEC）的宗旨是促进电工、电子领域中标准化及有关方面问题的国际合作，以增进相互了解。为实现这一目的，已开始出版了包括国际标准在内的各种出版物，并希望各国家委员会在其本国条件许可的情况下，使用这些国际标准。IEC 的工作领域包括电力、电子、电信和原子能方面的电工技术。现已制定国际电工标准 3 000 多个。

8．ETSI

欧洲电信标准化协会（ETSI）是由欧共体于 1988 年批准建立的一个非赢利性的电信标准化组织，总部设在法国南部的尼斯。该协会的宗旨是为实现统一的欧洲电信大市场，及时制定高质量的电信标准，以促进电信基础结构的综合，确保网络和业务的协调，确保适应未来电信业务的接口，以达到终端设备的统一，为开放和建立新的电信业务提供技术基础，并为世界电信标准的制定做出贡献。

ETSI 作为一个被欧洲标准化协会（CEN）和欧洲邮电主管部门会议（CEPT）认可的电信标准协会，其制定的推荐性标准常被欧共体作为欧洲法规的技术基础而采用，并被要求执行。ETSI 的标准化领域主要是电信业，但还涉及与其他组织合作的信息及广播技术领域。

项目一　计算机与局域网的连接

在计算机与局域网的连接中，网卡以及网线是两个重要的部件，网卡是一种数据变换设备，网线是数据的传输介质，它们实现了计算机与局域网的数据传输。

第一部分　知 识 准 备

1.1　认 识 网 卡

1.1.1　网卡的主要作用和功能

网卡（Network Interface Card，NIC）即网络适配器，是用来连接计算机与网络的硬件设备。网卡插在计算机或服务器的插槽中，通过网线与网络连接来交换数据和共享资源。

网络接口卡实现了局域网的物理层和数据链路层的部分功能，这些功能包括以下几项。

1．数据缓存

为了使计算机处理数据的速率与网络数据传输速率相匹配，网卡通常配有一定的数据缓冲区。发送数据时，网络层协议封装好的数据先暂存到网卡的缓冲区中，然后由网卡装配成帧发送出去。接收数据时，网卡把收到的帧先存入缓冲区，然后进行后续处理。

2．帧的封装和解封装

发送数据时，网卡从网络层实体接收已经被网络层协议封装好的数据，然后将这些数据装配成一个帧。根据数据包的大小和所用的数据链路层协议，网卡还必须将数据分割成适合网络传输的大小合适的数据段。例如，以太网帧的最大长度不能超过 1 518 B。对于接收到的帧，网卡首先要进行校验以确保收到的帧没有错误，然后把数据从帧中剥离出来并提交给上层协议栈（即网络层）。

3．介质访问控制

网卡使用一种适当的介质访问控制机制，以便协调系统对共享介质的访问，防止因网络上的多台计算机同时发送数据而造成冲突。不同类型的网卡使用的介质访问控制方法各不相同，例如，以太网卡用的是 CSMA/CD、无线以太网用的是 CSMA/CA、令牌环网卡使用的是令牌传递等。

4．串/并转换

网卡向网络发送数据或从网络接收数据使用的是串行传输方式。因此，网卡在发送数据时必须把并行数据转换成适合网络介质传输的串行位流，在接收数据时必须把串行位流转换成并行数据。

5．数据编码/解码

计算机生成的二进制数据必须按照适合网络介质传输的信号形式进行编码后才能进行传输。同样，在接收数据时必须经过物理信号到数据的解码过程。如果是铜质电缆，数据经过编码，变成某种形式的电脉冲；如果是光纤，数据经过编码后变成光脉冲。常见的编码方式有曼彻斯特编码（以太网）和差分曼彻斯特编码（令牌环网）。

6．数据发送/接收

把编码后的物理信号通过网络介质发送出去，或者把网络介质上的物理信号接收进来。

7．其他功能

对于无线网卡、蓝牙适配器和红外线接口，还要包括与无线连接相关的一些特殊功能。

1.1.2　以太网卡的结构

如图 1-1 所示，以太网卡主要包括以下部件。

（1）发送和接收部件：用于将信号发送到网络上或从网络上接收信号。

（2）载波检测部件：检测介质是否空闲，以实现 CSMA/CD 协议。

（3）发送和接收控制部件：用于发送和接收的同步控制。

（4）曼彻斯特编码/解码器：将数据转换成曼彻斯特编码信号或反之。

（5）局域网管理部件：实现 CSMA/CD 协议，实现帧的同步发送与接收。

（6）微处理器（有些网卡无此部件）：实现对网卡的智能控制与管理。

（7）总线接口：实现与主机接口的连接。

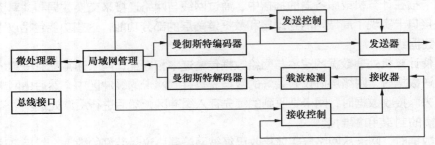

图 1-1　以太网卡的结构

需要注意的是，上述各部件在硬件上并不一定是分离的，在许多网卡上，它们往往被集成到一块大规模集成电路芯片中，所以从外表上看，网卡是非常简洁的。

1.1.3　以太网卡的配置参数

以太网卡具有一组配置选项，以保证网卡能够与计算机中的其他部件协同工作。这些选项主要包括 MAC 地址、IRQ（中断请求）、I/O 端口地址和存储器基地址。

MAC 地址通常是固化在网卡中的，但有些厂商生产的网卡允许用户对其进行修改，以适应特定应用的需要。修改时需要注意，一个局域网中不允许有两个完全相同的 MAC 地址同时存在。

IRQ 是最重要的一个参数。其默认配置一般为 IRQ3，在大多数情况下，这个值无须改变。若系统中有其他部件也使用了 IRQ3，就需要将网卡的 IRQ 值修改为其他未使用的值。

I/O 端口地址用来访问网卡上的状态寄存器和控制寄存器，以便使计算机了解网卡的工作状态和对网卡实施控制。在选择 I/O 端口地址时，要避免与其他外围设备的 I/O 地址发生冲突。网卡往往都提供多个 I/O 端口地址以供选择和使用。通常默认的 I/O 地址是 300H。

此外，当工作站需要以远程引导方式启动时，网卡上必须有远程引导 ROM 芯片，这个

ROM 芯片被映射到计算机 640 KB ~ 1 MB 之间的某一内存区域。为了实现映射，除了要允许网卡进行远程引导外，还要规定存储区的基地址。这个基地址就是远程引导 ROM 要映射到的内存区域的起始地址。通常默认的存储区基地址是 0C8000H。

如果网卡和操作系统都支持即插即用功能，以上参数通常由操作系统自动进行设置，而无须用户介入。

1.1.4 提高网卡性能的技术

1．全双工方式操作

早期的网卡大多是以半双工方式来运行的，特别是同轴电缆接口的网卡。而现在的网卡基本上都支持全双工方式操作，使网络吞吐量提高一倍。但是，全双工方式操作需要满足以下两个条件。

（1）网卡要支持全双工操作，而且与其连接的集线器、交换机、路由器或其他设备也都必须支持全双工操作。

（2）传输介质必须采用双绞线或光纤，也就是说，网卡上的网络接口应该是双绞线接口或光纤接口，同轴电缆接口和无线介质接口的网卡无法实现全双工操作。

2．Parallel Tasking 技术

Parallel Tasking(并行处理)技术是由 3Com 公司开发的一项提高网卡传输性能的技术。它允许在数据送到网卡的同时，就可以开始在网络上发送数据包。不具备这种功能的网卡必须等到完整的数据包存入其缓冲区之后，才能发送这个数据包。3Com 公司开发的另一项技术称为 Parallel TaskingⅡ，它改进了系统通过 PCI 总线与网卡传输数据的性能。传统的 PCI 网卡在一个总线周期内每次只能传输 64 B 的数据，传输一个数据包需要执行几十次操作。Parallel TaskingⅡ 使网卡能够在一个总线周期内传输相当于一个完整的以太网数据包的数据(1 518 B)。

3．突发传送方式

以太网卡典型的传输过程是这样的：发送站每发送一个数据帧，就等待对方发回一个响应帧，以确定对方是否正确接收，然后再发下一个数据帧，再等待下一个响应帧。等待响应帧的目的是防止传输过程中出现错误。这种传输方式使网络的传输效率大打折扣，浪费了网络带宽。如果将传输过程改为每发送多个数据帧才有一个响应帧，这样就可以大大减少响应帧的数量，相应地也就提高了网络的有效带宽，这就是所谓的突发传送方式。目前，许多厂商生产的网卡都可以支持突发传送方式。

在局域网上使用突发传送方式是基于这样的事实：局域网上的数据传输可靠性很高。如果不是这样的话，突发传送方式反而会降低传输速率，因为一旦发生错误，前面发送的若干个数据帧都要重新发送。

4．远程唤醒

有些网卡支持远程唤醒特性，使管理员能够通过网络上的一个远程系统给用户计算机加电。有许多远程管理工具允许网络技术支持人员能够从某个远程地点对计算机实施管理，在下班时段内执行病毒扫描、文件备份和软件更新等任务，而不必亲自前往计算机所在的地点。但是，如果用户在离开办公室时关掉了他的计算机，那么远程管理工具就不再起作用了。而局域网唤醒（Wake on LAN）技术则很好地解决了这个问题，它使网络技术支持人员能够在远程地点上打开，某台计算机的电源（前提是计算机必须处于休眠状态，而并

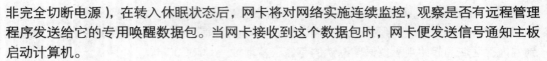

非完全切断电源），在转入休眠状态后，网卡将对网络实施连续监控，观察是否有远程管理程序发送给它的专用唤醒数据包。当网卡接收到这个数据包时，网卡便发送信号通知主板启动计算机。

5．IEEE 802.1P 标准

IEEE 802.1P 标准定义了一种为网络数据包赋予优先级的方法，也称为服务质量（QoS）标准，它允许特定应用类型的数据优先发送。例如，它使音频流和视频流应用程序能够以实时方式在网络上发送数据，而不会受到网络上其他信息传输的影响。为了实现优先级特性，网卡和操作系统都必须支持 IEEE 802.1P 标准。

1.1.5　网络接口卡的选用

网络接口卡的选用应综合考虑以下几个因素。

1．协议

网卡与网络的数据链路层协议密切相关，所以选择网卡时应先根据网络的数据链路层协议来确定网卡类型。例如，以太网中应该选择以太网卡，令牌环网中应该选择令牌环网卡。

2．网络技术

对于已进行网络布线的场合，普通以太网卡是一种经济合理的选择。而在没有网络布线、网络布线比较困难或计算机有经常性的移动连接需求的场合，选择无线网卡则可能更为合适。至于是使用无线局域网还是蓝牙，则要根据具体应用进行选择。通常情况下，近距离的、临时性的、对速度要求不高的设备连接可选用蓝牙，而 Internet 和局域网访问则应选择无线网络连接。

3．传输速率

同一类协议的网络接口卡其传输速率的差别很大，例如，以太网卡有 10 Mbit/s、100 Mbit/s、1 Gbit/s、10 Gbit/s 等不同的传输速率。通常，服务器应该选用 1 Gbit/s 或 10 Gbit/s 的网卡，而用户的计算机只要选用 100Mbit/s 网卡即可（现在桌面级千兆网卡也很流行，集成千兆网卡已成为新型主板的主流配置）。10 Mbit/s 网卡目前已经很少使用。

4．网络接口类型

由于网络的传输介质不同，厂商会生产不同网络接口类型的网卡供用户选择（有些网卡可能同时拥有多种网络接口）。这些接口分别是：用于粗同轴电缆的 AUI 接口、用于细同轴电缆的 BNC 接口、用于非屏蔽双绞线的 RJ-45 接口和用于光纤的光纤接口。现在同轴电缆接口的网卡已经逐渐被淘汰，市场上几乎都是 RJ-45 接口的网卡。另外，在企业局域网中，可能需要使用光纤接口网卡，光纤接口网卡的接口类型有 SC、ST 和 MT-RJ。

5．总线接口类型

网卡可以通过不同的总线接口与计算机连接，如 ISA、PCI、PCI-E、PCMCIA、并行接口、USB 等。因此，在选择网卡时需要考虑计算机的总线接口类型。

在台式计算机上，目前最常见的总线是 PCI 和 PCI-E，所以 PCI 和 PCI-E 总线的网卡应是首选，在市场上也最流行。

在笔记本式计算机上，可供选择的有 PCMCIA、mini PCI 和 mini PCI-E 接口的网卡。mini PCI 和 mini PCI-E 接口的网卡主要是无线局域网卡，使用前需要从笔记本式计算机底部插到内部总线插槽上，工作时不能随意取出；而 PCMCIA 接口的网卡既有有线局域网卡，也有无线局域网卡，使用时可灵活地随时插入笔记本式计算机侧面的 PCMCIA 插槽或从插槽中

弹出，但是体积比前两种接口的网卡要大一些，便携性也要差一些。

并行接口的便携式网卡可以直接插在打印机的并行端口上，虽然它的传输速率不高，但安装时不用打开机箱，安装过程非常简便，既可以在笔记本式计算机上使用，也可以在台式计算机上使用。并行接口的网卡以普通以太网卡为主。

随着 USB 接口在计算机上的应用越来越普及，市场上也出现了 USB 接口的网卡。USB 网卡在使用时直接插到 USB 接口上即可，具有即插即用的特性。普通网卡、无线网卡和蓝牙适配器都有采用 USB 接口的。

常用网卡的分类，如表 1-1 所示。

表 1-1 常用网卡的分类

分类	速度	接口类型	传输介质
传输速度	10 Mbit/s	BNC、AUI、RJ-45	同轴电缆、双绞线
	100 Mbit/s	RJ-45	双绞线
	1 Gbit/s	RJ-45 、ST、SC、MT-RJ	双绞线、多模/单模光纤
	10 Gbit/s	ST、SC、MT. RJ、LC	多模/单模光纤
总线接口	ISA、PCI、PCI-E、mini PCI、mini PCI-E、PCMCIA、USB、并行接口		
技术体系	LAN、WLAN、蓝牙、红外		
协议体系	以太网、令牌环网、FDDI、ATM		

6．附加功能

（1）即插即用

在支持即插即用的操作系统（如 Windows 98/2000/XP/Vista 等）中，具有即插即用特性的网卡会给网卡硬件参数配置带来很大的方便。常见的 PCI、PCI-E、mini PCI、mini PCI-E 总线接口的网卡基本上都支持即插即用功能。

（2）智能网卡

智能网卡自带微处理器或具有专门设计的 ASIC 芯片，可承担原来由主机承担的许多任务，因而即使在网络信息流量很大时，也极少占用计算机的内存和 CPU 时间。智能网卡主要用在服务器上。

（3）负载平衡

服务器的网卡负担着所有往来数据的进出，当服务器与网络交换的数据流量非常大时，单个千兆网卡甚至单个万兆网卡都不能满足流量的需求。为了解决这个问题，许多服务器专用网卡支持多个网卡的逻辑捆绑以实现负载平衡，即在服务器内安装多个网卡，使网络流量平均分配到各个网卡上。这种解决办法也称为网卡绑定或链路聚合。一般情况下，当一台服务器中插入多个网卡时，每个网卡都有自己独立的 IP 地址。但捆绑后的各块网卡则共享一个 IP 地址，尽管它们都保留了各自的 MAC 地址。捆绑后的网卡组构成一个逻辑上的虚拟网卡，它能够处理由整个网卡组支持的综合流量。服务器专用网卡基本上都支持网卡绑定功能，例如，Intel 服务器千兆网卡甚至可以支持 8 块网卡同时绑定，实现 8 Gbit/s 的最高带宽。使用网卡绑定功能，当网络流量增加时，管理员只要在服务器中增加一块网卡，并且将其纳入网卡组中，就可以轻松地解决问题。但要注意，网卡捆绑受到服务器本身的数据处理能力、系统总线带宽和总线插槽扩展能力的限制。另外，有些网卡还具有防病毒功能、远程唤醒功能等，应根据实际应用需求进行选购。

1.2 制作双绞线

1.2.1 传输介质

为了使网络中的计算机能够互相传送信息，必须使用传输媒体。目前常用的计算机网络传输介质可以分为有线和无线两类。常用的有线介质有：双绞线、同轴电缆、光纤等。如果不使用有线介质，则可以利用电磁波空间直接发送和接收信号，利用无线电波、微波或红外线作为无线介质。

双绞线是由一对或多对绝缘铜导线组成的，为了减少信号传输中串扰及电磁干扰（EMI）影响的程度，通常将这些绝缘铜导线按一定的密度互相缠绕在一起。双绞线是模拟和数字数据通信最普通的传输介质，它的主要应用范围是电话系统中的模拟话音传输，其中最适合于较短距离的信息传输，当超过几千米时信号因衰减可能会产生畸变，这时就要使用中继器（Repeater）来放大信号和再生波形。双绞线的价格在传输介质中是最便宜的，并且安装简单，所以得到广泛的使用。在局域网中一般也采用双绞线作为传输介质。双绞线可分为非屏蔽双绞线（Unshielded Twisted Pair，UTP）和屏蔽双绞线（Shielded Twisted Pair，STP），如图1-2、图1-3所示。

图1-2　非屏蔽双绞线　　　　　　　　　　图1-3　屏蔽双绞线

因此，双绞线既可以用于音频传输也可以用于数据传输。按双绞线的性能，目前广泛应用的有6个不同的等级，级别越高性能越好。另外，由于UTP的成本低于STP，所以UTP得到了更为广泛的使用。下面仅对UTP做一些简要介绍，UTP可以分为6类。

（1）1类UTP：主要用于电话连接，通常不用于数据传输。

（2）2类UTP：通常用在程控交换机和告警系统。ISDN和T1/E1数据传输也可以采用2类电缆，2类线的最高带宽为1 MHz。

（3）3类UTP：又称为声音级电缆，是一类广泛安装的双绞线。此类UTP的阻抗为100Ω，最高带宽为16 MHz，适合于10 Mbit/s双绞线以太网和4Mbit/s令牌环网的安装，同时也能运行16Mbit/s的令牌环网。

（4）4类UTP：最大带宽为20 MHz，其他特性与3类UTP完全一样，能更稳定地运行16 Mbit/s令牌环网。

（5）5类UTP：又称为数据级电缆，质量最好。它的带宽为100 MHz，能够运行100 Mbit/s

以太网和FDDI，此类UTP的阻抗为100Ω，目前已被广泛应用。

（6）6类UTP：是一种新型的电缆，最大带宽可以达到1 000MHz，适用于低成本的高速以太网的骨干线路。

1.2.2 双绞线端的制作工具及步骤

1．双绞线端的制作工具

常用的双绞线端连接工具主要有以下4种。

（1）剥线钳

工程技术人员往往直接用压线工具上的刀片来剥除双绞线的外套，他们凭经验来控制切割深度，这就留下了隐患，一不小心切割线缆外套时就会伤及导线的绝缘层。由于双绞线的表面是不规则的，而且线径存在差别，所以采用剥线钳剥去双绞线的外护套更安全可靠。剥线钳使用高度可调的刀片或利用弹簧张力来控制合适的切割深度，保证切割时不会伤及导线的绝缘层。剥线钳有多种外观，图1-4所示是其中的两种。

|（a）| |（b）|

图1-4 剥线钳

（2）压线工具

压线工具用来压接8位的RJ-45插头和4位、6位的RJ-11、RJ-12插头，它可同时提供切和剥的功能。其设计可保证模具齿和插头的角点精确地对齐，通常的压线工具都是固定插头的，有RJ-45或RJ-11单用的，也有双用的，如图1-5所示。市场上还有手持式模块化插头压接工具，它有可替换的8位的RJ-45和4位、6位的RJ-11、RJ-12压模。除手持式压线工具外，还有工业应用级的模式化插头自动压接仪。

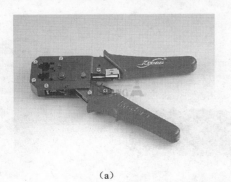
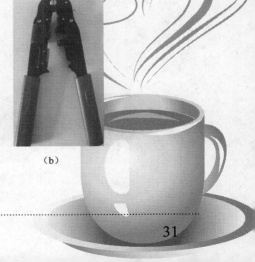

（a） （b）

图1-5 压线工具

（3）110打线工具

110打线工具如图1-6所示，用于将双绞线压接到信息模块和配线架上，信息模块和配线架采用绝缘置换连接器（IDC）与双绞线连接，IDC实际上是V形豁口的小刀片，当把导线压入豁口时，刀片割开导线的绝缘层，与其中的导体接触。打线工具由手柄和刀具组成，它是两端式的，一端具有打接和裁线功能，裁剪掉多余的线头，另一端不具有裁线功能，工具的一面显示清晰的"CUT"字样，使用户可以在安装的过程中容易识别正确的打线方向。手柄握把具有压力旋转钮，可进行压力大小的选择。

（a）110打线工具

（b）110打线工具头部

（c）110打线工具使用

图1-6 110打线工具

前面说的是110单对打线工具，还有一款110 5对打线工具，如图1-7所示。它是一种多功能端接工具，适用于线缆、跳接块及跳线架的连接作业，端接工具和体座均可替换，打线头通过翻转可以选择切割或不切割线缆。工具的腔体由高强度的铝涂以黑色保护漆构成，手柄为防滑橡胶，并符合人体工程学设计，工具的一面显示清晰的"CUT"字样，使用户可以在安装的过程中容易识别正确的打线方向。

还有一种是66型的打线工具，用于语音系统的交叉连接。

（4）手掌保护器

因为把双绞线的4对芯线卡入到信息模块的过程比较费劲，并且由于信息模块容易划伤手，于是就有公司专门设计生产了一种打线保护装置，将信息模块嵌套在保护装置后再对信息模块压接，这样既方便把双绞线卡入到信息模块中，又可以起到隔离手掌、保护手掌的作用，如图1-8所示。

图1-7 110 5对打线工具

图1-8 手掌保护器

2．双绞线端的制作步骤

① 准备压线钳、RJ-45 插头、5 类线，如图 1-9 所示。

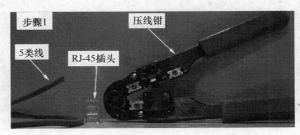

图 1-9　准备

② 根据需要，剪去适当长度的双绞线，如图 1-10 所示。

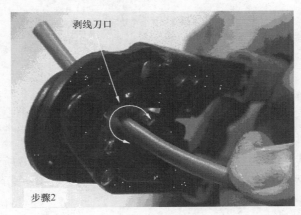

图 1-10　剪线

③ 将双绞线的一端插入压线钳的剥线段，将双绞线的外皮剥去一小段（注意不要伤及内芯的绝缘层），大约 1.2 cm，如图 1-11 所示。

④ 露出 4 对电缆，如图 1-12 所示。

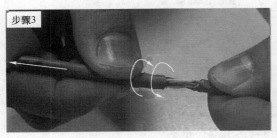

图 1-11　剥皮

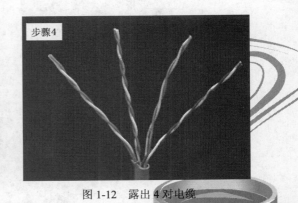

图 1-12　露出 4 对电缆

⑤ 按序号排好，如图 1-13 所示。

⑥ 排列整齐，如图 1-14 所示。

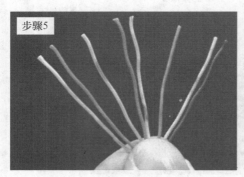

图1-13　排序

图1-14　排齐

⑦ 剪断，如图1-15所示。

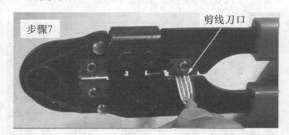

图1-15　剪断

⑧ 根据所用布线标准将8根导线排好，并整理平整，如图1-16所示。

⑨ 将线头剪齐后插入RJ-45接头。注意要插到底，直到在另一端可清楚看到每根导线的铜芯为止，如图1-17所示。

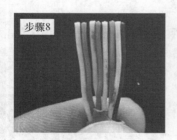

图1-16　平整

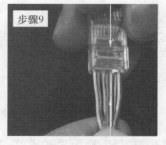

图1-17　插入

⑩ 准备压实，如图1-18所示。

图1-18　准备压实

⑪ 将 RJ-45 接头放入压线钳的 RJ-45 插座，然后用力压紧，确认没有松动，如图 1-19 所示。

⑫ 完成，如图 1-20 所示。

（a）正面压紧

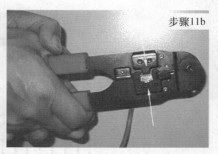
步骤11b

（b）反面压紧

图 1-19 压紧

在完成网线的制作后需要测试网线的通断，多使用网络测线仪，如图 1-21 所示。网络测线仪用于网络 RJ-45 接口或电话线进行测试。使用时将要测试的网线分别接入测试仪主机与测试仪分机，打开开关，ON 挡是快速测试，S 挡为慢速测试。网线线序正常时，测试端两头的号码灯 1~8 会同步逐个闪烁。如出现号码顺序错乱闪烁，则表示接线的线序错误或是交叉线的接法。如出现某一个号码灯不亮，那就代表相关那根线没有接通，如果出现所有灯都不闪动，那说明这根线缆有一半以上的线不通或有其他问题。

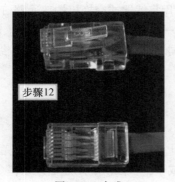
步骤12

图 1-20 完成

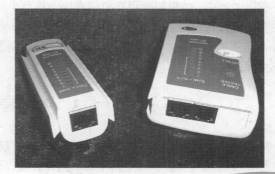

图 1-21 网络测线仪

1.2.3 制作标准与跳线类型

双绞线需要通过 RJ-45 接头（又称水晶头）与网卡、集线器或交换机等设备相连，在制作接头时必须符合国际标准。EIA/TIA 制定的双绞线制作标准有 T568A 和 T568B，其规定的双绞线接头制作时的线序标准如表 1-2 所示，其中引针号如图 1-22 所示。

表 1-2　　　　　　　　　　　　线序标准

引针号	1	2	3	4	5	6	7	8
T568A 标准	白/绿	绿	白/橙	蓝	白/蓝	橙	白/棕	棕
T568B 标准	白/橙	橙	白/绿	蓝	白/蓝	绿	白/棕	棕

在一个综合布线工程中，需要统一连接方式，若无特殊需要，一般应按照 T568B 标准制作连线、插座、配线架等。

（a）RJ–45插头和插座的结构

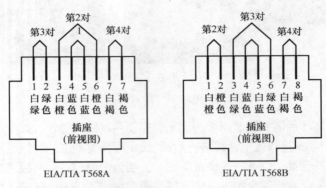

（b）网线与RJ-45的连接序号（EIA/TIA T568A 和T568B两种）

图 1-22 引针号

在以太网中，如果需要用双绞线直接连接两个网卡、不用集线器或交换机的普通端口时，需要制作交叉双绞线，此时，连线一端按 T568A 标准、另一端按 T568B 标准制作即可（即引针 1 与引针 3 交换、引针 2 与引针 6 交换）。除线序不同外，交叉双绞线与一般双绞线的制作步骤完全相同。

1.3 接入局域网

局域网（LAN）是计算机网络的一种，它既具有一般计算机网络的特点，又有自己的特征。局域网是在一个较小的范围（如一间办公室、一栋楼或一个校园）利用通信线路将众多计算机及外设连接起来，以达到数据通信和资源共享的目的。局域网的研究始于 20 世纪 70 年代，以太网是其典型代表。现在，世界上每天都有成千上万个局域网在运行，其数量远远超过了广域网。

1.3.1 物理地址与逻辑地址

1. 物理地址

在网络中，对主机的识别要依靠地址，而保证地址全网唯一性是需要解决的问题。在任何一个物理网络中，各个节点的设备必须都有一个可以识别的地址，才能使信息进行交换，这个地址称为物理地址（Physical Address）。

单纯使用网络的物理地址寻址会以下有一些问题。

① 物理地址是物理网络技术的一种体现，不同的物理网络，其物理地址可能各不相同。

② 物理地址被固化在网络设备（网络适配器）中，通常不能被修改。

③ 物理地址属于非层次化的地址，它只能标识出单个的设备，标识不出该设备连接的是哪一个网络。

2．逻辑地址

针对物理网络地址的问题，采用网络层 IP 地址的编址方案。Internet 采用一种全局通用的地址格式，为每一个网络和每一台主机分配一个 IP 地址，以此屏蔽物理网络地址的差异。通过 IP 协议，把主机原来的物理地址隐藏起来，在网络层中使用统一的 IP 地址。

1.3.2　IP 地址的结构、表示与分类

1．IP 地址的划分

根据 TCP/IP 规定，IP 地址由 32 bit 组成，它包括 3 个部分：地址类别、网络号和主机号，如图 1-23 所示。如何将这 32 bit 的信息合理地分配给网络和主机作为编号，看似简单，意义却很大。因为各部分比特位数一旦确定，就等于确定了整个 Internet 中所能包含的网络数量以及各个网络所能容纳的主机数量。

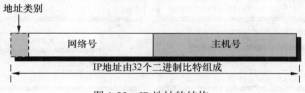

图 1-23　IP 地址的结构

由于 IP 地址是以 32 位二进制数的形式表示的，这种形式非常不适合阅读和记忆，因此，为了便于用户阅读和理解 IP 地址，Internet 管理委员会采用了一种"点分十进制"表示方法来表示 IP 地址。也就是说，将 IP 地址分为 4 个字节（每个字节为 8bit），且每个字节用十进制表示，并用点号"."隔开，如图 1-24 所示。

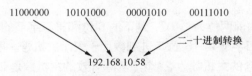

图 1-24　IP 点分十进制的 IP 地址表示方法

在 Internet 中，网络数量是一个难以确定的因素，但是每个网络的规模却是比较容易确定的。众所周知，从局域网到广域网，不同种类的网络规模差别很大，必须加以区别。因此，按照网络规模大小以及使用目的的不同，可以将 Internet 的 IP 地址分为 5 种类型，包括 A 类、B 类、C 类、D 类和 E 类。5 类地址的格式如图 1-25 所示。

2．A 类地址

A 类地址第一字节的第一位为"0"，其余 7 位表示网络号。第二、三、四个字节共计 24 个比特位，用于主机号，通过网络号和主机号的位数就可以知道 A 类地址的网络数位 2^7（128）个，每个网络包含的主机数为 2^{24}（16 777 216）个，A 类地址的范围是 0.0.0.0 ~ 127.255.255.255，如图 1-26 所示。由于网络号全为 0 和全为 1 保留用于特殊目的，所以 A 类地址有效的网络数为 126 个，其范围是 1 ~ 126。另外，主机号全为 0 和全为 1 也有特殊

作用，所以每个网络号包含的主机数应该是 2^{24}（16 777 216）~2 个。因此，一台主机能使用的 A 类地址的有效范围是 1.0.0.1~126.255.255.254。

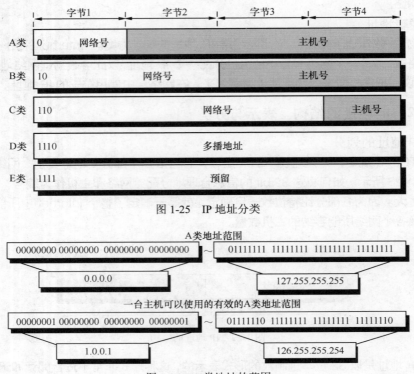

图 1-25   IP 地址分类

图 1-26   A 类地址的范围

根据 IP 地址中网络号的范围就可以识别出 IP 地址的类别，例如，一个 IP 地址是 10.10.10.1，那么这个地址就属于 A 类地址。A 类地址一般分配给具有大量主机的网络用户。

3．B 类地址

B 类地址第一字节的前两位为"10"，剩下的 6 位和第二字节的 8 位共 14 位二进制数用于表示网络号。第三、四字节共 16 位二进制数用于表示主机号。因此，B 类地址网络数为 2^{14} 个，每个网络号所包含的主机数为 2^{16} 个（实际有效的主机数是 2^{16}~2）。B 类地址的范围是 128.0.0.0~191.255.255.255，由于主机号全 0 和全 1 有特殊作用，一台主机能使用的 B 类地址的有效范围是 128.0.0.1~191.255.255.254，如图 1-27 所示。

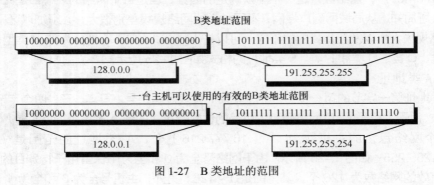

图 1-27   B 类地址的范围

　　用于标识 B 类地址的第一字节数值范围是 128～191。B 类地址一般分配给具有中等规模主机数的网络用户。

　　4．C 类地址

　　C 类地址第一字节的前 3 位为"110"，剩下的 5 位和第二、三字节共 21 位二进制数用于表示网络号，第四字节的 8 位二进制数用于表示主机号。因此，C 类地址网络数为 2^{21} 个，每个网络号所包含的主机数为 256（实际有效的为 254）个。C 类地址的范围是 192.0.0.0～223.255.255.255，同样，一台主机能使用的 C 类地址的有效范围是 192.0.0.1～223.255.255.254，如图 1-28 所示。

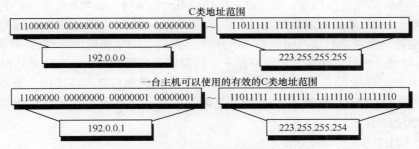

图 1-28　C 类地址的范围

　　用于标识 C 类地址的第一字节数值范围是 192～223。由于 C 类地址的特点是网络数较多，而每个网络最多只有 254 台主机，因此，C 类地址一般分配给小型的局域网用户。

　　5．D 类地址

　　D 类地址第一字节的前 4 位为"1110"。D 类地址用于多播，多播就是同时把数据发送给一组主机，只有那些已经登记可以接收多播地址的主机才能接收多播数据包。D 类地址的范围是 224.0.0.0～239.255.255.255。

　　6．E 类地址

　　E 类地址第一字节的前 4 位为"1111"。E 类地址是为将来预留的，同时也可以用于实验目的，但它们不能被分配给主机。

　　7．几种特殊的 IP 地址

　　（1）广播地址

　　TCP/IP 规定，主机号各位全为"1"的 IP 地址用于广播之用，称为直接广播地址。用于标识网络上所有的主机，例如，192.168.1 是一个 C 类网络地址，广播地址是192.168.1.255。当某台主机需要发送广播时，就可以使用直接广播地址向该网络上的所有主机发送报文。

　　（2）有限广播地址

　　有时需要在本网内广播，但又不知道本网的网络号，于是，TCP/IP 规定，32 比特全为"1"的 IP 地址用于本网广播。因此，该地址称为"有限广播地址"，即255.255.255.255。

　　（3）"0"地址

　　TCP/IP 规定，主机号全为"0"时表示为"本地网络"。例如，"172.17.0.0"表示"172.17"这个 B 类网络，"192.168.1.0"表示"192.168.1"这个 C 类网络。

（4）回送地址

以 127 开始的 IP 地址是作为一个保留地址，例如 127.0.0.1，用于网络软件测试以及本地主机进程间通信，则该地址被称为"回送地址"。

8．IP 地址的管理

Internet 的 IP 地址是全局有效的，或者说是在全球有效的，因而对 IP 地址的分配与回收等工作需要统一管理。IP 地址的最高管理机构称为"Internet 网络信息中心"（Internet Network Information Center，InterNIC），它专门负责向提出 IP 地址申请的组织分配网络地址，然后，各组织再在本网络内部对其主机号进行本地分配。

在 Internet 的地址结构中，每一台主机均有唯一的 Internet 地址。全世界的网络正是通过这种唯一的 IP 地址而彼此取得联系，从而避免了网络上的地址冲突。因此，如果一个单位在组建一个网络且该网络要与 Internet 连接时，一定要向 InterNIC 申请 Internet 合法的 IP 地址。当然，如果该网络只是一个内部网而不需要与 Internet 连接时，则可以任意使用 A 类、B 类或 C 类地址。为了避免某个单位选择任意网络地址，造成与合法的 Internet 地址发生冲突，IETF 已经分配了具体的 A 类、B 类和 C 类地址供单位内部网使用，这些地址如下。

A 类：10.0.0.0～10.255.255.255。

B 类：172.16.0.0～172.31.255.255。

C 类：192.168.0.0～192.168.255.255。

1.3.3 设置 TCP/IP 属性，接入局域网

首先，应该安装网卡以及网卡驱动，在 Windows XP 的"网上邻居"的"属性"中可以看见本地连接，如图 1-29 所示。

在"本地连接"中单击"属性"，如图 1-30 所示。

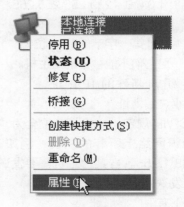

图 1-29 "网上邻居"的"属性"   图 1-30 "本地连接"的"属性"

打开 TCP/IP 的"属性"，如图 1-31 所示。

IP 地址的设置可以自动获取也可以手动输入，如果是自动获取，在本地局域网必须建立 DHCP 服务，手动输入 IP 地址前应该咨询网络管理员，以便得到相应的 IP 地址、子网掩码、网关地址以及 DNS 服务器的地址，如图 1-32、图 1-33 所示。

图 1-31　TCP/IP 属性

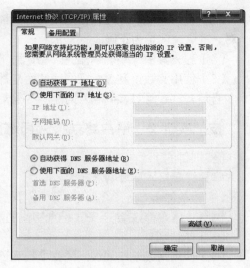

图 1-32　自动获取 IP 地址

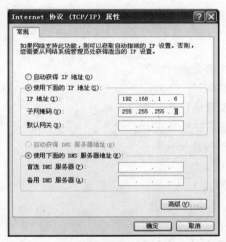

图 1-33　手动输入 IP 地址

第二部分　技 能 实 训

技能实训 1　双绞线的制作和测试

【实训目的】

掌握双绞线的制作。

【实训条件】

网头、网线、网钳、测线仪。

【实训指导】

（1）准备 1 根 2m 的 5 类网线。

（2）制作 1 根两端都按照 T568B 标准的网线。

（3）使用测线仪测量，把网线的两端都接入测线仪，打开测线仪的开关，指示灯应该是一对一的逐个闪烁为正确。

（4）剪去其中一端的水晶头，制作为 T568A 标准的网线。

（5）使用测线仪测量，把网线的两端都接入测线仪，打开测线仪的开关，指示灯应该是 1-3 号灯、2-6 号灯、4-4 号灯、5-5 号灯、7-7 号灯、8-8 号灯逐个闪烁为正确。

技能实训 2　用户终端接入局域网

【实训目的】

掌握终端接入局域网。

【实验条件】

网线（两端都按照 T568B 标准制作的网线）、交换机、计算机。

【实训指导】

（1）使用网线连接局域网的交换机和计算机。

（2）配置 IP 地址。

第三部分　思考与练习

（1）网卡的主要作用和功能是什么？

（2）如何提高网卡的性能？

（3）双绞线端的制作步骤是什么？

（4）双绞线的制作标准与跳线类型是什么？

（5）IP 地址分为几类？各是什么？

（6）127.0.0.1 是个什么地址？

（7）0.0.0.0 是个什么地址？

（8）255.255.255.255 是个什么地址？

（9）192.168.1.0 是个什么地址？

（10）192.168.1.255 是个什么地址？

（11）请说出平行线与交叉线使用的区别。

项目二 小型局域网的组建

现代社会计算机网络技术呈现两个飞快：一个是发展速度飞快，另一个是普及飞快，渗透到了社会生活的各行各业，其中小型局域网技术是计算机网络技术中的基础，也是应用最为广泛的，如家庭网络、小公司网络、办公室网络等。

第一部分 知 识 准 备

2.1 认识局域网

目前，很难对局域网作出明确定义，这是因为局域网正处于飞速发展的过程中，在网络产品、技术等方面还存在着许多不确定因素。

要正确把握局域网的概念，需要注意下列几点。

（1）局域网是限定区域的网络。限定区域（Local Area）有"方圆数千米"、"方圆数十千米"等说法，但数值本身并无太大的意义，比较恰当的是将"限定区域"理解为一个在功能上相对独立、组织上相对封闭的空间，例如，公司、一个办公室、一幢楼、一个园区等。

（2）局域网的线路是专用的。"线路专用"是局域网的显著特点之一。局域网一般不使用公用通信线路，是自行用传输介质连接而成的网络。

（3）局域网具有较高的数据通信速率和很低的误码率。由于覆盖范围有限，线路较短，所以构建局域网时可选用高性能的传输介质以获取较高的数据通信速率。以太网的数据传输速率可达 10 Mbit/s、100 Mbit/s、1000 Mbit/s 甚至 10 000 Mbit/s，而误码率一般在 $10^{-8} \sim 10^{-11}$ 之间，几乎可以忽略不计。

（4）局域网具有开放性。局域网的体系结构符合 ISO 的 OSI 标准，能与任何符合 OSI 标准的系统进行通信。

2.1.1 局域网的特点和分类

1. 局域网的主要特点

（1）较小的地域范围

局域网主要用于办公室、机关、工厂和学校等内部联网，其范围没有严格的定义，但一般认为距离为 0.1 ~ 25 km。

（2）高传输速率和低误码率

目前局域网传输速率一般为 10 Mbit/s ~ 1 000 Mbit/s，最高可以达到 10 Gbit/s，其误码率一般为 $10^{-8} \sim 10^{-11}$。

（3）面向的用户比较集中

局域网一般为一个单位所建，在单位或部门内部控制管理和使用，服务于本单位的用户，其网络易于建立、维护和扩展。

（4）使用多种传输介质

局域网可以根据不同的性能需要选用价格低廉的双绞线、同轴电缆或价格较贵的光纤，以及无线局域网。

2．局域网的分类

（1）按网络拓扑结构分类

网络的拓扑（Topology）结构是指网络中通信线路和站点（计算机或设备）的相互联接的几何形式。按照拓扑结构的不同，可以将网络分为星型网络、环型网络、总线型网络3种基本类型。在这3种类型的网络结构基础上，可以组合出树型网、簇星型网等其他类型拓扑结构的网络。

① 星型网络结构

在星型网络结构中各个计算机使用各自的线缆连接到网络中，因此，如果一个站点出了问题，不会影响整个网络的运行。星型网络结构是现在最常用的网络拓扑结构。

② 环型网络结构

环型网络结构的各站点通过通信介质连成一个封闭的环形。环形网络容易安装和监控，但容量有限，网络建成后，难以增加新的站点。因此，现在组建局域网已经基本上不使用环型网络结构了。

③ 总线型网络结构

在总线型网络结构中所有的站点共享一条数据通道。总线型网络安装简单方便，需要铺设的电缆最短，成本低，某个站点的故障一般不会影响整个网络，但介质的故障会导致网络瘫痪。总线网安全性低，监控比较困难，增加新站点也不如星型网容易。所以，总线型网络结构现在基本上已经被淘汰了。

（2）按传输介质分类

按照网络的传输介质分类，可以将计算机网络分为有线网络和无线网络两种。局域网通常采用单一的传输介质，而城域网和广域网采用多种传输介质。

① 有线网络

有线网络指采用同轴电缆、双绞线、光纤等有线介质连接计算机的网络。采用双绞线联网是目前最常见的联网方式。它价格便宜，安装方便，但易受干扰，传输率较低，传输距离比同轴电缆要短。光纤网采用光导纤维作为传输介质，传输距离长，传输率高，抗干扰性强，现在正在迅速发展。

② 无线网络

无线网络采用微波、红外线、无线电等电磁波作为传输介质，由于无线网络的联网方式灵活方便，因此是一种很有前途的组网方式。目前，不少大学和公司已经在使用无线网络了。

（3）按服务对象分类

按照网络服务的对象分类，可以将网络分为企业网、校园网等类型。

① 企业网

企业网顾名思义，就是为某个企业服务的计算机网络。企业网可以包括局域网，也可以包括一部分广域网。而对于一个小企业，由于在外地没有分支机构，组建一个局域网也就可以满足需要了。

② 校园网

校园网是为大学、中学、小学服务的网络。随着"校校通"工程的启动，出现了越来越多的校园网，现在全国已经有 5 000 多所中小学有了校园网。

2.1.2 局域网的体系结构与标准

1. 局域网的体系结构

20 世纪 80 年代初，局域网的标准化工作迅速发展起来。和广域网相比，局域网的标准化研究工作开展得比较及时，一方面吸取了广域网标准化工作不及时给用户和计算机生产厂家带来困难的教训，另一方面广域网标准化的成果特别是 ISO/OSI 模型也为局域网标准化工作提供了经验和基础。

国际上开展局域计算机网络标准化研究和制定的机构有美国电气与电子工程师协会（IEEE 802）委员会、欧洲计算机制造厂商协会（ECMA）和国际电工委员会（IEC）等，其中，IEEE 802 与 ECMA 主要致力于办公自动化与轻工业局域网的标准化研究，而重工业、工业生产过程分布控制方面的局域网标准化工作主要由 IEC 进行。

IEEE 802 标准遵循 ISO/OSI 模型的原则，解决最低两层（即物理层和数据链路层）的功能以及与网络层的接口服务、网际互联有关的高层功能。IEEE 802 LAN 参考模型与 ISO/OSI 模型的对应关系如图 2-1 所示。

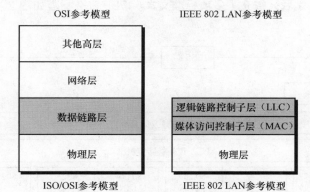

图 2-1　OSI 参考模型与 IEEE 802 LAN 参考模型

由于局域网是个通信子网，只涉及有关的通信功能，因此，在 IEEE 802 局域网参考模型中主要涉及 OSI 参考模型物理层和数据链路层的功能。

（1）IEEE 802 LAN 的物理层

IEEE 802 LAN 参考模型中物理层的功能与 OSI 参考模型中物理层的功能相同：实现比特流的传输与接收以及数据的同步控制等。IEEE 802 还规定了局域网物理层所使用的信号与编码、传输介质、拓扑结构和传输速率等规范。

① 采用基带信号传输。

② 数据的编码采用曼彻斯特编码。

③ 传输介质可以是双绞线、同轴电缆和光缆等。

④ 拓扑结构可以是总线型、树型、星型和环型。

⑤ 传输速率有 10 Mbit/s、16 Mbit/s、100 Mbit/s 和 1 000 Mbit/s。

（2）IEEE 802 LAN 的数据链路层

局域网的数据链路层分为两个功能子层，即逻辑链路控制子层（LLC）和媒体访问控制子层（MAC）。LLC 和 MAC 共同完成类似 OSI 参考模型数据链路层的功能：将数据组成帧，进行传输，并对数据帧进行顺序控制、差错控制和流量控制，使不可靠的物理链路变为可靠的链路。此外，局域网可以支持多重访问，即实现数据帧的单播、广播和多播。

IEEE 802 参考模型中之所以要将数据链路层分解为两个子层，主要目的是使数据链路层的功能与硬件有关的部分和与硬件无关的部分分开，例如，IEEE 802 标准制定了几种 MAC 子层的媒体访问控制方法（CSMA/CD、令牌环和令牌总线等），对于这些不同的方法都共同使用了 LLC 子层的逻辑链路控制功能。通过分层使得 IEEE 802 标准具有很好的可扩充性，有利于将来使用新的媒体访问控制方法。

在媒体访问控制子层形成的数据帧中使用了 MAC 地址，这个地址也称为物理地址。在计算机网络中，当所有的计算机之间进行通信时，必须使用各自的物理地址，而且所有的物理地址都不相同。具体到局域网络设备中，MAC 地址被固化在网络适配器（网卡）中，所有生产网卡的计算机网络厂商都会根据某种规则使网卡中的 MAC 地址各不相同。

2．IEEE 802 标准系列

IEEE 802 委员会于 1980 年开始研究局域网标准，1985 年公布了 IEEE 802 标准的 5 项标准文本，同年，ANSI 采用作为美国国家标准，ISO 也将其作为局域网的国际标准，对应标准为 ISO 802，之后又扩充了多项标准文本。IEEE 802 标准如图 2-2 所示，它包含以下的部分。

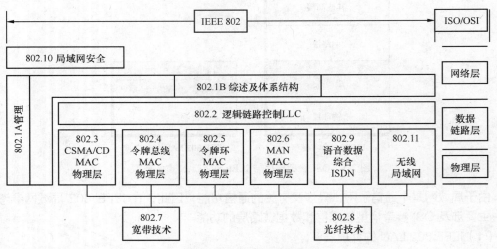

图 2-2　IEEE 802 标准系列

IEEE 802.1：LAN 体系结构、网络管理和网络互联。

IEEE 802.2：逻辑链路控制子层的功能。

IEEE 802.3：CSMA/CD 总线介质访问控制方法及物理层技术规范。

IEEE 802.4：令牌总线访问控制方法及物理层技术规范。

IEEE 802.5：令牌环网访问控制方法及物理层规范。

IEEE 802.6：城域网访问控制方法及物理层技术规范。

IEEE 802.7：宽带技术。

IEEE 802.8：光纤技术。

IEEE 802.9：综合业务数字网（ISDN）技术。

IEEE 802.10：局域网安全技术。

IEEE 802.11：无线局域网。

2.1.3 介质访问控制方法

介质访问控制方法也就是信道访问控制方法，可以简单地把它理解为如何控制网络节点何时能够发送数据。IEEE 802 规定了局域网中最常用的介质访问控制方法：IEEE 802.3 载波监听多路访问/冲突检测（CSMA/CD）、IEEE 802.5 令牌环（Token Ring）和 IEEE 802.4 令牌总线（Token Bus）。

1．CSMA/CD 介质访问控制

在总线型局域网中，所有的节点都直接连到同一条物理信道上，并在该信道中发送和接收数据，因此，对信道的访问是以多路访问方式进行的。任一节点都可以将数据帧发送到总线上，而所有连接在信道上的节点都能检测到该帧。当目的节点检测到该数据帧的目的地址（MAC 地址）为本节点地址时，就继续接收该帧中包含的数据，同时给源节点返回一个响应。当有两个或更多的节点在同一时间都发送了数据，在信道上就造成了帧的重叠，导致冲突出现。为了克服这种冲突，在总线型局域网中常采用 CSMA/CD 协议，即带有冲突检测的载波侦听多路访问协议，它是一种随机争用型的介质访问控制方法。

CSMA/CD 协议起源于 ALOHA 协议，是 Xerox 公司吸取了 ALOHA 技术的思想而研制出的一种采用随机访问技术的竞争型媒体访问控制方法，后来成为 IEEE 802 标准之一，即 MAC 的 IEEE 802.3 标准。

CSMA/CD 协议的工作过程为：由于整个系统不是采用集中式控制，且总线上每个节点发送信息要自行控制，所以各节点在发送信息之前，首先要侦听总线上是否有信息在传送，若有，则其他各节点不发送信息，以免破坏传送；若侦听到总线上没有信息传送，则可以发送信息到总线上。当一个节点占用总线发送信息时，要一边发送一边检测总线，看是否有冲突产生。发送节点检测到冲突产生后，就立即停止发送信息，并发送强化冲突信号，然后采用某种算法等待一段时间后再重新侦听线路，准备重新发送该信息。CSMA/CD 协议的工作流程如图 2-3 所示。对 CSMA/CD 协议的工作过程通常可以概括为"先听后发、边听边发、冲突停发、随机重发"。

冲突产生的原因可能是在同一时刻两个节点同时侦听到线路"空闲"，又同时发送信息而产生冲突，使数据传送失效；也可能是一个节点刚刚发送信息，还没有传送到目的节点，而另一个节点此时检测到线路"空闲"，将数据发送到总线上，导致了冲突。

如图 2-3 所示，冲突检测的过程为发送节点在发送数据的同时，将其发送信号与总线上接收到的信号进行比较，判断是否有冲突产生。如果总线上同时出现两个或两个以上的发送信号，冲突就被检测出来，与此同时，这些发送信号的节点就会发出强化冲突信号。强化冲突信号的作用是为了更快地通知其他节点信道出现了冲突，以便让信道尽快地空闲下来。

在采用 CSMA/CD 协议的总线型局域网中，各节点通过竞争的方法强占对媒体的访问权限，出现冲突后，必须延迟重发。因此，节点从准备发送数据到成功发送数据的时间是不能确定的，它不适合传输对时延要求较高的实时性数据。其优点是结构简单、网络维护方便、增删节点容易，网络在轻负载（节点数较少）的情况下效率较高。但是随着网络中节点数量的增加、传递信息量的增大，即在重负载时，冲突概率增加，总线型局域网的性能也会明显下降。

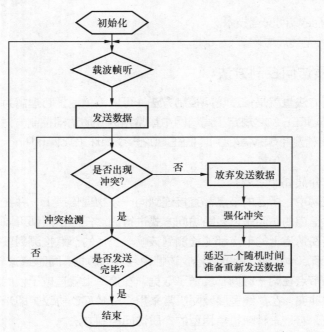

图 2-3　CSMA/CD 的工作过程

2．令牌环

在令牌环（Token Ring）介质访问控制方法中，使用了一个沿着环路循环的令牌。网络中的节点只有截获令牌时才能发送数据，没有获取令牌的节点不能发送数据，因此，在使用令牌环的局域网中不会产生冲突。

当各节点都没有数据发送时，网络中令牌在环上循环传递。若一个节点要发送数据，那么它首先要截获令牌，然后再开始发送数据帧，在数据发送的过程中，由于令牌已经被占用，因此，其他节点不能发送数据帧，必须等待。当发送的数据在环上循环一周后，又回到发送节点，发送节点确认数据传输无误后，为了避免数据帧在环路里循环流动，要将该数据帧收回（从环上移去）。当发送节点的数据发送完毕后，要产生一个新的令牌并发送到环路上，以便让其他节点发送数据。该过程如图 2-4 所示。

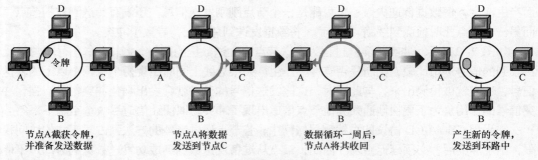

| 节点A截获令牌，
并准备发送数据 | 节点A将数据
发送到节点C | 数据循环一周后，
节点A将其收回 | 产生新的令牌，
发送到环路中 |

图 2-4　令牌环的工作原理

对于令牌环，由于每个节点不是随机的争用信道，不会出现冲突，因此称它是一种确定型的介质访问控制方法，而且每个节点发送数据的延迟时间可以确定。在轻负载时，由于存在等待令牌的时间，效率较低；而在重负载时，对各节点公平，且效率高。另外，采用令牌环的局域网还可以对各节点设置不同的优先级，具有高优先级的节点可以先发送数据，例如，某个节点需要传输实时性的数据，就可以申请高优先级。由于这种特性，许多用于工业控制的局域网多采用令牌环局域网。

3．令牌总线

令牌总线访问控制是在物理总线上建立一个逻辑环。从物理连接上看，它是总线结构的局域网，但逻辑上，它是环型拓扑结构，如图 2-5 所示。连接到总线上的所有节点组成了一个逻辑环，每个节点被赋予一个顺序的逻辑位置。与令牌环一样，节点只有取得令牌才能发送帧，令牌在逻辑环上依次传递。在正常运行时，当某个节点发完数据后，就要将令牌传送给下一个节点。从逻辑上看，令牌从一个节点传送到下一个节点，使节点能获取令牌发送数据；从物理上看，节点是将数据广播到总线上，总线上所有的节点都可以监测到数据，并对数据进行识别，但只有目的节点才可以接收并处理数据。令牌总线访问控制也提供了对节点的优先级服务方式。

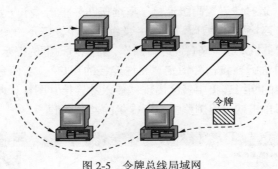

图 2-5　令牌总线局域网

令牌总线与令牌环有很多相似的特点，例如，适用于重负载的网络中、数据发送的延迟时间确定，以及适合实时性的数据传输等。但网络管理较为复杂，网络必须有初始化的功能，以生成一个顺序访问的次序。另外，当网络中的令牌丢失，则会出现多个令牌将新节点加入到环中以及从环中删除不工作的节点等，这些附加功能又大大增加了令牌总线访问控制的复杂性。

2.2　组建最小局域网

2.2.1　两台计算机直连的方法

1．使用双绞线直接连接两台计算机

制作一根交叉线，即一头为 T568A 标准、另一头为 T568B 标准的双绞线，直接连接两台计算机的网卡。

2．使用串行接口直接连接两台计算机

使用一根 9 芯扁平电缆与 DB-9 针的 RS232C 连接器制作成为交叉电缆，连接两台计算机的串口。

3．使用无线直接连接两台计算机

使用无线网卡连接两台计算机，或两台带有无线网卡的笔记本电脑直接相连。

2.2.2　安装和协议配置

1．使用双绞线直接连接两台计算机

硬件连接好了，现在开始安装软件。在每台机器上将各自的网卡驱动程序安装好。然后安装通信协议，在 Windows 操作系统中一般提供了 NetBEUI、TCP/IP、IPX/SPX 兼容协议 3 种通信协议，这 3 种通信协议分别适用于不同的应用环境。一般情况下，局域网只需安装 NetBEUI 协议即可，如需要运行联网游戏，则一般要安装 IPX/SPX 兼容协议；如要实现双机共享 Modem 上网的功能，需要安装 TCP/IP 协议。接下来分别输入每台计算机的计算机名和工作组名，注意两台机器的计算机名应该用不同名字来标识，而工作组名必须是相同的。重新启动计算机，设置共享资源，这样就可以实现两机之间的通信和资源共享了。

2．使用串行接口直接连接两台计算机

在 Windows 2000/XP 操作系统中，选择"开始"→"程序"→"附件"→"通信"→"新建连接向导"命令，打开"新建连接向导"对话框中，单击"下一步"按钮，打开如图 2-6 所示的对话框，选择"设置高级连接"单选按钮并单击"下一步"按钮，在随后打开的对话框中选择"直接连接到其它计算机"，并继续下一步，打开如图 2-7 所示的对话框。两台计算机分别作为"主机"和"来宾"进行操作，根据对话框的提示选择进行后续的操作，其中可以选择使用串口进行连接，并指定"允许连接的用户"。当两台计算机分别选择主机和来宾角色后，在各自的网络连接中就会出现"传入的连接"图标，此时就可以使用它建立两台计算机的连接，客户机就可以浏览主机所提供的共享资源。

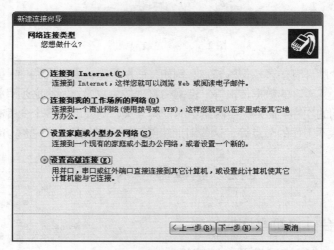

图 2-6　新建连接向导

如果要交换主机与来宾的角色，则重新执行"新建连接向导"命令，并重新选择主机和来宾进行连接。

3．使用无线直接连接两台计算机

对等无线网络主要用于两台或者多台计算机之间文件的互传，因为没有了无线接入点（AP），信号的强弱会直接影响到文件传输速度。所以，计算机之间的距离和摆放位置也要适当调整。Windows XP 提供了对无线网络的良好支持，可直接在"网络连接"窗口中进行设置，而无需安装无线网络客户端。所谓"无线网络客户端"就是一种在操作系统不支持无线

网络技术的时候，专门用来帮助咱们连接上网的软件。下面，我们来讲一些具体的设置。

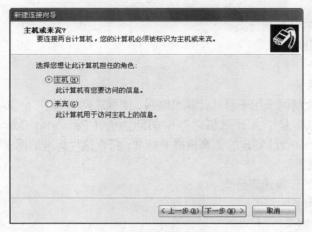

图 2-7 直接电缆连接对话框

第 1 步，在控制面板中打开"网络连接"窗口。

第 2 步，右键单击"无线网络连接"图标，在快捷菜单中单击"属性"，打开"无线网络连接属性"对话框。

第 3 步，选择"无线网络配置"选项卡，并选择"用 Windows 来配置我的无线网络配置"复选框，启用自动无线网络配置。

第 4 步，单击"高级"按钮，显示"高级"对话框。

第 5 步，选择"仅计算机到计算机（特定）"选项，实现计算机之间的连接。若既直接连接至计算机，又保留连接至接入点的功能，可选择"任何可用的网络（首选访问点）"选项。

需要注意的是，在首选访问点无线网络中，如果有可用网络，通常会首先尝试连接到访问点无线网络。如果访问点网络不可用，则尝试连接到对等无线网络。例如，如果工作时在访问点无线网络中使用笔记本电脑，然后将笔记本电脑带回家使用计算机到计算机家庭网络，自动无线网络配置将会根据需要更改无线网络设置，这样无需用户作任何设置就可以直接连接到家庭网络。

第 6 步，依次单击"关闭"和"确定"按钮，建立计算机之间的无线连接，提示无线网络连接已经连接成功。

由于 Windows 98/Me/2000/XP 可以自动为计算机分配 IP 地址，也就是说，即使没有为无线网卡设置 IP 地址，而且网络中没有 DHCP 服务器时，计算机将自动从地址段中获得一个 IP 地址，并实现彼此之间的通信，从而共享文件夹和打印机。但是，若欲实现网络的所有功能，则应当为每个网卡都分配一个 IP 地址，尤其是对小型网络而言。

2.3 组建共享式局域网

2.3.1 共享式局域网的网络设备选型

1．网络适配器

网络适配器又称为网络接口卡，简称为网卡，它是构成网络的基本器件。计算机通过其中的网卡与传输介质相连。根据所支持的物理层标准以及计算机接口的不同，它可分成不同的类型。

（1）按所支持的计算机分类

① 标准以太网网卡

② 便携式网卡

③ PCMCIA 网卡

其中，标准以太网网卡用于台式计算机联网，便携式网卡和 PCMCIA 网卡用于便携式计算机联网。PCMCIA 是个人计算机内存卡国际协会（Personal Computer Memo Card International Association）制定的便携机插卡标准，符合这种标准的网卡和信用卡大小相似，它仅适用于便携机联网。

（2）按所支持的传输速率分类

① 10 Mbit/s 网卡

② 100 Mbit/s 网卡

③ 10/100 Mbit/s 自适应网卡

④ 1 000 Mbit/s 网卡

⑤ 10/100/1 000 Mbit/s 自适应网卡

（3）按所支持的传输介质分类

① 双绞线网卡

② 粗缆网卡

③ 细缆网卡

④ 光纤网卡

针对不同的传输介质，网卡提供了相应的接口：适用于粗缆的网卡提供 AUI 接口；适用于细缆的网卡提供 BNC 接口；适用于非屏蔽双绞线的网卡提供 RJ-45 接口；适用于光纤的网卡提供光纤的 F/O 接口。

（4）按所支持的总线类型分类

① ISA 网卡

② EISA 网卡

③ MCA 网卡

④ PCI 网卡

目前，典型的微机总线主要有：16 位的 ISA 总线、32 位的 EISA 总线、IBM 所采用的微通道 MCA 总线及 PCI 总线。因此，相应的网卡也设计成适应不同的总线类型。

2．中继器

中继器（Repeater）又称为转发器，它是局域网连接中最简单的设备，它的作用是将因传输而衰减的信号进行放大、整形和转发，从而扩展了局域网的距离。最初的中继器是一种带有两个端口的设备，主要用于 10 Mbit/s 粗缆以太网，它带有两个 15 针的 AUI 接口，每个接口连接一个收发器，用于连接一个粗同轴电缆段（网段），这样就可以扩展粗缆以太网的距离。当细缆以太网出现以后，在中继器上也就带有了多个细缆以太网端口（BNC 接口），可以直接连接细缆以太网的同轴电缆段。由于中继器不具备检查数据错误和纠正错误的功能，而只是将信号放大，并从一个电缆段传输到另一个电缆段，因此，根据这个特性，通常把中继器看做是工作在 OSI 参考模型中的物理层设备。

3. 集线器

中继器通常带有两个端口，用于连接一对同轴电缆段。而随着双绞线以太网的出现，中继器被做成具有多个端口的装置，用在星型布线系统中，并称其为集线器（Hub）。因此，集线器有时也被称为中继集线器或多端口转发器。有些文献上还将中继器和集线器统称为中继器。

集线器是局域网中重要的部件之一，它作为网络连线的中央连接点。从基本工作原理来看，集线器是带有多个端口的中继器，因此，与中继器一样，集线器也是一个工作在 OSI 参考模型中的物理层设备。集线器的多个端口通常连接工作站（计算机）和服务器。在集线器中，数据帧从一个节点被发送到集线器的某个端口上，然后又被转发到集线器的其他所有端口上。虽然每一个节点都使用一条双绞线连接到集线器上，但基于集线器的网络仍属于共享介质的局域网络。

按集线器端口连接介质的不同，集线器可连接同轴电缆、双绞线和光纤。使用光纤的集线器一般用于远距离连接和需要高抗干扰性能的场合，所以较少使用，大多数的集线器都是以双绞线作为连接介质的。一些旧式的集线器上除了带有 RJ-45 接口外，还带有一个 AUI 粗缆接口和（或）一个 BNC 细缆接口，以实现不同介质网络的连接。集线器通常带有多个（8 个、12 个、16 个或 24 个）RJ-45 接口（端口），图 2-8 所示为带有 24 个端口的集线器。

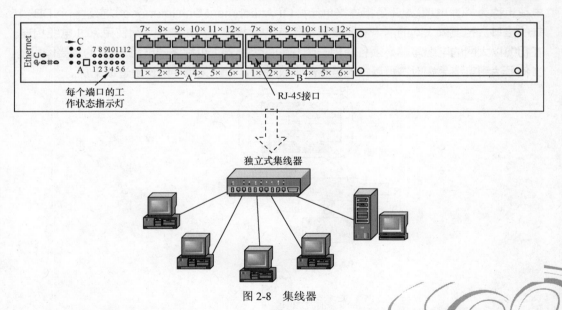

图 2-8 集线器

传统集线器每个端口的速率一般为 10 Mbit/s，而 IEEE 802.3U 标准的颁布和网络技术不断的发展，端口速率为 100 Mbit/s 的集线器也在被使用。

2.3.2 共享式局域网的工作特点

1. 拓扑结构为总线型

在共享式局域网中所有的节点都通过网络适配器直接连接到一条作为公共传输介质的总线上，虽然也有采用集线器组成的物理拓扑结构为星型的方式，但是由于集线器中所有的端口只是共享一条信道，因此，从逻辑上看其结构只能是一种具有星型物理连接的总线型拓扑结构，只有使用交换机时，才是真正的星型拓扑结构。

2．介质访问控制

共享式局域网的介质访问控制方法可分为两种，一种为通过竞争方式强占对信道的访问权限的 CSMA/CD 协议，另一种为轮询方式得到对信道的访问控制权利的令牌协议。采用 CSMA/CD 协议的总线型局域网结构简单，维护方便。在用户数量较少的情况下效率较高，但随着节点数量的增加性能明显下降。采用令牌协议的环型结构局域网不会出现冲突，在节点数量不变的情况下，各用户的延迟时间基本相同，较适合于用户数量变化较少的单位。

3．工作方式

由于共享式局域网只有一条信道，在一个节点发送的时候，其他节点只能接受。因此，共享式局域网的工作方式不能够实现全双工传输，只能够使用半双工的方式。

2.3.3 共享式局域网的组网

1．使用粗缆组网

粗缆以太网（10BASE-5）的网络结构如图 2-9 所示，它使用阻抗为 50Ω、RG 值为 8 的同轴电缆，并使用外部收发器连接计算机上的网卡和分接器。收发器不但能够建立收发器与同轴电缆的物理连接和电气连接，也可以执行 CSMA/CD 的冲突检测和强化冲突。收发器电缆也称为 AUI 电缆。AUI 是指连接单元接口（Attachment Unit Interface），它是一个 DB-15 针的接口。粗缆以太网的网卡和收发器都带有 AUI 接口，AUI 接口之间使用 AUI 电缆相连。在粗缆以太网的电缆尾端必须各使用一个 50Ω 的终结器（也称终端电阻），它的主要作用是：当信号达到电缆尾端时，可以把信号全部吸收进去，以避免信号的反射造成干扰。

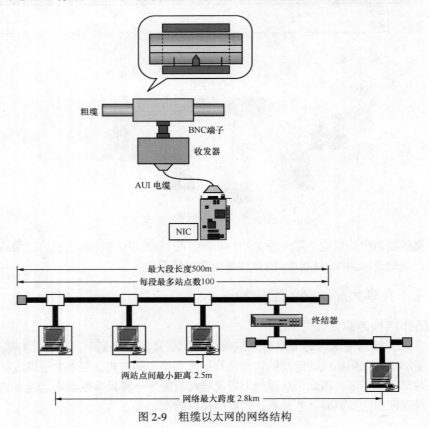

图 2-9　粗缆以太网的网络结构

2. 使用细缆组网

10BASE-2 的细缆以太网网络结构如图 2-10 所示，它使用阻抗为 50 Ω、RG 值为 58 同轴电缆。细缆以太网的网卡已经与收发器集成在一起，因此，细缆以太网无须使用外部收发器。另外，BNC T 型连接器用来连接网卡上的 BNC 连接器和同轴电缆。类似于粗缆以太网，10BASE-2 中每个电缆段的两端也必须接有 50 Ω 的终结器。

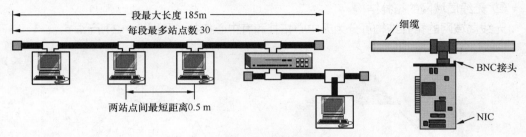

图 2-10　10BASE-2 细缆以太网的网络结构

3. 使用双绞线组网

10BASE-T 可以使用双绞线传输 10 Mbit/s 的基带信号，它提供了以太网的优越性，无需使用昂贵的同轴电缆。一个基本的 10BASE-T 连接如图 2-11 所示，其中，RJ-45 连接器是一个 8 针的接口，俗称为"RJ-45 头"。图中显示出所有的计算机连接到一个中心集线器（Central Hub）上，从连接形式上看，这种结构似乎是星型拓扑结构。但实际上，集线器的作用相当于一个多端口的中继器（转发器），数据从集线器的一个端口进入后，集线器会将这些数据从其他所有端口广播出去，这种特性与总线型拓扑结构是一样的，也正是由于这种特点，集线器也被称为共享式集线器。因此，对于使用集线器的 10BASE-T 网络，它实际是一个物理上为星型连接、逻辑上为总线型拓扑的网。

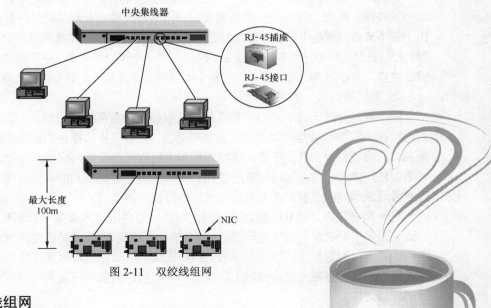

图 2-11　双绞线组网

4. 使用无线组网

（1）无线局域网的特点

无线局域网的特点可以从传输方式、拓扑结构、网络接口及支持移动计算网络 4 个方面来描述。

① 传输方式

传输方式涉及无线局域网采用的传输媒体、选择的频段及调制方式。目前，无线局域网采用的传输媒体主要有两种，即无线电波与红外线。采用无线电波作为传输媒体的无线局域网根据调制方式的不同，又可分为扩展频谱方式和窄带调制方式。

② 无线局域网的拓扑结构

无线局域网的拓扑结构可分为无中心拓扑和有中心拓扑，如图 2-12 所示。

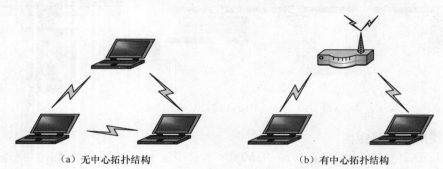

（a）无中心拓扑结构　　　　　　　　　　　（b）有中心拓扑结构

图 2-12　无线局域网的拓扑结构

无中心拓扑的网络属于一个孤立的基本服务集。这种拓扑结构是一个全联通的结构，采用这种拓扑的网络一般使用公用广播信道（类似于以太网），各站点都可竞争公用信道，而信道接入控制协议大多采用 CSMA。这种结构的优点是网络抗毁性好、建网容易、费用较低。但它与总线网络具有相同的缺点，因此，这种拓扑结构适用于用户数相对较少的工作群网络规模。

在有中心拓扑结构中，要求一个无线接入点（AP）充当中心站，所有节点对网络的访问均由其控制。这样，当网络业务量增大时，网络吞吐性能及网络时延性能的恶化并不剧烈。由于每个节点只需在中心站覆盖范围之内就可与其他站点通信，故网络中站点的布局受环境限制亦小。此外，中心站为接入有线主干网提供了一个逻辑接入点。这种网络拓扑结构的弱点是抗毁性差，中心站点的故障容易导致整个网络瘫痪，并且中心站点的引入增加了网络成本。

③ 网络接口

网络接口涉及无线局域网中节点从哪一层接入网络系统的问题。一般来讲，网络接口可以选择在 OSI 参考模型的物理层或数据链路层。物理层接口指使用无线信道替代通常的有线信道，而物理层以上各层不变。这样做的最大优点是上层的网络操作系统及相应的驱动程序可不做任何修改。这种接口方式在使用时一般作为有线局域网的集线器和无线转发器，以实现有线局域网间的互联或扩大有线局域网的覆盖范围。

另一种接口方法是从数据链路层接入网络。这种接口方法并不沿用有线局域网的 MAC 协议，而采用更适合无线传输环境的 MAC 协议。在实现时，MAC 层及其以下层对上层是透明的，并通过配置相应的驱动程序来完成与上层的接口，这样可保证现有的有线局域网操作系统或应用软件可在无线局域网上正常运行。目前，大部分无线局域网厂商都采用数据链路层的接口方法。

④ 支持移动计算网络

在无线局域网发展的初期，无线局域网的最大特征是用无线传输媒体替代电缆线，这样可省去布线的过程，而且网络安装简便。随着笔记本型、膝上型、掌上型计算机个人数字助手（PDA）以及便携式终端等设备的普及应用，支持移动计算网络的无线局域网就显得尤为重要。

（2）无线局域网的组建

① 无线局域网的设备

目前市场上已有一些无线局域网设备可供选择。这些设备使用的接口可能并不相同，可能是串行口、并行口或者是像一般的网卡一样。常见的无线网络器件有以下几种。

a. 无线网络网卡

无线网络网卡多数与普通有线网卡不兼容，但也有一些公司生产的无线以太网卡与普通有线网卡兼容。无线网络网卡上通常集成了通信处理器和高速扩频无线电单元，它采用多种总线，800 Kbit/s ～ 45 Mbit/s 的传输速率，发射功率为 1 V·A，在有障碍的室内通信，距离为 60 m 左右，而在无障碍的室内通信距离为 150 m 左右。

b. 无线网络网桥

无线网络网桥作为无线网络的桥接器，用于数据的收发，又称为无线接入点（AP）。一个 AP 能够在几十至上百米内的范围内连接多个无线用户，在同时具有有线与无线网络的情况下，AP 可以通过标准的以太网电缆与传统的有线网络连接，作为无线和有线网络之间连接的桥梁。AP 也可以桥接两个远距离的有线网络（相距 300 m ～ 30 km），比较适合于建筑物之间的网络连接。AP 支持 11 Mbit/s ～ 45 Mbit/s 的点对点和点对多点连接。

② 无线局域网的组建形式

无线局域网的组建通常包含下面几种形式。

a. 全无线网

全无线网比较适用于还没有建网的用户，在建网时只需要将购置的无线网卡插入到网络节点中即可。由于无线网卡的作用范围有限，所以在网上合适的位置通常还应增设无线中继站，以扩大辐射范围。

b. 无线节点接入有线网

对于一个已存在有线网的用户，若要再扩展节点时，为了便于移动计算，可考虑扩展无线节点的方式，通常是在有线网中接入无线网 AP，无线网节点可以通过无线网 AP 与有线网相连。

c. 两个有线网通过无线方式相连

这种组网形式适用于将两个或多个已建好的有线局域网通过无线的方式互联，例如，两个相邻建筑物中的有线网无法用物理线路连接时，就可以采用这种方式。通常需要在各有线网中接入无线路由器。

2.4　组建工作组网络

2.4.1　工作组网络的特点与应用

在一个网络内，可能有成百上千台计算机，如果这些计算机不进行分组，都列在"网上邻居"内，可想而知会有多么混乱。为了解决这一问题，Windows 9X/NT/2000/XP 就引用了"工作组"这个概念，将不同的计算机一般按功能分别列入不同的组中，如财务部的计算机都列入"财务部"工作组中，人事部的计算机都列入"人事部"工作组中。要访问某个部门的资源，就在"网上邻居"里找到那个部门的工作组名，双击就可以看到那个部门的计算机了。

那么怎么加入工作组呢？其实很简单，只需要右击 Windows 桌面上的"网上邻居"，在弹出的菜单出选择"属性"，点击"标识"，在"计算机名"一栏中添入名字，在"工作组"一栏中添入工作组名称即可。

如果输入的工作组名称以前没有，那么相当于新建一个工作组，当然只有你的计算机在里面。计算机名和工作组的长度不能超过 15 个英文字符，可以输入汉字，但是不能超过 7 个。"计算机说明"是附加信息，不填也可以，但是最好填上一些这台计算机主人的信息，如"技术部主管"等。单击"确定"按钮后，Windows 9X/NT/2000/XP 提示需要重新启动，按要求重新启动之后，再进入"网上邻居"，就可以看到所在工作组的成员了。

一般来说，同一个工作组内部成员相互交换信息的频率最高，所以一进入"网上邻居"，首先看到的是所在工作组的成员。如果要访问其他工作组的成员，需要双击"整个网络"，就会看到网络上所有的工作组，双击工作组名称，就会看到里面的成员。

也可以退出某个工作组，只要将工作组名称改动即可。不过这样在网上别人照样可以访问你的共享资源，只不过换了一个工作组而已。可以随便加入同一网络上的任何工作组，也可以离开一个工作组。"工作组"就像一个自由加入和退出的俱乐部一样，它本身的作用仅仅是提供一个"房间"，以方便网上计算机共享资源的浏览。

知识拓展：常见网络故障处理

在家庭、单位或宿舍里将数台计算机使用网卡、集线器等网络设备组成的小型局域网或对等网，以提高各台计算机的使用功能和工作效率。出现故障很难处理，一般的处理方法如下。

（1）首先检查网卡是否安装妥当，网卡的驱动程序是否正常。进入"控制面板"窗口中双击"系统"图标，在"系统属性"对话框中选择"设备管理器"选项卡，查看网络适配器的设置与工作状态。若看到网卡驱动程序项目左边标有黄色的感叹号，则可以断定网卡驱动程序不能正常工作。若看到提示"该设备已正常工作"则表示网卡的安装以及驱动程序均无问题。

（2）判定 Windows 分配给网卡的资源是否与网卡硬件要求相匹配。一般非即插即用网卡默认的中断请求为 IRQ3，输入/输出范围为 0300～031F，具体操作方法是：双击系统属性中的"网络适配器"项目，在"网络适配器"的"资源"选项卡中进行修改，重新启动 Windows 后，网卡若能正常工作，则可确认故障是由于网卡资源配置不当造成。

（3）判定网络客户和协议的安装是否正确。正确安装和配置网卡驱动程序，并安装正确的网络客户和协议。例如，要登录 Windows NT 服务器的主机，需要添加 Microsoft 网络客户，设置 Microsoft 网络客户的属性，勾选"登录到 Windows NT 域"复选框。在"Windows NT 域"文本框内填入 Windows NT 域服务器的域名，添加 NetBEUI 网络协议，设置基本网络登录方式为"Microsoft 网络客户"。若使用对等网，则需要添加 Microsoft 网络客户，添加 IPX/SPX 兼容协议，添加 NetBEUI 网络协议，设置文件和打印共享，设置基本网络登录方式为"Microsoft 网络客户"。

（4）若以上均设置正确之后，但故障仍旧存在，就需要检查是否是网线故障。要确认网线故障最好采用替换法，即用正常联网机器所使用的网线替换故障机器的网线。替换后，重新启动 Windows，若能正常登录网络，则可以确定为网线故障。

（5）非即插即用的网卡往往会与 COM2 口冲突，因为 COM2 口默认使用的中断请求为 IRQ3，非即插即用网卡所使用的中断请求其默认值也是 IRQ3。要使网卡在 Windows 中正常工作，就必须在主板的 BIOS 设置中把 COM2 端口的中断请求进行更改或直接关闭。

（6）确定资源配置正确后若故障依旧存在，则应该检查网卡是否出现接触不良的故障。要解决网卡接触不良的故障，一般采用重新插入网卡的方法，若还不能解决，则可把网卡插入另一个 PCI 或 ISA 插槽试试。当处理完后，网卡能正常工作，则可确认为网卡接触不良的故障。如果采用以上的方法都无法解决网络故障，那么完全可以确定为网卡已损坏，需要更换新网卡。

第二部分　技能实训

技能实训 1　两台计算机互相访问

【实训目的】

掌握两台计算机之间的相互访问。

【实训条件】

两台计算机、交叉线或者平行线和集线器。

【实训指导】

（1）将两台计算机使用交叉线连接或者使用集线器和平行线连接起来。

（2）分别在"网上邻居"→"属性"→"本地连接"→"属性"→"TCP/IP"中设置为"192.168.6.1"和"192.168.6.2"，子网掩码为"255.255.255.0"，其余的不用设置，"确定"即可。

（3）分别在 D 分区共享文件夹 1 和文件夹 2 并设置访问权限为完全控制。

（4）分别在"开始"→"运行"里输入"\\192.168.6.1"和"\\192.168.6.2"。

（5）等待一会即可打开对方的计算机，看见对方共享的文件夹后打开。

（6）在本地复制一些文件到对方的共享文件夹。

技能实训 2　组建工作组网络

【实训目的】

掌握多台计算机工作组内的相互访问。

【实训条件】

多台计算机、平行线和集线器。

【实训指导】

（1）将多台计算机使用集线器和平行线连接起来。

（2）将多台计算机分别设置 IP 地址为"192.168.6.1～192.168.6.254"，子网掩码为"255.255.255.0"。

（3）在"网上邻居"→"属性"→"标识"→"计算机名"一栏中添入名字，计算机 1～254。在工作组一栏中每 3 台设置相同的工作组名称，工作组 1～100。

（4）打开"网上邻居"，如果是 Windows XP 系统，可以在"网络任务"中点击查看工

作组计算机即可。

（5）加入别人的工作组。

（6）访问不同工作组的计算机。

技能实训 3　网络连接测试

【实训目的】

掌握网络测试命令 ping。

【实训条件】

多台计算机、平行线和集线器。

【实训指导】

（1）将多台计算机使用集线器和平行线连接起来。

（2）在"开始"→"运行"中输入"cmd"。

（3）输入"ipconfig"命令，显示本机的 IP 地址。

（4）告诉对方自己的 IP 地址。

（5）在对方的计算机运行中输入"cmd"。

（6）输入 ping 空格+自己的 IP，例如，ping 192.168.0.0。

（7）正常连接如图 2-13 所示。

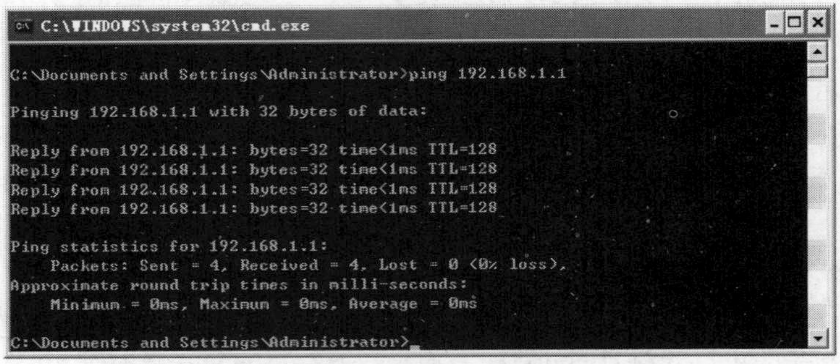

图 2-13　连接测试

第三部分　思考与练习

（1）局域网的概念是什么？

（2）局域网的特点是什么？

（3）局域网体系结构与 OSI 参考模型的区别是什么？

（4）简述 CSMA/CD 介质访问控制。

（5）令牌环的工作原理是什么？

（6）两台计算机直连的方法有几种？都是什么？

（7）平行线与交叉线的用途有什么区别？

（8）请使用串口电缆完成两台计算机的数据传输。

（9）使用无线 AP 连接多台计算机进行数据传输。

（10）尝试多台计算机共享上网（可使用代理软件 CCProxy 等实现）。

项目三 小型企业网的组建

第一部分 知识准备

3.1 以 太 网

3.1.1 以太网概述

以太网是最早的局域网，也是目前最流行的局域网。以太网的核心思想是使用共享的公共传输信道。共享数据传输信道的思想来源于夏威夷大学。20 世纪 60 年代末，该校的 Norman Abramson 及其同事为了在夏威夷的各个岛屿之间能够进行网络通信，研制了一个名为 Aloha 系统的无线电网络。20 世纪 70 年代初，Xerox 公司的工程师 Metcalfe 和同事们开发出了一个实验性网络系统，以便与 Xerox 的一种具有图形用户界面的个人计算机 Alto 互联起来，他们建立的这个实验网络称为 "Alto Aloha 网络"。1973 年，Metcalfe 把它的名称改为以太网（Ethernet）。该网络系统不仅支持 Alto，还支持其他任何一种计算机，而且其网络机制远胜过 Aloha 系统。以太网的 "ether" 一词描述了系统的基本特征：物理介质（电缆）将信息传送到所有站点。Metcalfe 认为对于能将信号传送到网络上所有计算机的新网络系统来说，以太（Ether）是个不错的名字。因此以太网便诞生了。

1980 年，DEC、Intel 和 Xerox 3 家公司公布了以太网蓝皮书，也称为 DIX（3 家公司名字的首字母）版以太网 1.0 规范。在 DIX 开展以太网标准化工作的同时，世界性专业组织 IEEE 组成了一个定义与促进工业 LAN 标准的委员会，并以办公室环境为主要目标，该委员会名称为 802 工程。DIX 集团虽已推出以太网规范，但还不是国际公认的标准，所以在 1981 年 6 月，IEEE 802 工程决定组成 802-3 分委员会，以产生基于 DIX 工作成果的国际公认标准。1982 年 12 月 19 日，19 个公司宣布了新的 IEEE 802.3 草稿标准。1983 年该草稿最终以 IEEE 10BASE-5 而面世。802.3 与 DIX 以太网 2.0 在技术上是有差别的，不过这种差别比较小。在 10BASE-5 出现后不久，使用细同轴电缆的以太网问世，定为 10BASE-2，它比 10BASE-5 所使用的粗缆技术有很多优点，例如，不需要外加收发器和收发器电缆价格便宜，且安装和使用更为方便等。

在 1985 年，由于 Novell 公司推出了专为个人计算机（PC）联网用的高性能操作系统 NetWare，以及 10BASE-T 的出现，使得以太网的发展再度掀起高潮。10BASE-T 是一个能在无屏蔽双绞线上数据传输速率达到 10 Mbit/s 的以太网。由于 10BASE-T 的出现，使网络布线技术变得容易，用双绞线将每台计算机连到中央集线器上，在安装、排除故障以及重建结构上具有许多优点，从而使安装费用和整个网络的成本下降。

进入 20 世纪 90 年代以后，越来越多的 PC 加入到网络之中，导致了网络流量快速增加以及市场上 PC 的销量越来越大，速度和性能也在迅速提高，这使人们对网络的需求以及对网络的容量、传输数据速度的要求大大提高，从而导致了快速型以太网、交换式以太网和吉比特以太网的产生。

对于 10 Mbit/s 以太网，IEEE 802.3 有 4 种物理层规范，即粗缆以太网（10BASE-5）、细缆以太网（10BASE-2）、双绞线以太网（10BASE-T）和光纤以太网（10BASE-F），如图 3-1 所示。目前，粗缆以太网和细缆以太网在实际的应用中已被淘汰，而广泛使用的是双绞线以太网。

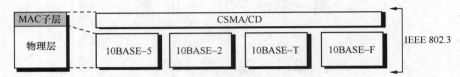

图 3-1　IEEE 802.3 物理层

10BASE-5/2/T 的具体含义如下。

（1）10 表示信号在电缆上的传输速率为 10Mbit/s。

（2）BASE 表示电缆上的信号是基带信号。

（3）5 表示粗缆，2 表示细缆，T 表示双绞线。

3.1.2　快速以太网

1．快速以太网的概念

随着局域网应用的深入，用户对局域网带宽提出了更高的要求。用户面临两个选择：要么重新设计一种新的局域网体系结构与介质访问控制方法去取代传统的局域网；要么就是保持传统的局域网体系结构与介质控制方法不变，设法提高局域网的传统速率。对于已大量存在的以太网来说，既要保护用户的已有投资，又要增加网络带宽，而快速以太网就是符合后一种要求的高速局域网。

快速以太网的数据传输速率为 100 Mbit/s。它保留着传统的 10 Mbit/s 速率以太网的所有特征，即相同的数据格式、相同的介质访问控制方法（CSMA/CD）和相同的组网方法，而只是把快速以太网每个比特发送时间由 100 ns 降低到 10 ns。在 1995 年 9 月，IEEE 802 委员会正式批准了快速以太网标准 802.3u。802.3u 标准在 LLC 子层仍然使用 IEEE 802.2 标准，在 MAC 子层使用 CSMA/CD 方法，只是在物理层做了一些调整，定义了新的物理层标准 100BASE-T（这也说明了为什么局域网的数据链路层要分为与硬件无关的 LLC 子层和与硬件相关的 MAC 子层）。100BASE-T 可以支持多种传输介质，目前制定了 4 种有关传输介质的标准：100BASE-TX、100BASE-T4、100BASE-T2 与 100BASE-FX。快速以太网的协议结构如图 3-2 所示。

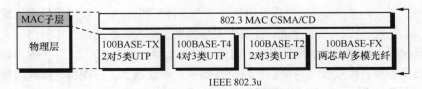

图 3-2　快速以太网的协议结构

（1）100BASE-TX 支持 2 对 5 类非屏蔽双绞线（UTP）或 2 对 1 类屏蔽双绞线（STP）。

其中一对用于发送，另一对用于接收，因此，100BASE-TX 可以全双工方式工作，每个节点可以同时以 100 Mbit/s 的速率发送与接收数据。使用 5 类 UTP 的最大距离为 100 m。

（2）100BASE-T4 支持 4 对 3 类非屏蔽双绞线 UTP，其中，有 3 对用于数据传输，1对用于冲突检测。

（3）100BASE-T2 支持 2 对 3 类非屏蔽双绞线 UTP。

（4）100BASE-FX 支持两芯的多模或单模光纤。100BASE-FX 主要是用做高速主干网，从节点到集线器（Hub）的距离可以达到 450 m。

2．快速以太网的应用

图 3-3 所示为采用快速以太网集线器作为中央设备（100BASE-TX 集线器），使用非屏蔽 5 类双绞线以星型连接的方式连接以太网节点（工作站和服务器），以及连接另一个快速以太网集线器和 10BASE-T 的共享集线器的例子。

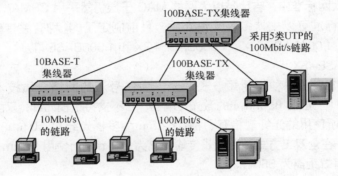

图 3-3　快速以太网的典型应用

3.1.3　高速以太网

1．吉比特以太网

尽管快速以太网具有高可靠性、易扩展性和低成本等优点，并且成为高速局域网方案中的首选技术，但在数据仓库、桌面电视会议、3D 图形与高清晰度图像的应用中，人们不得不寻求更高带宽的局域网。吉比特以太网就是在这种背景下产生的。

吉比特以太网与快速以太网的相同之处是：吉比特以太网同样保留着传统的100BASE-T 的所有特征，即相同的数据格式、相同的介质访问控制方法（CSMA/CD）和相同的组网方法，而只是把以太网每个比特的发送时间由 100 ns 降低到 1 ns。这样，人们设想了一种使用以太网组建企业网的全面解决方案：桌面系统采用传输速率为 10 Mbit/s 的以太网，部门级系统采用速率为 100 Mbit/s 的快速以太网，企业级系统采用传输速率为1 000 Mbit/s 的吉比特以太网。由于 10 Mbit/s Ethernet、100 Mbit/s 快速以太网与吉比特以太网有很多相似之处，且很多企业已经大量使用了 10 Mbit/s 以太网，因此，局域网系统从10 Mbit/s 以太网升级到 100 Mbit/s 的快速以太网或 1 000 Mbit/s 的吉比特以太网时，网络技术人员不需要重新培训。与之相比，如果局域网系统将现有的 10 Mbit/s 以太网互联到作为主干网的 622 Mbit/s ATM 局域网上，一方面由于以太网与 ATM 工作机理存在着较大的差异，在采用 ATM 局域网仿真时，ATM 网的性能将会下降；另一方面网络技术人员需要重新培训。

正是基于上述原因，吉比特以太网发展很快，目前已经被广泛的应用于大型局域网的主干中。吉比特以太网标准的工作是从 1995 年开始的，1995 年 11 月，IEEE 802.3 委员会成立了高速网研究组；1996 年 8 月成立了 802.3z 工作组，主要研究使用光纤与短距离屏蔽双绞线的吉比特以太网物理层标准；1997 年初成立了 802.3ab 工作组，主要研究使用长距离光纤与非屏蔽双绞线的吉比特以太网物理层标准。吉比特以太网的协议结构如图 3-4 所示。

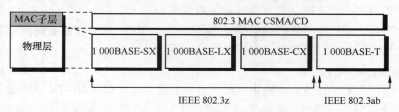

图 3-4 吉比特以太网的协议结构

在吉比特以太网标准中，吉比特以太网的 MAC 子层仍然采用 CSMA/CD 的方法。吉比特以太网物理层标准可以支持多种传输介质，目前制定了 4 种有关传输介质的标准：1 000BASE-SX、1 000BASE-LX、1 000BASE-CX 和 1 000BASE-T。

（1）1 000BASE-SX

1 000BASE-SX 是一种使用短波长激光作为信号源的网络介质技术，配置波长为 770 nm ~ 860 nm（一般为 850nm）的激光传输器，它不支持单模光纤，只能驱动多模光纤。1 000BASE-SX 所使用的光纤规格有两种：62.5 μm 多模光纤和 50 μm 多模光纤。使用 62.5 μm 多模光纤在全双工方式下的最长传输距离为 275 m，而使用 50 μm 多模光纤在全双工方式下的最长有效距离为 550 m。

（2）1 000BASE-LX

1 000BASE-LX 是一种使用长波长激光作为信号源的网络介质技术，配置波长为 1 270 nm ~ 1 355 nm（一般为 1 300 nm）的激光传输器，它既可以驱动多模光纤，也可以驱动单模光纤。1 000BASE-LX 所使用的光纤规格为：62.5 μm 多模光纤、50 μm 多模光纤和 9 μm 单模光纤。其中，使用多模光纤时，在全双工方式下的最长传输距离为 550 m；使用单模光纤时，全双工方式下的最长有效距离可以达到 3 000 m。

（3）1 000BASE-CX

1 000BASE-CX 是使用铜缆作为网络介质的两种吉比特以太网技术之一。1 000BASE-CX 使用了一种特殊规格的高质量平衡屏蔽双绞线，最长有效距离为 25 m，使用 9 芯 D 型连接器连接电缆。

注：1 000BASE-CX 适用于交换机之间的短距离连接，尤其适合吉比特以太网主干交换机和主服务器之间的短距离连接。

（4）1 000BASE-T

1 000BASE-T 是一种使用 5 类 UTP 作为网络传输介质的吉比特以太网技术，最长有效距离与 100BASE-TX 一样可以达到 100 m。用户可以采用这种技术在原有的快速以太网系统中实现从 100 Mbit/s ~ 1 000 Mbit/s 的平滑升级。

2．10 吉比特以太网

（1）10 吉比特以太网的产生与标准

自 1998 年 6 月 IEEE 确立吉比特以太网标准以来，网络突破了工作瓶颈。由于用户对带宽要求增加，再加上许多公司将吉比特以太网交换机作为局域网的核心交换机使用，它们可以提供多达 48 个 100 Mbit/s 端口，这些下连端口汇聚起来的流量有时会使吉比特以太网交换机过载。此外，相对于其他城域网技术，以太网由于骨干带宽较低，传输距离较短，也没有在城域网中应用。IEEE 802.3 专门成立了一个工作组研究 10 吉比特以太网，并于 2002年 7 月通过了 10 吉比特以太网标准 IEEE 802.3ae，它不但应用于 10 吉比特以太局域网，也应用在 10 吉比特以太城域网。

10 吉比特以太网技术与吉比特以太网类似，仍然保留了以太网帧结构。通过不同的编码方式或波分复用提供 10 Gbit/s 传输速度，因此，10 吉比特以太网仍是以太网的一种类型。由于它仅支持全双工方式，不存在冲突，也不使用 CSMA/CD 协议，因此，传输距离不受碰撞检测的限制而大大提高。10 吉比特以太网使用点对点链路和结构化布线组建星型物理结构的局域网，并支持 802.3ad 链路汇聚协议，在 MAC/PLS 服务接口上实现 10 Gbit/s 的传输速度。

IEEE 802.3ae 10 吉比特以太网标准定义两种物理层规范（PHY），即串行局域网物理层（Serial LAN PHY）和串行广域网物理层（Serial WAN PHY），如图 3-5 所示。IEEE 802.3ae10吉比特也定义支持特定物理介质相关接口（PMD）的物理层规范，包括多模光纤和单模光纤以及相应传送距离等。

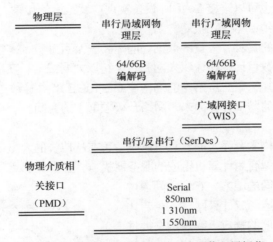

图 3-5　IEEE 802.3ae 10 吉比特以太网物理层规范

① 串行局域网物理层

串行局域网物理层由 64/66B 编解码（codec）机制和串行/反串行部件（SerDes）组成。编解码机制执行了数据包的分组编码。SerDes 将 16 位的并行数据通路（每路 644 Mbit/s）串行化为一条 10.3 Gbit/s 的数据流，在传送端由串行光学部件或 PMD 处理。在接收端，SerDes 将一条 10.3 Gbit/s 的串行数据流转换回 16 位的并行数据通路（每路 644 Mbit/s）。

② 串行广域网物理层

串行广域网物理层由广域网接口子层（WIS）、64/66B 编解码机制以及 SerDes 部件组成。串行广域网 PHY 中的 SerDes 和串行局域网 PHY 唯一的区别在于串行数据流的传输速度是9.95 Gbit/s（OC-192），16 位并行数据通路的传输速度为每路 622 Mbit/s。串行广域网 PHY使得 10 吉比特以太网与现有 SONET/SDH 网络的 OC-192 接口或 DWDM 光传输网的10 Gbit/s 接口速率完全匹配。

IEEE 802.3ae 的 4 个标准为 10GBASE-R、10GBASE-W、10GBASE-LX4 和

10GBASE-CX4。10GBASE-R 和 10GBASE-CX4 用于传统的以太网环境，10GBASE-R 采用光纤作为传输介质，10GBASE-CX4 采用同轴铜缆作为传输介质，10GBASE-W 是广域网接口。10GBSE-LX4 则使用 WDM 波分复用技术进行数据传输。

（2）10 吉比特以太网的应用

10 吉比特以太网技术突破了传统以太网近距离传输的限制，不但可以应用在局域网和园区网外，也能够方便地应用在城域甚至广域范围，来构建高性能的网络核心。

① 企业网和校园网

随着企业及校园网络应用的急剧增长，企业及校园的骨干网承受着不断升级的压力，从当初的快速以太网到吉比特网络，很快会过渡到 10 吉比特网络，为用户提供诸如多媒体业务、数据流内容等服务。10 吉比特以太网设备具有高带宽、低时延和网络管理简易等特性，非常适用于企业及校园骨干网建设。

② 宽带 IP 城域网

10 吉比特以太网设备可以提供高密度 10 吉比特、吉比特以太网接口为服务提供商和企业用户提供城域网和广域网的连接。10 吉比特以太网在裸光纤上最远可以传送 40～80 km，满足城域范围的要求，也可以连接 DWDM 设备实现广域范围的传输。

③ 数据中心和 Internet 交换中心

随着 Internet 应用的普及，大量的数据访问需要一个可升级、高性能的内容服务汇聚网络。数据中心需要汇聚数百计的快速以太网和吉比特以太网线路，在用户端，服务器汇聚网络要提供具有第二层交换、第三层路由的高密度 GE/10GE 路由器和交换机。10 吉比特以太网设备可满足汇聚网络的需求，并为未来网络升级预留了的空间。

④ 超级计算中心

大型企业和研究机构需要强大的计算机系统，正在从传统的大型计算机和超级计算机转向由几十台到几百台小型商用计算机组成的服务器机群，机群内部之间由高性能的以太网连接。机群可以分布在不同的地方，它们之间通过城域网和广域网互相连接形成计算网格。10 吉比特以太网设备提供高密度的端口、线速的交换性能，全面的第二层交换、第三层路由能力，可充分满足超级计算中心服务器机群内部高性能网络互联的要求，也满足同一计算网络中分布在不同地方的服务器机群之间的连接。

3．光纤分布式数据接口

光纤分布式数据接口（FDDI）是数据传输速率为 100 Mbit/s 的光纤网。当多个分布较远的局域网互联时，为了保证高速可靠的数据传输，通常使用 FDDI 作为主干网，以连接不同的局域网，如以太网、令牌环网等。图 3-6 所示为一个典型的 FDDI 网络。

FDDI 使用的是基于 IEEE 802.5 单令牌的令牌环网、MAC 协议。令牌沿着网络连续地循环，环路上所有的节点都有公平获取令牌的机会。当

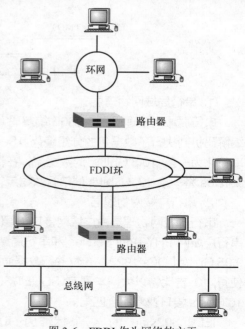

图 3-6　FDDI 作为网络的主干

一个节点控制令牌后，就可以访问网络。由于令牌环网中可以设定优先级，从而使优先级高的节点能更多地访问网络，因此，需要较高带宽的用户比需要较低带宽的用户能更多地控制令牌，分享更大的带宽来传送数据。对于某些关键性的数据或者在一个局域网中网络节点有不同的带宽要求时，FDDI 的访问方式是非常有用的。

由于 FDDI 网络上的各节点共享可用带宽，所以 FDDI 也是一种共享带宽网络。通常，FDDI 采用双环的结构，目的是提供高度的可靠性和容错能力。在正常情况下，主环传递数据，而备份环在主环出现故障时用于自动恢复。

FDDI 主要用于提供多个不同建筑物之间的网络互联能力，如校园网的主干。它支持多模光纤或单模光纤传输。

① 采用多模光纤时，两个节点之间最大距离为 2 km，支持 500 个站点，整个环长达 200 km，若使用双环，每个环最大为 100 km，出现故障时可以自行修复。

② 采用单模光纤时，两节点之间距离可超过 20 km，金网光纤总长可以达到数千公里。CDDI 是 FDDI 的一种扩展，由于它使用的是 5 类 UTP，所以降低了网络成本，同时提供了 100 Mbit/s 的带宽。

FDDI 的优点可以概括如下。

① FDDI 的双环结构提供了很好的容错功能。

② 令牌协议提供了有保证的访问和确定的性能。

③ FDDI 技术是目前非常成熟的技术，它得到了工业界和网络厂商的多种产品的支持，如 FDDI 路由器等。

④ 在现有的带宽为 100 Mbit/s 的网络中，其网络覆盖距离最大，通常作为主干网的解决方案。

FDDI 也存在一些问题，例如网络协议比较复杂，且安装和管理相对困难等。另外，FDDI 产品的价格相对以太网的产品而言比较昂贵；尤其在吉比特以太网出现以后，使用光纤和吉比特以太网产品对 FDDI 的影响比较大，而 FDDI 作为高速局域网的主干网，也面临 ATM 的竞争。

关于 FDDI 还有两个概念：FDDI-II 和 FFOI。FDDI 最初是为传输数据而设计的，但是为了适应传输语音、图像与视频等高带宽、实时性业务，提出了 FDDI-II 标准，它使用了不同的 MAC 层协议，提供定时服务以支持对时间敏感的视频和多媒体信息的传输。FFOI（FDDI Follow-On LAN）是 FDDI 的最新标准，主要提供高速主干网的连接，数据传输速率为 150 Mbit/s ~ 2.4 Gbit/s。

3.1.4　交换机的工作原理

交换机对数据的转发是以网络节点计算机的 MAC 地址为基础的。交换机会监测发送到每个端口的数据帧，通过数据帧中的有关信息（源节点的 MAC 地址，目的节点 MAC 地址）就会得到与每个端口相连接的节点 MAC 地址，并在交换机的内部建立一个"端口-MAC 地址"映射表。建立映射表后，当某个端口接收到数据帧后，交换机会读取出该帧中的目的节点 MAC 地址，并通过"端口-MAC 地址"的对照关系，迅速地将数据帧转发到相应的端口。由于这种交换机能够识别并分析 LAN 数据链路层 MAC 子层的 MAC 地址，所以它是工作在第二层上的设备，因此，这种交换机也被称为第二层交换机。

以太网交换机对数据帧的转发方式可以分为 3 类：直接交换方式、存储转发方式和改进的直接交换方式。

1. 直接交换方式

交换机对传输的信息帧不进行差错校验，仅识别出数据帧中的目的节点 MAC 地址，并直接通过每个端口的缓存器转发到相应的端口。数据帧的差错检测任务由各节点计算机完成。这种交换方式的优点是速度快、交换延迟时间小；缺点是不具备差错检测能力，且不支持具有不同速率的端口之间的数据帧转发。

2. 存储转发方式

在存储转发方式中，交换机首先完整地接收数据帧，并进行差错检测。若接收的帧是正确的，则根据目的地址确定相应的输出端口，并将数据转发出去。这种交换方式的优点是具有数据帧的差错检测能力，并支持不同速率的端口之间的数据帧转发；缺点是交换延迟时间将会增加。

3. 改进的直接交换方式

改进的直接交换方式是将直接交换方式和存储转发方式两者结合起来，它在接收到帧的前 64 B 之后，判断帧中的帧头数据（地址信息与控制信息）是否正确，如果正确则转发。这种方法对于短的以太网帧来说，其交换延迟时间与直接交换方式比较接近；而对于长的以太网帧来说，由于它只对帧头进行了差错检测，因此交换延迟时间将会减少。

注意：由于网络中存在大量的 64 B 控制包，而冲突包也大多是在前 64 B 发生而退回重发的，差不多 90% 的坏包都小于等于 64 B。因此，在改进的直接交换方式中只对帧的前 64 B 进行差错检测，这样就可以过滤约 90% 的坏包，大大地减轻了网络的负载。虽有少数坏包可能会漏掉但不会对全网的效率造成明显的影响。

3.1.5 路由器的工作原理

路由器是组建互联网的重要设备，路由器由硬件部分和软件部分组成，只不过它没有键盘、鼠标、显示器等外设。IOS 是路由器的操作系统，是它的软件组成部分。路由器是第三层设备，通过运行路由协议了解整个网络的路由情况，并建立一个指示路径的路由表。当用户数据进入路由器后，路由器根据接收到的数据包包头中的第三层地址信息，查阅路由表，把数据从一个接口交换到另一个接口，如图 3-7 所示。

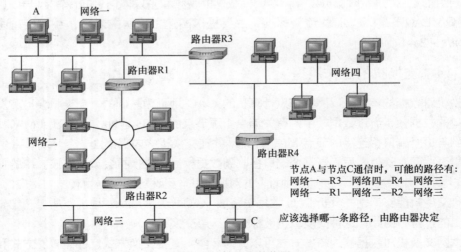

图 3-7　路由器的作用

路由器的特点如下。

（1）路由器是在网络层上实现多个网络之间互联的设备。

（2）路由器为两个或 3 个以上网络之间的数据传输解决的最佳路径选择。

（3）路由器与网桥的主要区别是：网桥独立于高层协议，它把几个物理子网连接起来，向用户提供一个大的逻辑网络，而路由器则是从路径选择角度为逻辑子网的节点之间的数据传输提供最佳的路线。

（4）路由器要求节点在网络层以上的各层中使用相同或兼容的协议。

3.1.6　局域网交换机的种类

1. 独立式、堆叠式和模块化交换机

（1）独立式交换机

独立式交换机（Standalone Switch）是最简单的一种交换机，带有多个（8 个、12 个、16 个、24 个或 48 个）RJ–45 接口（端口）。图 3–8 所示为带有 8 个低速端口和 1 个高速上连端口的交换机。独立式交换机价格相对低廉，适用于小型独立的工作小组、部门或办公室。

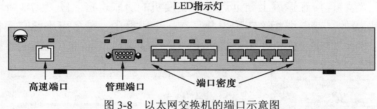

图 3-8　以太网交换机的端口示意图

① 端口密度是指交换机提供的端口数，通常为 8 ~ 48 个端口，端口速率为 10 Mbit/s 或 100 Mbit/s。

② LED 指示灯通常用来指示以太网交换机的信息或交换状态。

③ 高速端口用来连到服务器或主干网络上，可以是 100 Mbit/s 或 1 000 Mbit/s 端口，可以连接 100 Mbit/s 的 FDDI、快速以太网络（100BASE–TX）或上连到吉比特交换网络。

④ 管理端口用来连接终端或调制解调器以实现网络管理，使用的接口通常为 RS–232C。

注意：交换机的种类较多，而且功能各异，图中显示的交换机只是一个示意图（如作为网络骨干的吉比特交换机，可能所有的端口都为 1 000 Mbit/s）。

在使用独立式交换机联网时，当计算机的数量超过一个独立交换机的端口数时，通常采用多台交换机进行级联的方法扩充端口数量。两种实现级联的方法如下。

① 一个是使用双绞线通过交换机的 RJ–45 端口实现级联，如图 3–9 所示，这种方法非常适用于在 100 m 以内的范围里级联两个交换机的情况。

② 另一个是使用高速的双绞线或光纤端口，通过交换机提供的这些高速上连端口实现级联。

（2）堆叠式交换机

采用 RJ–45 端口的级联方法时，每一个用于级联的 RJ–45 端口很容易成为网络的瓶颈，为此，当需要连接的节点比较多时，就要考虑使用堆叠式交换机（Stackable Switch）。

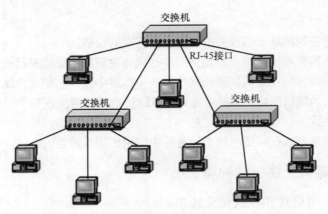

图 3-9　多个交换机通过 RJ-45 端口实现级联

　　堆叠式交换机从外观上与独立式交换机没有太大差别，但不同的是，它带有一个堆叠端口（不是 RJ-45 接口），每台堆叠式交换机通过堆叠端口，并使用一条高速链路实现交换机之间的高速数据传输。实际上，这条高速链路是用一根特殊的电缆将两台交换机的内部总线相连接，因此，这种连接在速度上要远远超过交换机的级联连接。图 3-10 所示为 4 台堆叠式交换机通过背板的高速电缆相连实现堆叠。在一个堆叠中，最多可堆叠交换机的数量视不同的厂家而异，通过堆叠交换机，可以提供上百个连接端口，提高了网络的容量。

图 3-10　堆叠式交换机背板相连实现堆叠

　　值得一提的是，由于生产交换机的厂家很多，如 Cisco、Intel、华为、3com 和 Bay 等，而且各厂家的产品又各不相同，基本上只能是同一厂家的产品才能进行堆叠。另外，堆叠的台数越多，成本就越大。

　　（3）模块化交换机

　　模块化交换机（Module Switch）又称为机架式交换机，它配有一个机架或卡箱，带有多个插槽，每个插槽可插入一块通信卡（模块），每个通信卡的作用就相当于一个独立型交换机。当通信卡插入机架内的卡槽中时，它们就被连接到机架的背板总线上，这样，两个通信卡上的端口之间就可以通过背板的高速总线进行通信，图 3-11 所示为 Bay Network 公司的机架式交换机外观。模块化交换机的规格可为多个插槽，因此，网络的规模可以方便地进行扩充。例如，当插入 10 个通信卡且每一个卡支持 12 个节点时，一个模块化交换机就可以支持 120 个节点的连接。

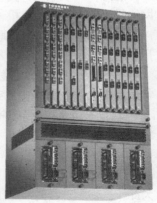

图 3-11　模块化交换机

由于模块化交换机扩充节点非常方便且备有管理模块选件，所以它可以对所有的端口进行管理。另外，模块化集线器中也可插入交换机模块、路由器模块、冗余电源模块和广域网接口模块等，因此，模块化交换机在大型网络中应用很广泛。

2．交换机的分类

现有的以太网交换机按其特征可划分为桌面级、工作组级、部门级、骨干级和企业级。

（1）桌面交换机

桌面交换机属于低端的交换机，它与其他交换机的不同点在于，它支持的 MAC 地址的数量非常少，通常是每个端口支持 1～4 个 MAC 地址。桌面交换机的作用是直接提供到桌面的连接，即将节点计算机直接连接到桌面交换机上。如果要将一个通过集线器连接的工作组与桌面交换机连接，那么连接到集线器上的计算机数目将受到限制。例如，若桌面交换机只支持每端口 1 个 MAC 地址，那么每个交换机端口只能连接 1 台计算机。若桌面交换机最多可以支持 4 个 MAC 地址，那么交换机的 1 个端口最多可支持 4 个节点。

（2）工作组交换机

在一个工作组交换机的端口上不但可以连接计算机，而且更多的是连接一个集线器或另一个交换机，也就是说，与某个端口相连的是一个网段，因而工作组交换机又被称为网段交换机。工作组交换机与桌面交换机不同，它必须要支持复杂的算法（如生成树算法），每个端口支持多个 MAC 地址以及双向学习算法。

工作组交换机或桌面交换机都可以支持每个端口上 10/100 Mbit/s 自适应的操作，每台交换机将监测与每个端口连接的设备的速度并进行自动的速率匹配，非常适合应用在快速以太网中。

（3）部门交换机

部门交换机与工作组交换机不同的是，两种交换机端口的数量和性能级别有所差异。一个部门交换机通常有 8～16 个端口，在所有端口上支持全双工操作，以高速和高可靠的方式传输数据帧，并提供更多的管理功能。因此，部门交换机的性能要好于工作组交换机。

（4）骨干交换机

骨干交换机具有很高的性能，价格也最贵，它的端口数一般为 12～32 个，其中，至少有一个端口可以用来连接到 FDDI 或 ATM 网络。骨干交换机的所有端口完全支持全双工线路和远程监测功能，而且具有强大的管理功能。一些骨干交换机为了提供系统的可靠性，通常采用双冗余电源。

（5）企业交换机

企业交换机虽然非常类似于骨干交换机，但最大的不同是，企业交换机还可以支持许多不同类型的网络组件，以支持对多种设备的连接，例如，以太网设备、快速以太网设备、FDDI设备以及广域网的连接设备等。企业交换机通常有非常强大的管理功能，在组建企业级别的网络时非常有用，尤其是对那些需要使用各种最新的网络技术，同时又要保护先前投资的系统。企业交换机的缺点是成本非常高，且不同厂商的交换机之间的互操作性差，因此，一个单位通常只能采用单一厂商的产品。

3．交换机的应用

根据交换机端口速率的不同，以太网交换机又分为 10 Mbit/s 交换机、10/100 Mbit/s 交换机、100 Mbit/s 交换机和 1 000 Mbit/s 的吉比特交换机。下面将以交换机的交换速率为主线进行介绍。需要指出的是，在目前普遍采用的网络设计中，大都使用交换机划分 VLAN 进行管理，并且网络的核心交换机提供三层交换，以实现全网 VLAN 的快速路由转发。在以下的各种应用中，主干的交换机都可以是三层交换机。

（1）10 Mbit/s 交换机

10 Mbit/s 交换机每个端口的传输速率为 10 Mbit/s，它价格相对便宜，用于连接专用的 10 Mbit/s 以太网节点计算机或 10 Mbit/s 共享式集线器，典型示例如图 3-12 所示。如果一台服务器接到一个专用的 10 Mbit/s 端口，它可以独占这个端口，但是当其他多个端口的计算机同时与服务器通信时，仍然会造成瓶颈。通常，将一个使用 10 Mbit/s 共享集线器的以太网升级为交换式以太网时，最简单的方法就是用 10 Mbit/s 交换机替代 10 Mbit/s 共享集线器。

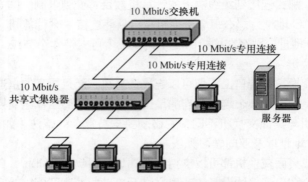

图 3-12　10 Mbit/s 交换机的典型应用

（2）10/100 Mbit/s 自适应交换机

10/100 Mbit/s 自适应交换机可以自动检测端口连接设备的传输速率与工作方式，并自动做出调整，保证 10 Mbit/s 和 100 Mbit/s 的节点可以互相通信。若将网络中各节点接到专用 10 Mbit/s 端口上，而将使用 100 Mbit/s 网卡的服务器接到 100 Mbit/s 端口上，则可以有效地消除采用 10 Mbit/s 端口连接服务器所造成的瓶颈，如图 3-13 所示。

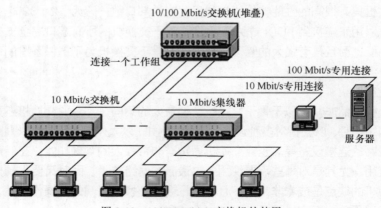

图 3-13　10/100 Mbit/s 交换机的使用

（3）100 Mbit/s 交换机

100 Mbit/s 交换机和 10/100 Mbit/s 自适应交换机统称为快速以太网交换机，它的每个端口传输速率为 100 Mbit/s，可以提供传输速率 100 Mbit/s 的专用连接或工作组的连接。此外，两个传输速率 100 Mbit/s 的交换机互联时，若两台交换机相距较近，可使用堆叠方式（前提是交换机必须是可堆叠式交换机）。若两台交换机相距较远，可以各使用其中一个 100 Mbit/s 端口进行级联，但是这种 100 Mbit/s 级联方式必然存在瓶颈，因此，有些交换机上还带有 1 000 Mbit/s 的吉比特端口模块，它不但可以用于连接另一个交换机，而且可以连接到其他高速网络，或者服务器上，为服务器提供更大的带宽，以便能处理更多来自网络节点的访问（服务请求）。这种网络的典型结构如图 3-14 所示。

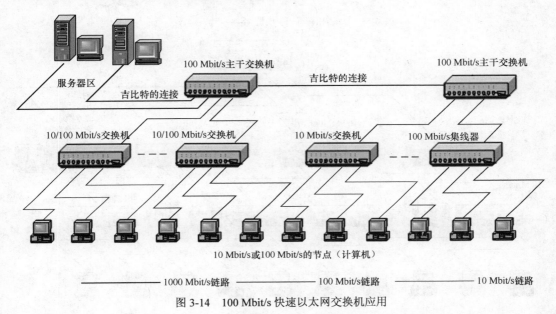

图 3-14　100 Mbit/s 快速以太网交换机应用

注意：由于主干交换机之间采用了吉比特的连接，从而保证了主干链路的畅通。另外，在一个网络中，服务器区也称服务器群，是位于主干网上的一大群高档计算机系统，其通信流量比通常的工作站要多得多，一旦用户数增多，访问服务器的频次增加，在服务器端往往容易发生冲突，从而形成性能瓶颈。因此，当网络中的用户频繁地访问服务器时，则要考虑为服务器群中的每个服务器提供专用的和更高的带宽，以提高网络性能和消除服务器端性能瓶颈，从而满足对服务器区通信流量不断增加的需求。

（4）吉比特交换机

吉比特交换机的每个端口的传输速率为 1 000 Mbit/s，除了可提供高速的交换外，还具有很强的网络管理功能，主要作为网络的骨干交换机，实现多个 100 Mbit/s 交换机的互联，如图 3-15 所示。网络的骨干采用吉比特三层交换机后，不但为每个 100 Mbit/s 交换机连接的工作组带来性能的改善，还可以通过 VLAN 实现网络的管理，并由三层交换提供路由，以实现 VLAN 互通。此外，在网络主干还可以通过链路聚合，将几个千兆端口聚合成一条逻辑通道，获取高性能的链路速率和备份能力。骨干交换机还可以通过路由器连接到外网，如 Internet。假设每个 10/100 Mbit/s 工作组交换机连接的是一个 100 Mbit/s 交换机，当用户数增多并且计算机应用不断增加时，往往会引起网络骨干出现瓶颈，从而导致网络性能的下降，因此，使用吉比特交换机取代 100 Mbit/s 交换机，可以为每个工作组带来更高的带宽，避免了各工作组之间相互争用信道的情况，提高了整个网络的传输性能。

此外，交换机的每个端口可以采用不同的工作方式，如全双工或半双工。使用全双工方式工作时，由于数据的发送和接收同时进行，因此，实际的端口传输速率增加了一倍，即 10 Mbit/s 全双工端口的传输速率为 20 Mbit/s，100 Mbit/s 全双工端口的传输速率为 200 Mbit/s，1 000 Mbit/s 全双工端口的传输速率可达到 2 000 Mbit/s，交换机的性能大大提高。

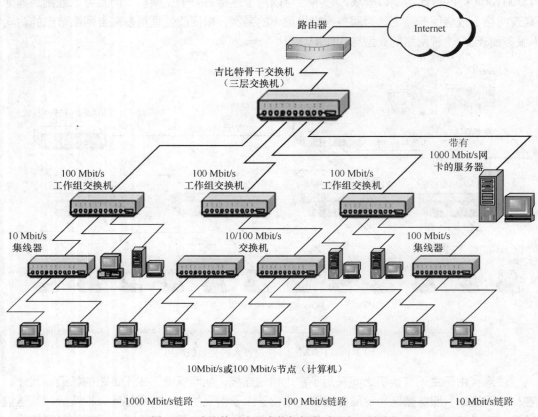

图 3-15　吉比特以太网交换机提供千兆主干链路

3.1.7　交换式以太网和共享式以太网的特点比较

交换式以太网具有以下的一些特点。

（1）交换式以太网保留了现有以太网的基础设施，而不必把现有的设备淘汰掉。例如，使用交换机不需要改变网络其他硬件（包括电缆和网络节点计算机中的网卡），只需要将共享式集线器更换为交换机，而替换下来的集线器也可以连接新的节点，然后再连接到交换机上，这样就保护了现有的投资。

（2）以太网交换机可以与现有的以太网集线器相结合，实现各类广泛的应用。交换机可以用来将超载的网络分段或者通过交换机的高速端口建立服务器群或者网络的主干，所有这些应用都维持现有的设备不变。

（3）以太网交换技术是一种基于以太网的技术，对用户有较好的熟悉度，易学易用。

（4）使用以太网交换机可以支持虚拟局域网应用，使网络的管理更加灵活。

（5）交换式以太网可以使用各种传输介质，支持 3 类/5 类 UTP、光缆以及同轴电缆，尤其是使用光缆，可以使交换式以太网作为网络的主干。

3.2 组建小型企业网

3.2.1 常见交换机品牌与选购

当前，国内市场上的低端交换机产品涵盖了从思科等国外网络巨头到华为、DLink 等国内厂商的众多品牌，价格也自平均每端口 50 元左右到数百、上千元不等，选择余地极大。因此，如何选择一台适用的交换机产品就成为不少用户面临的一大难题。尤其是低端交换机产品主要面向小型商业和家庭用户，而这些用户通常又不具备专业的网络技术人员，因此选择的难度更大一些。

实际上，在选购低端交换机产品时，用户只要从自身需求、供应商情况及产品本身等几个方面入手，认真加以权衡，就不难选择到合适的产品。

1. 看自己

这是选购交换机产品的最基本、也是最重要的一步。用户应在了解自己的网络节点数等基本网络环境的基础上，对需要的交换机产品的诸如端口数、交换速率以及自己可以承受的价格范围等有一个明晰的目标。只有这样，才能够在琳琅满目的产品中正确选择符合自己需求的产品。

2. 看品牌

在选择低端交换机产品时，要注意了解产品供应商的品牌号召力、用户口碑、产品质量认证情况、研发能力与核心技术实力，同时，仔细研究供应商提供的解决方案与自己实际应用环境之间的差异。有些情况下，通过供应商的具体成功案例来了解产品在市场上的成熟程度也不失为一种行之有效的简单途径。另外，还要认真了解供应商的售后服务情况，以减少后顾之忧。在很多情况下，优秀的客户服务的价值远远胜于采购中节约的金钱。

3. 看速率

交换机的交换速率是决定网络传输性能的重要因素。虽然在今天的低端交换机产品市场上，百兆交换机仍占据着主流地位，但吉比特交换机市场正在迅速崛起，尤其是"吉比特到桌面"的网络应用新理念的提出，更推动了对吉比特交换机产品的需求。因此，用户在选购交换机产品时，也必须顺应这一新的网络发展潮流，尽量选择具备吉比特端口或能够升级的产品，以适应未来网络升级的需要。

4. 看端口数

低端交换机产品的端口数量一般有 8 端口、12 端口、16 端口、24 端口及 48 端口等几种。就目前市场的销售情况来看，在低端交换机产品市场上，24 端口的产品销售最为看好。这是由于对于不足百人的小型企业或校园网络环境而言，24 端口交换机既可作为工作组交换机，也可作为企业骨干交换机使用；同时，就实际应用方面而言，24 端口交换机较 8 端口与 16 端口产品有更多的扩展空间，能够更好地满足用户未来网络扩展的需要。因此，用户在选择低端交换机产品时，如无明确的端口要求，应以选择 24 端口交换机为宜。

5. 看管理性能

过去低端交换机产品多是非管理型交换机，这类产品易于配置并且只能使用 ASIC 解决方案。由于这类交换机不配备处理器，因而售价相对低廉，但这类交换机配置灵活性不高，不能满足有特定要求的用户。近年来，随着低端交换机产品市场竞争的加剧，配备有处理器的管理型交换机也在市场中大量涌现。由于这类交换机产品具备包括远程管理、安全管理在内的多种控制与管理功能，因此配置灵活，能够适合多种不同的网络环境需求。因此，这类交换机近年来在低端交换机产品市场也占据了很大的市场份额。用户在选购时可以根据自己实际需求选择可管理型或非管理型产品。

6．看伸缩性

交换机的可伸缩性直接决定着网络内各信息点传输速率的升级能力。因此，可伸缩性也是用户在选择交换机产品时需要考虑的一个重要方面。这主要包括交换机的内部可伸缩性、外部可伸缩性以及交换机的最高级联速率等几个方面。

7．看价格

在价格方面，有道是"一分钱一分货"。因此，在经济实力允许的情况下，应尽可能选择知名供应商的主流产品，切不可一味追求低价位产品。当然，也不可盲目选择高性能、高价位的产品，造成产品功能的闲置浪费。

8．还需看

另外，交换机产品本身的情况还包括虚拟 LAN 支持、MAC 地址列表数量、QoS 服务质量等相关技术指标，在这些方面用户可根据自己的实际需求情况加以衡量和取舍，在此就不再一一赘述了。

交换机的重要技术参数如下。

① 转发技术：交换机采用直通转发技术还是存储转发技术？

② 延时：交换机数据交换延时多少？

③ 管理功能：交换机提供给用户多少可管理功能？

④ 单/多 MAC 地址类型：每个端口是单 MAC 地址，还是多 MAC 地址？

⑤ 外接监视支持：交换机是否允许外接监视工具管理端口、电路或交换机所有流量？

⑥ 扩展树：交换机是否提供扩展树算法或其他算法，检测并限制拓扑环？

⑦ 全双工：交换机是否允许端口同时收/发，全双工通信？

⑧ 高速端口集成：交换机是否提供高速端口连接关键业务服务器或上行主干？

下面逐项讨论各项参数。

（1）转发技术（Forwarding Technologies）

转发技术是指交换机所采用的用于决定如何转发数据包的转发机制。各种转发技术各有优缺点。

① 直通转发技术（Cut-through）

交换机一旦解读到数据包目的地址，就开始向目的端口发送数据包。通常，交换机在接收到数据包的前 6 个字节时，就已经知道目的地址，从而可以决定向哪个端口转发这个数据包。直通转发技术的优点是转发速率快、减少延时和提高整体吞吐率。其缺点是交换机在没有完全接收并检查数据包的正确性之前就已经开始了数据转发。这样，在通信质量不高的环境下，交换机会转发所有的完整数据包和错误数据包，这实际上是给整个交换网络带来了许多垃圾通信包，交换机会被误解为发生了广播风暴。总之，直通转发技术适用于网络链路质量较好、错误数据包较少的网络环境。

② 存储转发技术（Store-and-Forward）

存储转发技术要求交换机在接收到全部数据包后再决定如何转发。这样一来，交换机可以在转发之前检查数据包完整性和正确性。其优点是：没有残缺数据包转发，减少了潜在的不必要数据转发。其缺点是：转发速率比直接转发技术慢。所以，存储转发技术比较适应于普通链路质量的网络环境。

③ 碰撞逃避转发技术（Collision-avoidance）

某些厂商（3Com）的交换机还提供这种厂商特定的转发技术。碰撞逃避转发技术通过减少网络错误繁殖，在高转发速率和高正确率之间选择了一条折中的解决办法。

（2）延时（Latency）

交换机延时是指从交换机接收到数据包到开始向目的端口复制数据包之间的时间间隔。有许多因素会影响延时大小，如转发技术等。采用直通转发技术的交换机有固定的延时。因为直通式交换机不管数据包的整体大小，而只根据目的地址来决定转发方向。所以，它的延时是固定的，取决于交换机解读数据包前 6 个字节中目的地址的解读速率。采用存储转发技术的交换机由于必须要接收完了完整的数据包才开始转发数据包，所以它的延时与数据包大小有关。数据包大，则延时大；数据包小，则延时小。

（3）管理功能（Management）

交换机的管理功能是指交换机如何控制用户访问交换机，以及用户对交换机的可视程度如何。通常，交换机厂商都提供管理软件或满足第三方管理软件远程管理交换机。一般的交换机满足 SNMP MIB I / MIB II 统计管理功能。而复杂一些的交换机会增加通过内置 RMON 组（mini-RMON）来支持 RMON 主动监视功能。有的交换机还允许外接 RMON 探监视可选端口的网络状况。

（4）单/多 MAC 地址类型（Single-Versus Multi-MAC）

单 MAC 交换机的每个端口只有一个 MAC 硬件地址。多 MAC 交换机的每个端口捆绑有多个 MAC 硬件地址。单 MAC 交换机主要设计用于连接最终用户、网络共享资源或非桥接路由器。它们不能用于连接集线器或含有多个网络设备的网段。多 MAC 交换机在每个端口有足够存储体记忆多个硬件地址。多 MAC 交换机的每个端口可以看作是一个集线器，而多 MAC 交换机可以看成是集线器的集线器。每个厂商的交换机的存储体 Buffer 的容量大小各不相同。这个 Buffer 容量的大小限制了这个交换机所能够提供的交换地址容量。一旦超过了这个地址容量，有的交换机将丢弃其他地址数据包，有的交换机则将数据包复制到各个端口不作交换。

（5）外接监视支持（Extendal Monitoring）

一些交换机厂商提供"监视端口"（Monitoring Port），允许外接网络分析仪直接连接到交换机上监视网络状况。但各个厂商的实现方法各不相同。

（6）扩展树（Spanning Tree）

由于交换机实际上是多端口的透明桥接设备，所以交换机也有桥接设备的固有问题——"拓扑环"问题（Topology Loops）。当某个网段的数据包通过某个桥接设备传输到另一个网段，而返回的数据包通过另一个桥接设备返回源地址。这个现象就称为"拓扑环"。一般来说，交换机采用扩展树协议算法让网络中的每一个桥接设备相互知道，自动防止拓扑环现象。交换机通过将检测到的"拓扑环"中的某个端口断开，达到消除"拓扑环"的目的，维持网络中的拓扑树的完整性。在网络设计中，"拓扑环"常被推荐用于关键数据链路的冗余备份链路选择。所以，带有扩展树协议支持的交换机可以用于连接网络中关键资源的交换冗余。

（7）全双工（Full Duplex）

全双工端口可以同时发送和接收数据，但这要交换机和所连接的设备都支持全双工工作方式。具有全双工功能的交换机具有以下优点。

① 高吞吐量（Throughput）：两倍于单工模式通信吞吐量。

② 避免碰撞（Collision Avoidance）：没有发送/接收碰撞。

③ 突破长度限制（Improved Distance Limitation）：由于没有碰撞，所以不受 CSMA/CD 链路长度的限制。通信链路的长度限制只与物理介质有关。

现在支持全双工通信的协议有：快速以太网、千兆以太网和 ATM。

（8）高速端口集成（High-Speed Intergration）

交换机可以提供高带宽"管道"（固定端口、可选模块或多链路隧道）满足交换机的交换流量与上级主干的交换需求。防止出现主干通信瓶颈。常见的高速端口如下。

① FDDI：应用较早，范围广。但有协议转换花费。

② Fast Ethernet / Gigabit Ethernet：连接方便，协议转换费用少；但受到网络规模限制。

③ ATM：可提供高速交换端口；但协议转换费用大。

（9）ATM 交换（ATM Switch）

随着 ATM 交换技术的发展，现在企业网络中越来越多的在高速网络主干或边缘网络采用 ATM 交换技术。根据现有企业计算的发展要求，适应数据网络交换的技术趋势，我们有必要了解 ATM。ATM 的数据交换由一个个固定长度的 ATM 信元组成。每个 ATM 信元都是 53 字节长（5 个字节长的信头和 48 字节长的信体）。信头包括虚拟通路（VP）和虚拟电路（VC）标识等地址信息。ATM 根据 VP 和 VC 来确定信元的发送源地址和接收目的地址。

ATM 交换机中的连接分为永久虚拟电路（PVC）和交换虚拟电路（SVC）两种。PVC 是在源地址与目的地址之间的永久性硬件电路连接。SVC 是根据实时交换要求建立的临时交换电路连接。两者的最大区别是：PVC 不论是否有数据传输，它都保持连接；而 SVC 在数据传输完成后就自动断开。两者的应用区别是：在通常的 ATM 交换中，有一些 PVC 用于保持信号和管理信息通信，保持永久连接；而 SVC 主要用于大量的具体数据的传输。

ATM 交换另一个特点是：ATM 本身就是全双工的。发送数据和接收数据在不同虚拟电路中同时进行，保持双向高速通信。为了满足以太网帧（Frames）与 ATM 信元（Cells）的相互通信要求，ATM 协议标准规定了针对数据应用的 ATM 适配层（ATM Adaption Layer），它工作在帧交换和信元交换之间，将以太帧的逻辑电路层的地址信息对应的转换为虚拟电路 VC、虚拟通路 VP 地址信息，完成帧–信元转换和信元–帧转换工作。

ATM 交换的广泛应用，也给交换网络的网络监视和管理带来了新的挑战。

3.2.2　虚拟局域网

1．VLAN 的概念与特点

在局域网交换技术中，虚拟局域网（VLAN）是一种迅速发展且被广泛应用的技术。这种技术的核心是通过路由和交换设备，在网络的物理拓扑结构基础上建立一个逻辑网络，以使得网络中任意几个局域网网段或（和）节点能够组合成一个逻辑上的局域网。局域网交换设备给用户提供了非常好的网络分段能力、极低的数据转发延迟以及很高的传输带宽。局域网交换设备能够将整个物理网络从逻辑上分成许多虚拟工作组，此种逻辑上划分的虚拟工作组通常就称为 VLAN。也就是说，虚拟网络（Virtual Network）是建立在交换技术基础上的。将网络上的节点按工作性质与需要划分成若干个"逻辑工作组"，一个逻辑工作组就组成一个虚拟网络。

在传统的局域网中，通常一个工作组是在同一个网段上的，每个网段可以是一个逻辑工作组或子网。多个逻辑工作组之间通过互联不同网段的网桥或路由器来交换数据。如果一个逻辑工作组中的某台计算机要转移到另一个逻辑工作组时，就需要将该计算机从一个网段撤出，连接到另一个网段，甚至需要重新布线，因此，逻辑工作组的组成就要受到节点所在网段物理位置的限制。而虚拟网络是建立在局域网交换机或 ATM 交换机之上的，它以软件方式来实现逻辑工作组的划分与管理，逻辑工作组的节点组成不受物理位置的限制。同一逻辑工作组的成员不一定要连接在同一个物理网段上，它们可以连接在同一个局域网交换机上，也可以连接在不同的局域网交换机上，只要这些交换机是互联的。当一个节点从一个逻辑工作组转移到另一个逻辑工作组时，只需要通过软件设定，而不需要改变它在网络中的物理位置。同一个逻辑工作组的节点可以分布在不同的物理网段上，但它们之间的通信就像在同一个物理网段上一样。

VLAN 的概念是从传统局域网引申出来的。VLAN 在功能和操作上与传统局域网基本相同，它与传统局域网的主要区别在于"虚拟"二字上，即 VLAN 的组网方法与传统局域网不同。VLAN 的一组节点可以位于不同的物理网段上，但是并不受物理位置的束缚，相互间通信就好像它们在同一个局域网中一样。VLAN 可以跟踪节点位置的变化，当节点物理位置改变时，无需人工重新配置。因此，VLAN 的组网方法十分灵活。图 3-16 所示为典型 VLAN 的物理结构和逻辑结构示意图。

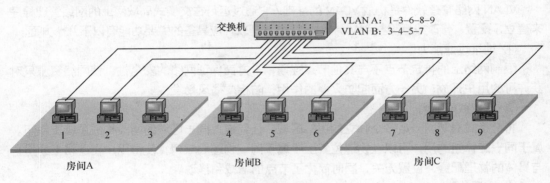

VLAN的物理连接结构

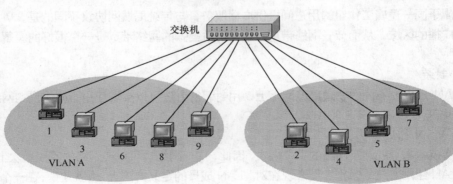

VLAN的逻辑结构

图 3-16　典型 VLAN 的物理结构和逻辑结构示意

2．VLAN 的实现

1996 年 3 月，IEEE 802 委员会发布了 IEEE 802.1Q VLAN 标准。目前，该标准已得到

全世界主要网络厂商的支持。

（1）组建 VLAN 的原则

为了实现整个网络采用统一的管理，通常采用 VLAN 的方法。而在组建网络时，应遵循以下的原则和过程。

① 在网络中尽量使用同一厂家的交换机，而且在能用交换机的地方尽量使用交换机。需要注意的是，只要支持 802.1Q 协议，不同厂家的交换机也可以提供 VLAN 的互通，但是一些早期的设备并不能提供标准的 802.1Q 数据封装，互联仍然会有问题。

② 使用交换机组建一个范围尽可能大的交换链路，并且让尽可能多的计算机直接连接到交换机上。

③ 层次化地将交换机与交换机相连，要避免使用传统的路由器，以保持整个网络的连通性。

④ 根据应用的需要，使用软件划分出若干个 VLAN，而每个 VLAN 上的所有计算机不论其所在的物理位置如何，都处在一个逻辑网中。

⑤ VLAN 之间可以互通，也可以不相通。若要实现其中的某些 VLAN 能够互通，则要使用一台中央路由器（或者路由交换机）将这些 VLAN 互联起来，从而形成一个完整的 VLAN。

（2）VLAN 网络管理软件

VLAN 网络管理软件是构成 VLAN 的基础，它通过运行在交换式局域网上的网络管理程序来建立、配置、修改或删除整个 VLAN。VLAN 管理软件应具备的主要功能有以下几个方面。

① 地址过滤能力

限制网络上的特定节点不与其他节点连通，一方面保证网络的安全性，使网络资源只对获许可的用户开放；另一方面起防火墙的作用，防止广播风暴发生。

② 虚拟联网能力

将交换式局域网分成多个独立的逻辑区域，任何连入同一区域的网段构成逻辑工作组。属于同一工作组的用户可以在物理位置上不属于同一物理局域网，使得用户在逻辑上的组合与具体的物理配置、位置无关，同时简化了节点的增减和移动。

③ 广播功能

在属于同一逻辑工作组的用户间提供广播服务，与传统局域网协议不同的是，VLAN 可以限制广播的区域，从而节省网络带宽。这对日益紧张的网络带宽是一个很好的缓解和管理方法。

④ 封装

VLAN 建立在不同的物理局域网之上，用封装的方法可以实现使用不同协议的网络间互通，如 IEEE 802.3、IEEE 802.5。

3．VLAN 的划分方法

交换技术本身就涉及网络的多个层次，因此，虚拟网络也可以在网络的不同层次上实现。不同 VLAN 组网方法的区别主要表现在对 VLAN 成员的定义方法上，也就是说，在一个 VLAN 中应包含哪些节点（服务器和客户机）。划分 VLAN 之后，处在同一个 VLAN 中的所有成员（节点）将共享广播数据，而这些广播数据将不会被扩散到其他不在此 VLAN 中的节点。VLAN 划分方法有以下几种。

（1）基于交换机端口的 VLAN

早期的 VLAN 大多数都是根据局域网交换机的端口来定义 VLAN 成员的。VLAN 从逻辑上可以把同一个交换机的不同端口划分为不同的虚拟子网，各虚拟子网相对独立。同样，VLAN 也可以跨越多个交换机，如图 3-17 所示。图中交换机一的端口 1、交换机二的端口 3 和交换机三的端口 4 组成 VLAN A，交换机一的端口 3、交换机二的端口 2、5 和交换机三的端口 5 组成 VLAN B，交换机一的端口 5、交换机二的端口 4 和交换机三的端口 2 组成 VLAN C，交换机一的端口 2 和交换机三的端口 3 组成 VLAN D。

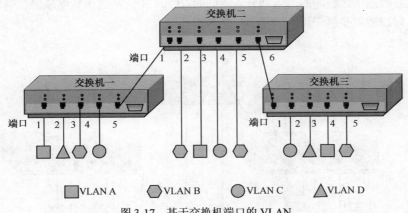

图 3-17　基于交换机端口的 VLAN

　　用交换机端口划分 VLAN 成员是最通用的方法，但纯粹用端口定义 VLAN 时，不允许不同的 VLAN 包含相同的物理网段或交换端口。例如，某交换机的 1 端口属于 VLAN 1 后，就不能再属于 VLAN 2。

　　基于交换机端口的 VLAN 无法自动解决节点的移动、增加和变更问题。如果一个节点从一个端口移动到另一个端口，则网络管理者必须对 VLAN 成员进行重新配置。

　　采用交换机端口划分 VLAN 是一种简单易用的方法，易于理解和管理。对于连接不同交换机的用户，可以创建用户的逻辑分组。但是，当交换机端口连接的是一个集线器时，由于集线器所支持的是一个共享介质的多用户网络，因此，按交换机端口号的划分方案只能将连接到集线器的所有用户划分到同一个 VLAN 中，如图 3-18 所示，若将交换机二的端口 6 划分到 VLAN A 中，那么通过集线器连接到该端口的所有节点也都属于 VLAN A（这也说明了为什么在组建网络时能用交换机的地方尽量用交换机）。

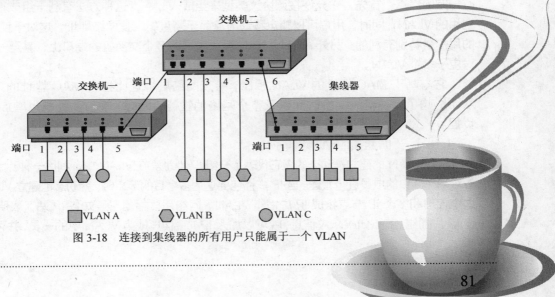

图 3-18　连接到集线器的所有用户只能属于一个 VLAN

（2）基于 MAC 地址的 VLAN

另一种定义 VLAN 的方法是用节点的 MAC 地址来划分 VLAN，如图 3-19 所示。由于 MAC 地址是与硬件相关的地址，所以用 MAC 地址定义的 VLAN 允许节点移动到网络的其他物理网段。由于它的 MAC 地址不变，所以该节点将自动保持原来的 VLAN 成员的地位。而且，通过 MAC 地址划分的 VLAN 可以解决基于端口的 VLAN 所不能解决的问题，它可以支持将一个集线器连接区域内的节点划分到不同的 VLAN 中。从这个角度来说，基于 MAC 地址的 VLAN 可以看做是基于用户的 VLAN。

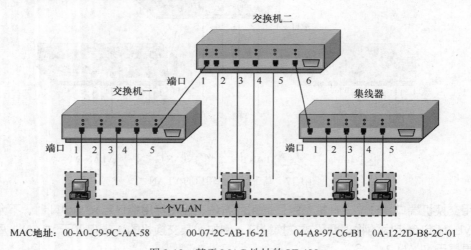

图 3-19　基于 MAC 地址的 VLAN

基于 MAC 地址的 VLAN 的缺点是需要对大量的毫无规律的 MAC 地址进行操作，而且所有的节点在最初都必须被配置到（手工方式）至少一个 VLAN 中，只有在此种手工配置之后，方可实现对 VLAN 成员的自动跟踪。因此，要在一个大型的网络中完成初始的配置显然并不是一件容易的事，而且对于日后的管理也更为烦琐。

（3）基于网络层地址的 VLAN

划分 VLAN 也可以使用节点的网络层地址来配置 VLAN。使用这种方法时，通常要求交换机能够处理网络层的数据，也就是说，要使用第三层交换机（路由交换机）。这种方法具有一定的优点：首先，它允许按照协议类型来组成 VLAN，这种方法有利于组成基于服务或应用的 VLAN；同时，用户可以随意移动节点而无需重新配置网络地址，这对于使用 TCP/IP 的用户是特别有利的；另外，一个 VLAN 可以扩展到多个交换机的端口上，甚至一个端口能对应于多个 VLAN。

它与基于 MAC 地址的 VLAN 相比，检查网络层地址比检查 MAC 地址的延迟要大，从而影响了交换机的交换时间以及整个网络的性能，同时，维护地址表也增加了管理的负担。

（4）基于 IP 组播的 VLAN

这种 VLAN 的建立是动态的，它代表了一组 IP 地址。在 VLAN 中，利用一种称为代理的设备对 VLAN 中的成员进行管理。当 IP 广播包要送达多个目的节点时，就动态地建立 VLAN 代理，这个代理和多个 IP 节点组成 IP 广播组 VLAN。网络用广播信息通知各 IP 站，表明网络中存在 IP 广播组，节点如果响应信息，就可以加入 IP 广播组，成为 VLAN 中的一员，并可与 VLAN

中的其他成员通信。IP 广播组中的所有节点都属于同一个 VLAN，但它们只是特定时间段内特定 IP 广播组的成员，且各个成员都只具有临时性的特点，由 IP 广播组定义 VLAN 的动态特性可以达到很高的灵活性，并且借助于路由器此种 VLAN 可以很容易地扩展到整个 WAN 上。

（5）基于策略的 VLAN

基于策略的 VLAN 可以使用上面提到的任一种划分 VLAN 的方法，并可以把不同方法组合成一种新的策略来划分 VLAN。当一个策略被指定到一个交换机时，该策略就在整个网络上应用，而相应的设备就被添加到不同的 VLAN 中。该方法的核心是采用何种的策略问题。目前，可以采用的策略有：按 MAC 地址、按 IP 地址、按以太网协议类型和按网络的应用等划分。

目前，在网络产品中融合了多种划分 VLAN 的方法，以便根据实际情况寻找最合适的途径。同时，随着管理软件的发展，VLAN 的划分逐渐趋于动态化。

4. VLAN 的优点

VLAN 与普通局域网从原理上讲没有什么不同，但从用户使用和网络管理的角度来讲，VLAN 与普通局域网最基本的差异体现在：VLAN 并不局限于某一网络或物理范围，VLAN 用户可以是位于城市内的不同区域，甚至是位于不同的国家。总体来说，VLAN 具有的优点有以下几个方面。

（1）控制网络的广播风暴

控制网络的广播风暴有两种方法：网络分段和采用 VLAN 技术。通过网络分段，可将广播风暴限制在一个网段中，从而避免影响其他网段的性能；采用 VLAN 技术，可将某个交换端口划分到某个 VLAN 中，一个 VLAN 的广播风暴不会影响其他 VLAN 的性能。

（2）确保网络的安全性

共享式局域网之所以很难保证网络的安全性，是因为只要用户连接到一个集线器的端口，就能访问集线器所连接网段上的所有其他用户。VLAN 之所以能确保网络的安全性，是因为 VLAN 能限制个别用户的访问以及控制广播组的大小和位置，甚至能锁定某台设备的 MAC 地址。

（3）简化网络管理

网络管理员能借助 VLAN 技术轻松地管理整个网络，例如，需要为一个学校内部的行政管理部门建立一个工作组网络，其成员可能分布在学校的各个地方，此时，网络管理员只需设置几条命令就能很快地建立一个 VLAN 网络，并将这些行政管理人员的计算机设置到这个 VLAN 网络中。

3.2.3 小型企业网的网络结构与 IP 地址分配

小型企业的网络一般采用树型结构，如图 3-20 所示在网络的边界使用路由器或防火墙，但是有些更小规模的企业和公司采用代理服务器或软路由以节省资金。在核心层采用三层交换机，或可网管、可划分 VLAN 的交换机。在接入层使用普通交换机的居多，线路和交换机一般采用 100 Mbit/s 带宽。

IP 地址采用 B 类网或 C 类网的居多，即 172.16.0.0 ~ 172.31.0.0 或 192.168.0.0 网段。

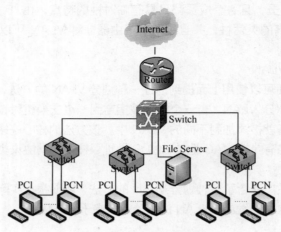

图 3-20　企业网络拓扑图

3.2.4　通过超级终端与交换机建立配置连接

通过超级终端与交换机建立配置连接首先需要一根配置线（UTP 线），使用的配置线一头是 RS232 接口，接入计算机的串行口，另一头是 RJ-45 口接入到交换机的 Console 接口。制作配置线的方法基本有两种：一种是正反线，即双绞线的线序一头为 1-8，另一头为 8-1，然后利用 RJ-45 转 COM 口的转换插头，再连接；另一个种是将转换插头省掉直接做成一头是 RJ-45 接口、另一头是 COM 接口，用了如下方法：

1-8

2-6

3-2

4-5

5-5

6-3

7-4

8-7

其中，RJ-45 端 4 号口与 5 号口短路接入 COM 口的 5 号端口，1 号口与 9 号口悬空不接。连接完以后在计算机打开超级终端的程序（开始→程序→附件→通信→超级终端），首先输入一个名称，再选择一个图标，如图 3-21 所示。

然后选择连接使用的方式为 COM1，由于有些计算机的 COM 口被占用了，可以自己选择使用没有被占用的其他 COM 端口，但配置线也必须插入到相应的接口，如图 3-22 所示。

最后，将端口设置还原为默认值即可，如图 3-23 所示。

接下来就可以看到表示连接成功进入交换机的配置界面，如图 3-24 所示。

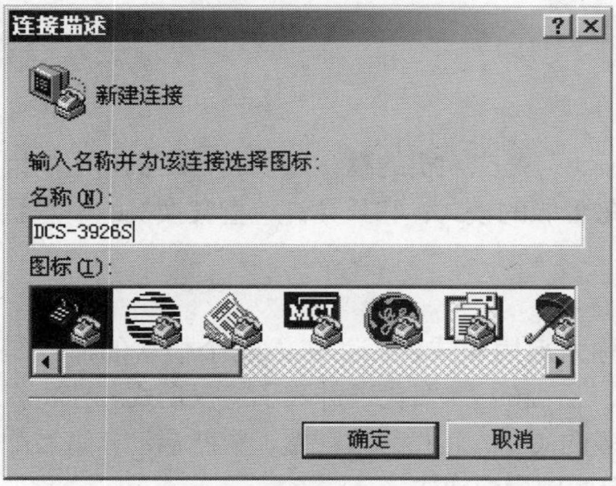

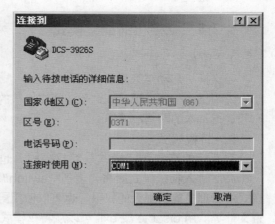

图 3-21 输入超级终端的名称和图标　　　　　　图 3-22 选择端口

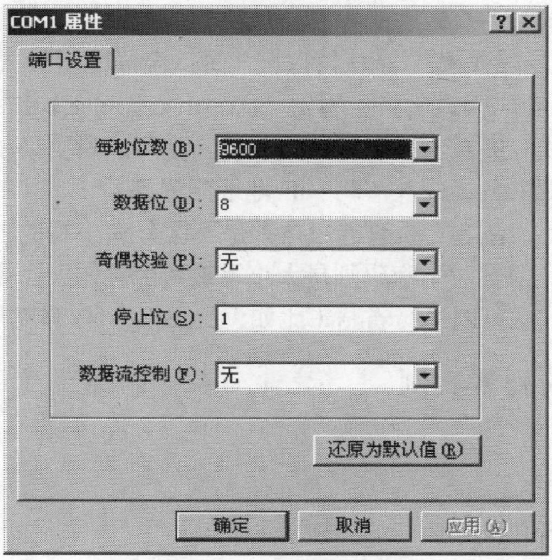

图 3-23 端口设置

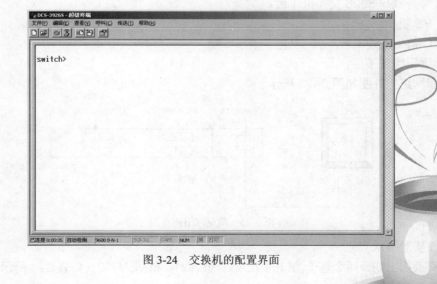

图 3-24 交换机的配置界面

3.2.5 交换机的配置模式

1．用户模式

在交换机启动结束后看见"swich>"。"swich"是交换机的默认主机名，主机名后的大于号说明正处于用户模式。这是访问交换机的最低级的模式，它只允许检查交换机的一些状态和进行基本的网络故障排除。

2．特权模式

交换机的高级访问模式是特权模式，也称为启用模式，因为进入这个模式的命令是enable。进入特权模式后将会看到"switch#"，后面的"#"代表进入了特权模式。在特权模式中管理员具有更大的权限，也可以使用更多的命令，包括修改配置、重新启动、查看配置文件等。用disable或exit可以从特权模式退回到用户模式。

3．全局配置模式

虽然用户在特权模式下拥有较大的控制交换机的能力，但如果想对交换机具有完全的控制权利，还得要进入"全局配置模式"。从特权模式进入全局配置模式的命令是config termial（简写为config t），进入全局模式后将会看到"switch（config）#"，后面的"（config）#"即是代表进入了全局模式。进入全局配置模式以后，就可以对交换机的一些全局性参数进行设置了，比如交换机的主机名、进入密码、IP地址配置等。

在大部分的交换机上，基本上所有的命令都是不区分大小写的，也就是说"CONFIG T"和"config t"是等效的。但是对于密码则是大小写敏感的。如果命令可以通过前面几个字符在当前模式下唯一确定，这可以进行省略（比如，enable可以省略层en）。

3.2.6 交换机的配置实例

1．VLAN的划分

（1）实验目的

学会使用CLI命令行划分VLAN的方法。

（2）实验设备

① 神舟数码3926交换机1台。

② PC机1台。

③ Console线1根。

④ 平行线若干。

简单网络拓扑图如图3-25所示。

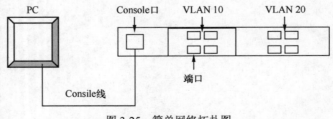

图3-25　简单网络拓扑图

（3）实验要求

在交换机上划分两个基于端口的VLAN：VLAN10和VLAN20，如表3-1所示。

表 3-1　　　　　　　　　　　　　　端口

VLAN	端口成员
10	0/0/1-12
20	0/0/13-24

（4）实验具体步骤

第一步：使用超级连接建立程序连接交换机，如图 3-26 所示。

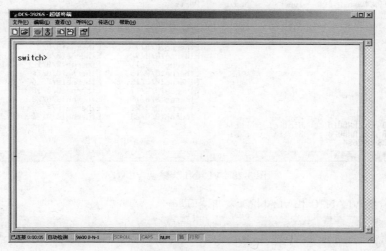

图 3-26　连接交换机

当看到本画面，说明以正常进入交换机。

第二步：修改交换机的名字。

```
switch>enable                          ；从用户模式进入特权模式
switch#config                          ；从特权模式进入全局模式
switch（Config）#hostname DCS-3926S     ；修改交换机的名字
DCS-3926S（Config）#                    ；修改成功
```

第三步：创建 VLAN 10 和 VLAN 20，如图 3-27 所示。

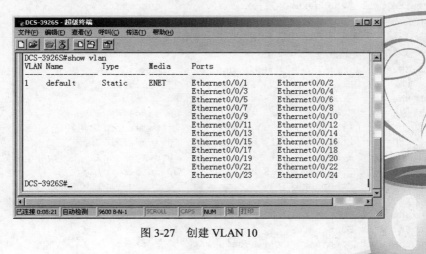

图 3-27　创建 VLAN 10

VLAN1 为默认 VLAN，如图 3-28 所示。

```
DCS-3926S#config
DCS-3926S (Config) #vlan 10              ；创建 VLAN10
DCS-3926S (Config-Vlan10) #exit          ：退出 VLAN10
DCS-3926S (Config) #vlan 20
```

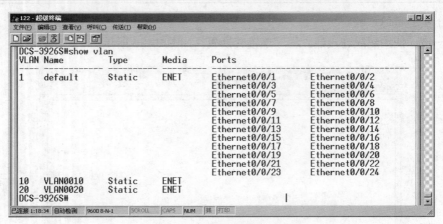

图 3-28   VLAN1 为默认 VLAN

第四步：给 VLAN10 和 VLAN20 添加端口。

```
DCS-3926S (Config) #vlan 10        ：进入 VLAN10
DCS-3926S (Config-Vlan10) #switchport interface ethernet 0/0/1-12   ：由于本交换机
为模块式交换机，所以将端口号 1-12 输入为 0/0/1-12。
  Set the port Ethernet0/0/1 access vlan 10 successfully
  Set the port Ethernet0/0/2 access vlan 10 successfully
  Set the port Ethernet0/0/3 access vlan 10 successfully
  Set the port Ethernet0/0/4 access vlan 10 successfully
  Set the port Ethernet0/0/5 access vlan 10 successfully
  Set the port Ethernet0/0/6 access vlan 10 successfully
  Set the port Ethernet0/0/7 access vlan 10 successfully
  Set the port Ethernet0/0/8 access vlan 10 successfully
  Set the port Ethernet0/0/9 access vlan 10 successfully
  Set the port Ethernet0/0/10 access vlan 10 successfully
  Set the port Ethernet0/0/11 access vlan 10 successfully
  Set the port Ethernet0/0/12 access vlan 10 successfully
DCS-3926S (Config-Vlan10) #exit
DCS-3926S (Config) #vlan 20
DCS-3926S (Config-Vlan20) #switchport interface ethernet 0/0/13-24
  Set the port Ethernet0/0/13 access vlan 20 successfully
  Set the port Ethernet0/0/14 access vlan 20 successfully
  Set the port Ethernet0/0/15 access vlan 20 successfully
  Set the port Ethernet0/0/16 access vlan 20 successfully
  Set the port Ethernet0/0/17 access vlan 20 successfully
  Set the port Ethernet0/0/18 access vlan 20 successfully
  Set the port Ethernet0/0/19 access vlan 20 successfully
  Set the port Ethernet0/0/20 access vlan 20 successfully
  Set the port Ethernet0/0/21 access vlan 20 successfully
  Set the port Ethernet0/0/22 access vlan 20 successfully
  Set the port Ethernet0/0/23 access vlan 20 successfully
  Set the port Ethernet0/0/24 access vlan 20 successfully
```

```
DCS-3926S (Config-Vlan20) #
```

验证配置：

```
DCS-3926S#show vlan      显示 VLAN 信息
VLAN Name          Type       Media     Ports
---- ------------  ---------- --------- ----------------------------------------
1    default       Static     ENET
10   VLAN0010      Static     ENET      Ethernet0/0/1      Ethernet0/0/2
                                        Ethernet0/0/3      Ethernet0/0/4
                                        Ethernet0/0/5      Ethernet0/0/6
                                        Ethernet0/0/7      Ethernet0/0/8
                                        Ethernet0/0/9      Ethernet0/0/10
                                        Ethernet0/0/11     Ethernet0/0/12
20   VLAN0020      Static     ENET      Ethernet0/0/13     Ethernet0/0/14
                                        Ethernet0/0/15     Ethernet0/0/16
                                        Ethernet0/0/17     Ethernet0/0/18
                                        Ethernet0/0/19     Ethernet0/0/20
                                        Ethernet0/0/21     Ethernet0/0/22
                                        Ethernet0/0/23     Ethernet0/0/24
DCS-3926S#
```

可以看到，端口已经成功添加如 VLAN 中，说明实验成功。

VLAN 间是不可以通信的，1–12 端口可以互相通信，13–24 端口可以相互通信。VLAN10 和 VLAN20 之间的端口不能通信。可以使用 ping 命令验证。具体方法，请参照后面有关实验。

删除 VLAN：

```
DCS-3926S#config
DCS-3926S (Config)#no vlan 10
DCS-3926S (Config)#no vlan 20
DCS-3926S (Config)#exit
DCS-3926S#show vlan
VLAN Name          Type       Media     Ports
---- ------------  ---------- --------- ----------------------------------------
1    default       Static     ENET      Ethernet0/0/1      Ethernet0/0/2
                                        Ethernet0/0/3      Ethernet0/0/4
                                        Ethernet0/0/5      Ethernet0/0/6
                                        Ethernet0/0/7      Ethernet0/0/8
                                        Ethernet0/0/9      Ethernet0/0/10
                                        Ethernet0/0/11     Ethernet0/0/12
                                        Ethernet0/0/13     Ethernet0/0/14
                                        Ethernet0/0/15     Ethernet0/0/16
                                        Ethernet0/0/17     Ethernet0/0/18
                                        Ethernet0/0/19     Ethernet0/0/20
                                        Ethernet0/0/21     Ethernet0/0/22
                                        Ethernet0/0/23     Ethernet0/0/24
```

VLAN10 和 VLAN20 被删除，端口自动重新划分进默认 VLAN1 中。

提示：

命令可以用? 或者 Tab 键提示。

2．三层交换机不同 VLAN 间通信

（1）实验目的

学习一台三层交换机不同 VLAN 通信方法。

（2）实验设备

① 神舟数码交换机 DCRS-5526S 三层交换机 1 台。

② PC 机 2 台。

③ Console 线 1 条。

④ 平行网线若干。

实验拓扑图，如图 3-29 所示。

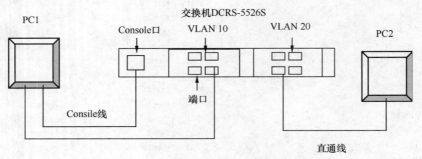

图 3-29　实验拓扑图

（3）实验要求（如表 3-2、表 3-3 所示）

表 3-2　　　　　　　　　　　交换机配置

VLAN	端口成员	IP
10	0/0/1-8	192.168.10.1/24
20	0/0/9-16	192.168.20.1/24

表 3-3　　　　　　　　　　　PC 配置

设备	IP	geteway
PC1	192.168.10.101/24	192.168.10.1
PC2	192.168.20.101/24	192.168.20.1

验证：PC1 与 PC2 能 ping 通，则说明实验成功。

（4）实验步骤

① 划分 VLAN 并添加端口。

```
DCRS-5526S#config
DCRS-5526S（Config）#vlan 10
DCRS-5526S（Config-Vlan10）#switchport interface ethernet 0/0/1-8
Set the port Ethernet0/0/1 access vlan 10 successfully
Set the port Ethernet0/0/2 access vlan 10 successfully
Set the port Ethernet0/0/3 access vlan 10 successfully
Set the port Ethernet0/0/4 access vlan 10 successfully
Set the port Ethernet0/0/5 access vlan 10 successfully
Set the port Ethernet0/0/6 access vlan 10 successfully
Set the port Ethernet0/0/7 access vlan 10 successfully
Set the port Ethernet0/0/8 access vlan 10 successfully
DCRS-5526S（Config-Vlan10）#exit
DCRS-5526S（Config）#vlan 20
DCRS-5526S（Config-Vlan20）#switchport interface ethernet 0/0/9-16
Set the port Ethernet0/0/9 access vlan 20 successfully
```

```
Set the port Ethernet0/0/10 access vlan 20 successfully
Set the port Ethernet0/0/11 access vlan 20 successfully
Set the port Ethernet0/0/12 access vlan 20 successfully
Set the port Ethernet0/0/13 access vlan 20 successfully
Set the port Ethernet0/0/14 access vlan 20 successfully
Set the port Ethernet0/0/15 access vlan 20 successfully
Set the port Ethernet0/0/16 access vlan 20 successfully
DCRS-5526S（Config-Vlan20）#
```

② 给 VLAN 添加 IP，如图 3-30 所示。

```
DCRS-5526S（Config）#int vlan 10       ；注意和给 VLAN 添加端口的命令是不同的
；int 进入才可以添加 IP 地址
00：15：22：%LINK-5-CHANGED：Interface Vlan10，changed state to UP
%LINEPROTO-5-UPDOWN：Line protocol on Interface Vlan10，changed state to UP
DCRS-5526S（Config-If-Vlan10）#ip address 192.168.10.1 255.255.255.0

DCRS-5526S（Config）#int vlan 20
00：17：47：%LINK-5-CHANGED：Interface Vlan20，changed state to UP
%LINEPROTO-5-UPDOWN：Line protocol on Interface Vlan20，changed state to UP
DCRS-5526S（Config-If-Vlan20）#ip add 192.168.20.1 255.255.255.0
```

验证配置：

```
DCRS-5526S#show ip route    显示路由信息
Total route items is 2，the matched route items is 2
Codes：C - connected，S - static，R - RIP derived，O - OSPF derived
A - OSPF ASE，B - BGP derived，D - DVMRP derived

Destination      Mask            Nexthop       Interface      Preference

C 192.168.10.0   255.255.255.0   0.0.0.0       Vlan10         0
C 192.168.20.0   255.255.255.0   0.0.0.0       Vlan20         0
DCRS-5526S#
```

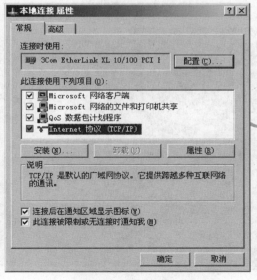

图 3-30　本地连接

③ 给 PC1 和 PC2 配置 IP，如图 3-31、图 3-32 所示。

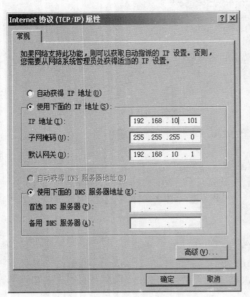

图 3-31　PC1 的 IP 地址

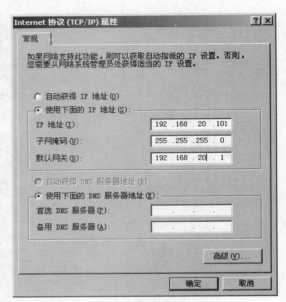

图 3-32　PC2 的 IP 地址

④ 验证。打开 CMD，如图 3-33、图 3-34 所示。

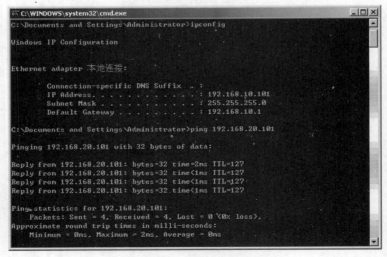

图 3-33　运行窗口

图 3-34　CMD 窗口

同理，PC2 能 ping 通 PC1。实验成功。

注意：ping 前应将 ICMP 报文中的"允许传入回显请求"打开，否则无法 ping 通，如图 3-35、图 3-36 所示。

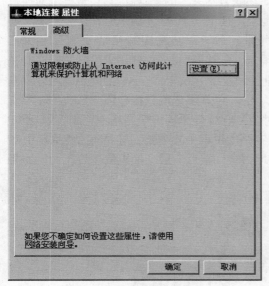

图 3-35　本地连接所示属性　　　　　　　图 3-36　ICMP 设置

注意：给 VLAN 添加的 IP 是虚拟 IP。只有三层设备才可以添加虚拟 IP 地址。二层设备不能添加。请自行实验。

3.3　三层交换技术

3.3.1　三层交换的概念

前面介绍的交换机属于第二层交换机，它主要依靠 MAC 地址来传送帧信息，将每个信息数据帧从正确的端口转发出去。但是，当有一个广播数据包进入某个端口后，交换机同样会将它转发到所有端口，类似于共享式集线器。交换机最早的处理过程由其内部软件来设置，其运行速度较慢，生产成本较高。随着网络专用集成电路的出现，交换机不仅速度加快，而且成本也大大下降。另外，第二层交换机对组建一个大规模的局域网来说还并不完善，还需要使用路由器来完成相应的路由选择功能。实际上，交换和路由选择是互补性的技术，路由器处理时延大、速度慢，用交换机又不能进行路由选择和有效地控制广播，因此，在交换机不断发展的过程中，就有了将第二层交换和第三层路由相结合的设备，即第三层交换机，也称为"路由交换机"。

3.3.2　三层交换的原理和应用

1．三层交换技术原理

三层交换技术是在 OSI 参考模型中的第三层实现了数据包的高速转发，实际上就是二层交换技术与三层转发技术的结合。三层交换技术的原理如图 3-37 所示。假设有两个使用 TCP/IP 的网络 1 和网络 2（网络 1 和 2 可以是两个虚拟局域网），其中，计算机 A、C 在网络 1 中，计算机 B 在网络 2 中。当计算机 A 要发送数据给计算机 B 时，A 把自己的 IP 地址与 B 的 IP 地址比较，判断 B 是否与自己在同一个网络内，由于不在一个网络，A 要向"缺省网关"发出 ARP（地址解析）数据包，而"缺省网关"的 IP 地址其实是三层交换机的三层交换模块。当 A 对"缺省网关"的 IP 地址广播出一个 ARP 请求时，如果三层交换模块在以前的通信过程中已经知道 B 的 MAC 地址，则向 A 回复 B 的 MAC 地址；否则三层交换模块根据路由信息向 B 广播一个 ARP 请求，B 站得到此 ARP 请求后向三层交换模块回复其 MAC 地址，三层交换模块保存此地址并回复给 A，同时将 B 站的 MAC 地址发送到二层交换引擎的 MAC 地址表中。从这以后，当 A 向 B 发送的数据包便全部交给二层交换处理，信息得以高速交换。当 A 和 C 通信时，A 与 C 处于同一个网络中，则按照 MAC 一端口表进行转发。A 与 B 的通信，由于仅仅在路由过程中才需要三层处理，绝大部分数据都通过二层交换转发，因此三层交换机的速度很快，接近二层交换机的速度，同时比相同路由器的价格低很多。

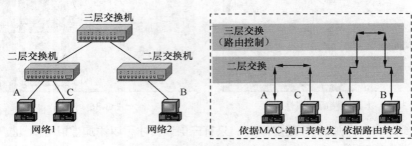

图 3-37　交换式以太网连接示意图

多层交换除了三层交换外，多层交换技术中还包括第四层交换。第四层交换是一种功能，在传输数据时，除了可以识别并分析第二层的 MAC 地址和第三层的 IP 地址外，还可以判断出该数据的应用服务类型，也就是说，依据第四层的应用端口号（如 TCP/UDP 端口号）对数据包进行查询，获取相应的信息。TCP/UDP 端口号可以告诉交换机所传输数据流的应用服务的类型，如 WWW 应用、FTP 应用等，然后交换机可以将数据包分类映射到不同的应用主机上，保证了服务质量。

2．三层交换的应用

三层交换的应用目前非常普遍，主要用途是代替传统路由器作为网络的核心。在企业网和校园网中，一般会将第三层交换机用在网络的核心层，用第三层交换机上的吉比特端口或百兆比特端口连接不同的子网或虚拟局域网（VLAN）。这样网络结构相对简单，节点数相对较少。另外，其不需要较多的控制功能，并且成本较低。提供三层交换的交换机在应用方面具有以下特点。

（1）作为骨干交换机

三层交换机一般用于网络的骨干交换机和服务器群交换机，也可作为网络节点交换机。在网络中，同其他以太网交换机配合使用，可以组建整个 10/100/1 000 Mbit/s 以太网交换系统，为整个信息系统提供统一的网络服务。这样的网络系统结构简单，同时还具有可伸缩性和基于策略的 QoS 服务等功能。第三层交换机为网络提供 QoS 服务的内容包括优先级管理、带宽管理和 VLAN 交换等。

（2）支持 Trunk 协议

在应用中，经常有以太网交换机相互联接或以太网交换机与服务器互联的情况，其中互联用的单条链路往往会成为网络的瓶颈。采用 Trunk 技术能将若干条相同的源交换机与目的交换机之间的以太网链路从逻辑上看成一条链路，不但提高了带宽，也增强了系统的安全性。

第二部分 技能实训

技能实训 1 交换机之间 VLAN 的连接

【实训目的】

掌握多台交换机 VLAN 的连接。

【实训条件】

多台交换机（可划分 VLAN 的二层交换机）、计算机多台。

【实训指导】

（1）将各交换机分别划分 VLAN jsj、VLAN jm、VLAN jd、VLAN ck。

（2）给各 VLAN 分配两个端口。

（3）定义每个交换机一个端口为 Trunk 端口。

（4）使用交叉线连接各交换机的 Trunk 口。

（5）测试每个 VLAN 的连通性（相同 VLAN，不同交换机之间应能够直接通信）。

技能实训 2 用户终端接入广域网

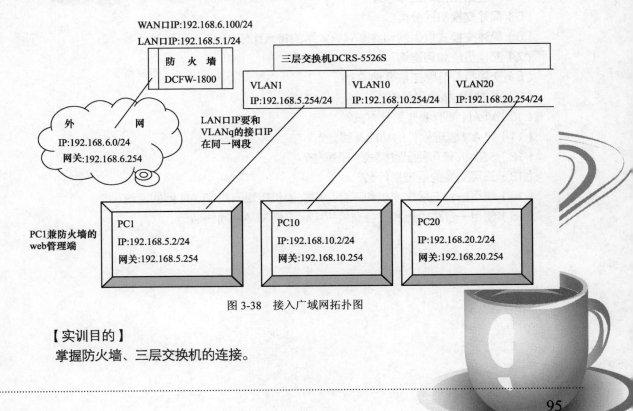

图 3-38 接入广域网拓扑图

【实训目的】

掌握防火墙、三层交换机的连接。

【实训条件】

能够连接外网的线路 1 条、防火墙 1 台、三层交换机 1 台、计算机多台。

【实训指导】

（1）按照拓扑图连接各设备，如图 3-38 所示。

（2）配置三层交换机划分 3 个 VLAN，并分配端口。

（3）配置三层交换机的 VLAN IP 地址

（4）设置交换机缺省路由为 0.0.0.0 0.0.0.0 192.168.5.1。

（5）配置防火墙的外网、内网 IP 地址。

（6）在防火墙的内网端口添加 VLAN（VLAN 的 ID 与三层的必须一样）。

（7）配置外网的网关、DNS 地址。

（8）在防火墙上添加一条路由，指向三层交换机与防火墙直接相连 VLAN 的 IP 地址。

（9）设置防火墙的策略使内网的数据能够通过。

（10）配置 NAT 转换（内网的 3 个网段转换为外网地址）。

（11）保存配置信息。

（12）测试（计算机配置 IP 地址、DNS、网关后能够打开网页上网）。

第三部分　思考与练习

（1）IEEE 802 标准规定了哪些层次？

（2）以太网与快速以太网的差别在哪里？

（3）简述交换机的工作原理。

（4）简述路由器的工作原理。

（5）简述交换机的分类。

（6）简述交换式以太网和共享式以太网的特点比较。

（7）交换机应如何选购？

（8）交换机都有哪些重要参数？

（9）VLAN 的概念是什么？

（10）VLAN 都有哪些划分方式？

（11）VLAN 管理软件的功能有哪些？

（12）交换机有几种配置模式？是哪些？

（13）三层交换的原理是什么？

（14）使用一台三层交换机和三台二层交换机实现不同 VLAN 间的通信。

（15）使用一台路由器和三台交换机实现不同 VLAN 间的通信。

项目四　网络操作系统的基本配置

第一部分　知 识 准 备

4.1　认识网络操作系统

4.1.1　网络操作系统概述

随着计算机技术的快速发展，计算机软件包括系统软件也以惊人的速度在不断的发展和更新。就操作系统类软件而言，世界几大著名软件公司如 Microsoft、Novell 公司等都把很大一部分的研发人员和巨额的资金投入到操作系统软件的开发上。为了满足当今网络快速发展之后，用户对于专门用于管理网络资源的网络操作系统提出的更高的要求，各种网络操作系统也在不断地推陈出新。网络操作系统以其高性能、稳定性好、功能强大、便于管理等诸多特性，越来越多地受到欢迎。

1. 操作系统概述及其发展

操作系统是计算机系统中一个系统软件，它是一些程序模块的集合，它们管理和控制计算机系统中的硬件和软件资源，合理地组织计算机工作流程，以便有效地利用这些资源为用户提供一个功能强、使用方便的工作环境，从而在计算机与用户之间起到接口的作用。操作系统根据它的发展大致可分为 3 类：单块式、层次式和客户机/服务器式（Client/Server）。这 3 类对应于操作系统的 3 个发展阶段。相对于单机操作系统而言，网络操作系统是具有复杂网络功能的计算机操作系统。

操作系统有以下 3 个发展阶段。

① 最初的操作系统是单块式的，像 20 世纪 90 年代还在使用的 DOS 就属于这一类。它由一组可以任意互相调用的过程组成，它对系统的数据没有任何保护，没有清晰的结构，因此，安全性差，对它的扩展更加困难。

② 另一种结构的操作系统是层次式的，UNIX、Novell NetWare 等都属于这一类。

③ 第三种结构为 Client/Server 模式，以卡内基梅隆大学研制的 Mach 为代表的微内核结构的操作系统和 Microsoft Windows NT 等属于这种类型。

2. 网络操作系统概述

所谓网络操作系统是指普通的操作系统之上附加具有实现网络访问功能的模块。在网络上的计算机由于各机器的硬件特性不同、数据标识格式及其他方面要求的不同，在互相通信时为能正确进行通信并相互理解内容，相互之间应具有许多约定，这个约定习惯上称为协议（Protocol）。因此，通常将网络操作系统（Network Operating System，NOS）定义为：使网络上各计算机能方便而有效的共享网络资源，为网络用户提供所需地各种服务的软件和有关规程的集合。

网络操作系统除了应具有通常操作系统应具有的处理机管理、存储器管理、设备管理和文件管理、用户管理外，还应具有以下两大功能：

① 提供高效、可靠的网络通信能力；

② 提供多种网络服务功能，如远程作业录入并进行处理的服务功能，文件传输服务功能，电子邮件服务功能，远程打印服务功能等。

总而言之，要为用户提供访问网络中计算机各种资源的服务。

那么网络操作系统或网络软件具体应做些什么呢？让我们来考察一下一台计算机是如何请求网络过服务的。假定一台计算机上的某用户应用程序提出网络服务请求，将它的请求传送给另一台远程计算机并在其上执行请求，然后将结果返回到第一台计算机。现在假定该请求是"从计算机 A 上读文件 B 中的 N 个字节"，那么两台计算机上的网络软件基本上会按照如下步骤来工作：

a. 将传输请求按要求格式封装后，传送到网络上；

b. 决定如何到达计算机 A，因为按网络的拓扑结构，到计算机 A 的链路可能不止一条；

c. 计算机 A 使用相同的通信软件；

d. 为在网络中传送，必须改变请求形式（如把信息分为几个短的信息包）；

e. 当请求到达计算机 A 时，必须将信息包解开，重新封装成计算机可用的数据，并检查它的完整性，无误的情况下，送到本机操作系统中执行该请求；

f. 计算机 A 对请求的应答必须经过编码以便通过网络送回去。

可以看出，这次数据传输是一个分阶段的过程，每个阶段分别解决不同的问题，如寻址或者传送。为了降低成本，促进不同标准之间的互联，国际标准化组织对网络实行标准化并进行集成，定义了一个软件模型，即开放系统互联参考模型（OSI）。网络软件应实现各层应有的功能，并且制造企业也应该遵照其各层通信的协议。

3. 网络操作系统的特点

网络操作系统是网络用户与计算机网络之间的接口。网络操作系统最早只能算是一个最基本的文件系统。在这样的网络操作系统上，网上各站点之间的互访能力非常有限，用户只能进行有限的数据传送，或运行一些专门的应用（如电子邮件等），这远远不能满足用户的需要。

当今网络操作系统具有以下特点。

（1）从体系结构的角度看，当今的网络操作系统可能不仅具有完整的网络协议和通信传输功能，而且具有所有操作系统职能，如任务管理、缓冲区管理、文件管理、磁盘和打印机等外设管理。

（2）从操作系统的观点看，网络操作系统大多是围绕核心调度的多用户共享资源的操作系统，包括磁盘处理、打印机处理、网络通信处理等面向用户的处理程序和多用户的系统核心调度程序。

（3）从网络的观点看，可以将网络操作系统与标准的网络层次模型作比较。在物理层和数据链路层，一般网络操作系统支持多种网络接口卡，如 Novell 公司、3Com 公司以及其他厂家的网卡，其中有基于总线的、也有基于令牌环网的网卡及支持星型网络的 ARCNET 网卡。因此，从拓扑结构来看，网络操作系统可以运行于总线型、环型、星型等多种形式的网络之上。换句话说，网络操作系统独立于网络的拓扑结构。为了提供网络的互联性，一般网络操作系统提供了多种复杂的桥接、路由功能，可以将具有相同或不同的网络接口卡、不同协议和不同拓扑结构的网络连接起来。

OSI 模型的第 3 层到第 5 层的网络软件主要对应于以下两种功能：

① 支持高层服务，如建立客户与一个应用程序的服务器之间的对话，或者是用户逻辑名和网络资源的联系等；

② 支持有效的、可靠的网络数据传输，不考虑物理位置。

一般来说，网络操作系统的实用程序可以认为范围在第 7 层和第 6 层内，而当今的网络操作系统一般将网络通信协议作为内置的功能来实现，因而其范围包括了整个或大部分 OSI 模型网络体系层次。

一个典型的网络操作系统，一般具有以下功能和特征：

① 硬件独立，网络操作系统可以在不同的网络硬件上运行；

② 桥/路由连接，可以通过网桥、路由功能和别的网络连接；

③ 多用户支持，在多用户环境下，网络操作系统给应用程序及其数据文件提供了足够的、标准化的保护；

④ 网络管理，支持网络实用程序及其管理功能，如系统备份、安全管理、容错、性能控制等；

⑤ 安全性和存取控制，对用户资源进行控制，并提供控制用户对网络访问的方法；

⑥ 用户界面，网络操作系统提供用户丰富的界面功能，具有多种网络控制方式。

总之，网络操作系统为网上用户提供了便利的操作和管理平台。

4.1.2　常见的网络操作系统

1．常见的网络操作系统

当下流行的网络操作系统主要有以下几种，Microsoft 公司的 Windows 系列产品、Novell NetWare 操作系统、各个公司出版的 UNIX 和各个公司出版的 Linux 等几大类，这些网络操作系统，其提供的基本功能是相同的，但是根据其各自的特点和优势，适用的范围和场合不尽相同。

（1）UNIX 操作系统

UNIX 是 1969 年 Bell 实验室的 Ken Thompson、Dennis Ritchie 和其他一些助手合作开发的操作系统，最初是为大型机上的多用户操作而设计的。由于其多任务、多用户的特征，目前已经发展成应用非常普遍的一个网络操作系统，此外它还可以作为单机操作系统使用。UNIX 目前主要用于工程应用和科学计算等领域。其特点如下。

① 安全可靠

UNIX 在系统安全方面是任何一种操作系统都不能与之相比的，很少有计算机病毒能够侵入。这是因为 UNIX 一开始既是为多任务、多用户环境设计的，在用户权限、文件和目录权限、内存等方面有严格的规定。近几年，UNIX 操作系统以其良好的安全性和保密性证实了这一点。

② 方便接入 Internet

UNIX 一度是 Internet 的基础，TCP/IP 协议也是随之发展并完善的。目前的一些 Internet 服务器和一些大型的局域网都使用 UNIX 操作系统。UNIX 虽然具有许多其他操作系统所不具备的优势，如工作环境稳定、系统的安全性好等，但是其安装和维护对普通用户来说比较困难。

（2）自由软件 Linux

Linux 最初是由芬兰赫尔辛基大学的一位大学生（Linus Benedict Torvalds）于 1991 年

8 月开发的一个免费的操作系统。它是一个类似于 UNIX 的操作系统，Linux 涵盖了 UNIX 的所有特点，而且还融合了其他操作系统的优点，如真正的支持 32 位和 64 位多任务、多用户虚拟存储、快速 TCP/IP、数据库共享等特性。Linux 的主要特点如下。

① 开放的源代码

Linux 许多组成部分的源代码是完全开放的，任何人都可以通过 Internet 得到，开发并发布。

支持多种硬件平台，Linux 可以运行在多种硬件平台上，还支持多处理器的计算机。

目前在计算机上使用的大量外部设备，Linux 均支持。

② 支持 TCP/IP 等协议

在 Linux 中可以使用所有的网络服务，如网络文件系统、远程登陆等。SLIP 和 PPP 支持串行线上的 TCP/IP 协议的使用，用户可用一个高速调制解调器通过电话线接入 Internet。

③ 支持多种文件系统

Linux 目前支持的文件系统有 FAT16、FAT32、NTFS、EXT2.EXT、XIAFS、ISOFS、HPFS 等 32 种之多，其中，最常见的是 EXT2，其文件名最长可达 255 个字符。

（3）Novell Netware 网络操作系统

1985 年，美国 Novell 公司的 NetWare 网络操作系统面世，到 1998 年推出了 NetWare 5.0。从技术角度讲，它与 DOS 和 Windows 等操作系统一样，具有访问磁盘文件、内存使用的管理与维护功能，此外还提供一些比其他操作系统更强大的实用程序和专用程序，这些程序包括用户的管理、文件属性的管理、文件的访问、系统环境的设置。Novell NetWare 网络操作系统可以让工作站用户像使用自身的资源一样访问服务器资源，除了在访问速度上受到网络传输的影响外，没有任何不同。随着硬件产品的发展，这些问题也不断得到改善。

NetWare 4.X 的推出主要是为了适应越来越庞大的网络系统，并加强对目前广泛使用的其他操作系统的支持而进行的改进和设计，是为了在一个网络系统中能适应多台服务器而开发的一套网络操作系统。在系统内部不仅增加了图形界面窗口操作，其结构也改用了对象式（Object）目录树结构。服务器的命名也是以整个网络为原则，当用户登录到一台服务器后，便可使用整个网络的资源。

（4）Windows 2000 Server 和 Windows Server 2003

Windows 是美国 Microsoft 公司推出的网络操作系统产品共用的名称，分为面向桌面计算和面向网络服务器两类。面向桌面计算的代表是 Windows XP、Windows 7 等。为了进入利润较高的服务器操作系统领域，Microsoft 在 1993 年 7 月 23 日推出了 Windows NT 3.1。这是一个面向网络服务器的操作系统。1998 年 10 月，Microsoft 推出了 Windows 2000。Windows 2000 是在 Windows NT 基础上开发的，实际上由 4 个版本组成，分别是 Windows 2000 Professional、Windows 2000 Server、Windows 2000 Advance Server 和 Windows 2000 Datacenter Server，每种产品针对不同级别的应用。

2003 年 3 月，Microsoft 正式推出了 Windows Server 2003。该产品最初称为 Windows.NET Server，后改成 Windows.NET 2003，最终定名称为 Windows Server 2003。相对于之前的版本，Windows 2003 的特性是活动目录（Active Directory）功能，活动目录将各种网络对象，比如账户、计算机、打印机的相关信息整合在一起，让管理员和用户能够轻松地查找和使用这些信息。Active Directory 使用了一种结构化的数据存储方式，并以此为基础对目录信息进行合乎逻辑的分层组织。

2．网络操作系统的选择

面对各式各样的网络操作系统，如何进行选择？依据的标准主要有以下几点。

（1）安全性和可靠性

在选择网络操作系统时，一定要考虑其安全性。有些操作系统自身具有抵抗病毒的能力，如需较高的安全性和可靠性时应首选 UNIX，这也是一些大中型网络为什么选用它的一个主要原因。

（2）可操作性

简单易用是最基本的要求，安装简单、对硬件平台没有过高的要求、升级容易等都应该考虑。系统是否容易维护以及可管理性也同样重要。

（3）可集成性

可集成性是系统对硬件和软件的兼容能力。现在任何同一个网络中用户可能有许多不同的应用需求，因而具有不同的硬件和软件环境。而网络操作系统作为对这些不同环境集成的管理者，应该具有广泛的兼容性。同时应尽可能多地管理各种软、硬件资源。

网络操作系统离不开通信协议。当今对 TCP/IP 协议的支持应当是一个基本的要求。对 TCP/IP 的支持程度自然是衡量网络操作系统的一个主要指标，现在的系统应该是开放的系统，这样才能真正实现网络的强大功能。

（4）可扩展性

可扩展性即对现有系统要有足够的扩充能力，保证在早期不作无谓投资，又能适应今后的发展。

（5）应用和开发支持

在系统中能够运行的软件越多，则该系统的可用性就越好。应用支持在许多方面还要取决于硬件开发商的支持。有大量第三方支持的系统无疑会受到用户的认可，良好的开发支持使第三方厂商愿意并可为其开发系统。

4.2 了解网络工作模式

4.2.1 对等网

1．对等网的定义

对等网是指网络中各台计算机之间协同工作时的关系。顾名思义，对等网指的是各台计算机之间的关系是对等的。生活中，对等网通常是中小型企业由几台计算机组成的小型无服务器网络。

我们可以从两个角度来定义对等网。对于 Windows Server 2003 环境而言，对等网指的是工作组模式。对于网络软件的工作模式而言，对等网指的是通信的各方不存在主从关系，对应的是存在主从关系的 C/S 和 B/S 架构。

无论是从哪一个角度来说，对等网采用的都是分散管理的方式，网络中的每台计算机既作为客户机又可作为服务器来工作，每个用户都管理自己机器上的资源。对等网可以说是当今最简单的网络，非常适合家庭、校园和小型办公室。它不仅投资少，连接也很容易。

　　在对等网络中，计算机的数量通常不会超过 20 台，所以对等网络相对比较简单。在对等网络中，对等网上各台计算机有相同的功能，无主从之分，网上任意节点计算机既可以作为网络服务器，为其他计算机提供资源；也可以作为工作站，以分享其他服务器的资源；任意一台计算机均可同时兼作服务器和工作站，也可只作其中之一。当然，对等网除了共享文件之外，还可以共享打印机，对等网上的打印机可被网络上的任一节点使用，如同使用本地打印机一样方便。因为对等网不需要专门的服务器来做网络支持，也不需要其他组件来提高网络的性能，因此对等网络的价格相对要低很多。

　　2．对等网的主要优点

①　网络成本低。

②　网络配置和维护简单。

　　3．对等网的主要缺点

①　网络性能较低。

②　数据保密性差。

③　文件管理分散。

④　计算机资源占用大。

4.2.2　C/S 架构和 B/S 架构

1．C/S 架构

C/S（Client/Server）架构即客户机和服务器架构。它是软件系统体系架构，通过它可以充分利用两端硬件环境的优势，将任务合理分配到 Client 端和 Server 端来实现，降低了系统的通信开销。目前大多数应用软件系统都是 Client/Server 形式的两层结构，由于现在的软件应用系统正在向分布式的 Web 应用发展，Web 和 Client/Server 应用都可以进行同样的业务处理，应用不同的模块共享逻辑组件。因此，内部的和外部的用户都可以访问新的和现有的应用系统，通过现有应用系统中的逻辑可以扩展出新的应用系统。这也就是目前应用系统的发展方向。

　　传统的 C/S 体系架构虽然采用的是开放模式，但这只是系统开发一级的开放性，在特定的应用中无论是 Client 端还是 Server 端都还需要特定的软件支持。由于没能提供用户真正期望的开放环境，C/S 架构的软件需要针对不同的操作系统系统开发不同版本的软件，加之产品的更新换代十分快，已经很难适应百台计算机以上局域网用户同时使用，而且代价高、效率低。

2．B/S 架构

B/S（Browser/Server）架构即浏览器和服务器架构。它是随着 Internet 技术的兴起，对 C/S 架构的一种变化或者改进的结构。在这种结构下，用户工作界面是通过 WWW 浏览器来实现，极少部分事务逻辑在前端（Browser）实现，但是主要事务逻辑在服务器端（Server）实现，形成所谓三层 3-tier 结构。这样就大大简化了客户端计算机载荷，减轻了系统维护与升级的成本和工作量，降低了用户的总体成本（TCO）。

　　以目前的技术看，局域网建立 B/S 架构的网络应用，并通过 Internet/Intranet 模式下数据库应用，相对易于把握、成本也是较低的。它是一次性到位的开发，能实现不同的人员，从不同的地点，以不同的接入方式（如 LAN、WAN、Internet/Intranet 等）访问和操作共同的数据库；它能有效地保护数据平台和管理访问权限，服务器数据库也很安全。特别是在 JAVA 这样的跨平台语言出现之后，B/S 架构管理软件更是方便、快捷、高效。

3．C/S 与 B/S 的比较

B/S 架构推出以后，迅速占领了大量软件市场，当然，也有程序员认为 C/S 架构更为方便和优秀，那么，下面就两种架构的优缺点做一个对比，让读者明白这两种架构分别适用于什么样的应用，用户应该如何在这两种架构中作出取舍。

最简单的 C/S 体系结构应用由两部分组成，即客户应用程序和数据库服务器程序。两者可分别称为前台程序与后台程序。运行数据库服务器程序的机器，也称为应用服务器。一旦服务器程序被启动，就随时等待响应客户程序发来的请求；客户应用程序运行在用户自己的计算机上，对应于数据库服务器，可称为客户计算机，当需要对数据库中的数据进行任何操作时，客户程序就自动地寻找服务器程序，并向其发出请求，服务器程序根据预定的规则作出应答，送回结果。

（1）C/S 架构的劣势是高昂的维护成本且投资大

首先，采用 C/S 架构，要选择适当的数据库平台来实现数据库数据的真正"统一"，使分布于两地的数据同步，完全交由数据库系统去管理。但逻辑上两地的操作者要直接访问同一个数据库才能有效实现，有这样一些问题，如果需要建立"实时"的数据同步，就必须在两地间建立实时的通信连接，保持两地的数据库服务器在线运行，网络管理工作人员既要对服务器维护管理，又要对客户端维护和管理，这需要高昂的投资和复杂的技术支持，维护成本很高，维护任务量大。其次，传统的 C/S 架构的软件需要针对不同的操作系统开发不同版本的软件，由于产品的更新换代十分快，代价高和低效率已经不适应工作需要。在 JAVA 这样的跨平台语言出现之后，B/S 架构更是猛烈冲击 C/S，并对其形成威胁和挑战。

（2）B/S 维护和升级方式简单

目前，软件系统的改进和升级越来越频繁，B/S 架构的产品明显体现着更为方便的特性。对一个稍微大一点的单位来说，系统管理人员如果需要在几百甚至上千部计算机之间来回奔跑，效率和工作量是可想而知的，但 B/S 架构的软件只需要管理服务器就行了，所有的客户端只是浏览器，根本不需要做任何的维护。无论用户的规模有多大，有多少分支机构都不会增加任何维护升级的工作量，所有的操作只需要针对服务器进行；如果是异地，只需要把服务器连接专网即可，实现远程维护、升级和共享。所以客户机越来越"瘦"，而服务器越来越"胖"是将来信息化发展的主流方向。今后，软件升级和维护会越来越容易，而使用起来会越来越简单，这对用户人力、物力、时间、费用的节省是显而易见的、惊人的。因此，维护和升级革命的方式是"瘦"客户机，"胖"服务器。

（3）B/S 架构下用户成本降低，选择更多

大家都知道 Windows 在桌面计算机上几乎一统天下，成了标准配置，但在服务器操作系统上 Windows 并不是处于绝对的统治地位。服务器操作系统的选择是很多的，不管选用哪种操作系统都可以让大部分人使用。这就使得最流行的免费的 Linux 操作系统快速发展起来，Linux 除了操作系统是免费的以外，连数据库也是免费的。比如说很多人每天上"网易"网，只要安装了浏览器就可以了，并不需要了解"网易"的服务器用的是什么操作系统，而事实上大部分网站确实没有使用 Windows 操作系统，虽然用户的计算机本身安装的大部分是 Windows 操作系统。

（4）应用服务器运行数据负荷较重

由于 B/S 架构管理软件只安装在服务器端（Server）上，网络管理人员只需要管理服务器就行了，用户界面主要事务逻辑在服务器（Server）端完全通过 WWW 浏览器实现，极少部分事务逻辑在前端（Browser）实现，所有的客户端只有浏览器，网络管理人员只需要做硬件维护。但是，应用服务器运行数据负荷较重，一旦发生服务器"崩溃"等问题，后果不堪设想。因此，许多单位都备有数据库存储服务器，以防万一。

4.3　Windows Server 2003 的基本配置

4.3.1　Windows Server 2003 概述

1．Windows Server 2003 的特性

网络操作系统的主要功能是管理网络上的资源，为网络提供服务。Windows Server 2003 毫无例外地提供了诸如 DHCP（动态主机分配协议，用于为工作站自动分配 IP 地址）、DNS（域名解析服务）、WWW、FTP 等常见服务。但是它最重要的功能是 Active Directory（活动目录）。它的主要作用是在网络的规划与管理中，以目录树的形式管理用户、组、计算机及其他资源。与既往版本相比，Windows Server 2003 系统提供了很多优秀的特性，下面简述如下。

（1）Active Directory 改进

在 Windows 2000 引入的 Microsoft Active Directory 服务简化了复杂网络目录的管理，并使用户即使在最大的网络上也能够很容易地查找资源。企业级目录服务是可扩展的，完全是基于 Internet 标准技术创建的，并在 Windows Server 2003 的各个版本里完全集成。Windows Server 2003 为 Active Directory 提供许多简捷易用的改进和新增功能，包括跨森林信任、重命名域的功能以及使架构中的属性和类别禁用，以便能够更改其定义的功能。

（2）组策略管理控制台

管理员可以使用组策略定义设置以及允许用户和计算机执行的操作。与本地策略相比，企业用户可以使用组策略在 Active Directory 中设置应用于指定站点、域或组织单位的策略。基于策略的管理简化了系统更新操作、应用程序安装、用户配置文件和桌面系统锁定等任务。

组策略管理控制台（GPMC）可作为 Windows Server 2003 的附加程序组件使用，它为管理组策略提供了新的框架。有了 GPMC，组策略使用起来将更简单，此优势将使更多的企业用户能够更好地使用 Active Directory 并利用其强大的管理功能。

（3）策略结果集

策略结果集（RSoP）工具允许管理员查看目标用户或计算机上的组策略效果。有了 RSoP，企业用户将具有强大灵活的基本工具来计划、监控组策略和解决组策略问题。

RSoP 是以一组 Microsoft 管理控制台（MMC）管理单元的形式提供的结构。这些管理单元让管理员以两种模式确定并分析当前的策略集：登录模式和计划模式。在登录模式中，管理员可以访问已应用到特定目标的信息。在计划模式中，管理员可以看到策略将如何应用到目标，然后在部署组策略的更改之前检查其结果。

（4）卷影子副本恢复

作为卷影子副本服务的一部分，此功能使管理员能够在不中断服务的情况下配置关键数据卷的即时点副本。然后可使用这些副本进行服务还原或存档。用户可以检索他们文档的存档版本，服务器上保存的这些版本是不可见的。

（5）Internet Information Services 6.0

Internet Information Services（IIS）6.0 是启用了 Web 应用程序和 XML Web 服务的全功能的 Web 服务器。IIS 6.0 是使用新的容错进程模型完全重新搭建的，此模型很大程度上提高了 Web 站点和应用程序的可靠性。

现在，IIS 可以将单个的 Web 应用程序或多个站点分隔到一个独立的进程（称为应用程序池）中，该进程与操作系统内核直接通信。当在服务器上提供更多的活动空间时，此功能将增加吞吐量和应用程序的容量，从而有效地降低硬件需求。这些独立的应用程序池将阻止某个应用程序或站点破坏服务器上的 XML Web 服务或其他 Web 应用程序。

IIS 还提供状态监视功能以发现、恢复和防止 Web 应用程序故障。在 Windows Server 2003 上，Microsoft ASP.NET 本地使用新的 IIS 进程模型。这些高级应用程序状态和检测功能也可用于现有的在 Internet Information Server 4.0 和 IIS 5.0 下运行的应用程序，其中大多数应用程序不需要任何修改。

（6）集成的.NET 框架

Microsoft.NET 框架是用于生成、部署和运行 Web 应用程序、智能客户应用程序和 XML Web 服务的 Microsoft .NET 连接的软件和技术的编程模型，这些应用程序和服务使用标准协议（如 SOAP、XML 和 HTTP）在网络上以编程的方式公开它们的功能。.NET 框架为将现有的旧投资与新一代应用程序和服务集成起来而提供了高效率的基于标准的环境。

（7）命令行管理

Windows Server 2003 系列的命令行结构得到了显著增强，使管理员无须使用图形用户界面就能执行绝大多数的管理任务。最重要的是通过使用 Windows 管理规范（WMI）启用的信息存储来执行大多数常见任务的功能。WMI 命令行（WMIC）功能提供简单的命令行界面，与现有的外壳程序和实用工具命令交互操作，并可以很容易地被用于管理的应用程序操纵。

总之，Windows Server 2003 系列中更强大的命令行功能与现成的脚本相结合，可与其他通常具有更高所有权成本的操作系统的功能抗衡。习惯使用命令行管理 UNIX 或 Linux 系统的管理员可以继续从 Windows Server 2003 系列中的命令行进行管理。

（8）集群

Windows Server 2003 企业版和 Windows Server 2003 Datacenter 版都支持多达 8 个节点的服务器集群配置。它为任务关键型应用程序（如数据库、消息系统以及文件和打印服务）提供高可用性和伸缩性。通过启用多服务器（节点）集中工作从而保持一致通信。如果由于错误或维修使得集群中的某个节点不可用，另一个节点将立即开始提供服务，此过程称为故障转移。正在访问该服务的用户将继续他们的活动，而不会察觉到该服务现在是由另一台服务器（节点）提供。

2. Windows Server 2003 版本介绍

Windows Server 2003 操作系统主要有 Web 版、标准版、企业版和数据中心版几个版本。

Windows Server 2003 Web 版、Windows Server 2003 版是专为需要以经济的方式建立和配置 Web 页、Web 站点以及 Web 服务的机构而设计的。

① Windows Server 2003 Web 版专门用于 Web 服务器构建，它提供了 Windows 服务器操作系统的下一代 Web 机构功能。通过包含 IIS6.0、Microsoft ASP.NET 以及 Microsoft.NET 框架，提供了丰富的 Web 服务环境。

Windows Server 2003 Web 版提供下列硬件支持：网络基本架构功能，2 路对称多重处理方式，最高支持 32GB 的内存。

② Windows Server 2003 标准版针对部门级标准工作负载而建，提供智能文件和打印机共享，更安全的 Internet 连接，集中式桌面策略管理，以及将员工、合作伙伴和客户连接在一起的 Web 解决方案。Windows Server 2003 标准版提供很高的可靠性、可伸缩性和安全性。

Windows Server 2003 标准版提供下列硬件支持：高级联网功能，如 Internet 身份验证服务（IAS）、网桥功能和 Internet 连接共享（ICS）；4 路多对称多重处理方式；最高支持 4GB 内存。

③ Windows Server 2003 企业版与 Windows Server 2003 标准版的主要区别在于：企业版支持高性能服务器，而且可以做成服务器群集，以便处理更大的负荷。Windows Server 2003 企业版通过这些功能实现了可靠性，有助于确保系统即使在出现问题时仍然可用。

Windows Server 2003 企业版提供下列硬件支持：支持最多 8 个节点的服务器群集，8 路对称多重处理方式，最高支持 32GB 的内存。

④ Windows Server 2003 数据中心版式为了实现最高可伸缩性和可靠性而设计的。它支持数据库的关键业务解决方案、企业资源计划软件、大量实时事物处理和服务器合并。

Windows Server 2003 数据中心版提供下列硬件支持：支持最多 8 个节点的服务器群集，非一致内存体系结构（NUMA），32 路对称多重处理方式，最高支持 32GB 的内存。

4.3.2 Windows Server 2003 安装与配置

Windows Server 2003 各版本对计算机硬件的要求也不同，表 4-1 给出了安装各个版本需要的最小系统要求和推荐系统要求。

表 4-1　　　　　　　　　　　Windows Server 2003 各版本硬件要求

要求	Web 版	标准版	企业版	数据中心版
CPU	133 MHz	133 MHz	133 MHz	400 MHz
推荐 CPU	550 MHz	550 MHz	733 MHz	733 MHz
最小内存	128 MB	128 MB	128 MB	512 MB
推荐内存	256 MB	256 MB	256 MB	1 GB
最大内存	2 GB	4 GB	32 GB（x86）	64 GB（x86）
多处理器支持	最多 2 个	最多 4 个	最多 8 个	最少 8 个/最多 64 个
安装需磁盘空间	1.5 GB	1.5 GB	1.5 GB（x86）	1.5 GB（x86）

1. 全新安装 Windows Server 2003 企业版

① 将 Windows Server 2003 企业版安装光盘放入光驱，设置计算机 BIOS 从光驱引导并重新启动后，Windows Server 2003 安装程序会检查计算机的硬件。出现如图 4-1 所示的界面后，按回车键开始安装系统；随后会出现"Microsoft"软件最终用户许可协议，按【F8】键同意该协议。

② 创建磁盘分区

同意 Microsoft 许可协议之后，开始在磁盘上进行分区。选择已存在分区后，按【D】键将删除这个分区，按回车键将在所选分区上安装操作系统。目前该计算机上没有创建任何分区，选择未划分的空间后按【C】键，在计算机未划分空间上创建磁盘分区，在接下来出现的创建新分区界面上，输入新创建分区的大小，本例中输入 4000，如图 4-2 所示，然后按回车键创建该分区，安装程序开始格式化。

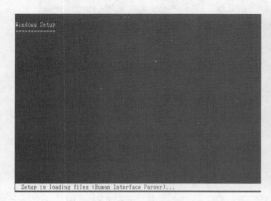
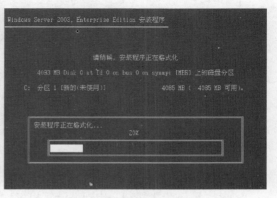

图 4-1　开始安装 Windows 2003 Server　　　　图 4-2　选择或创建磁盘分区

③ 创建文件系统

创建完分区后就可以格式化该分区，也就是创建分区文件系统，可以使用快速格式化和常规格式化。选择需要安装 Windows Server 2003 系统的分区后，在所示界面中选择"用 NTFS 文件系统格式化磁盘分区"。接下来将文件复制到计算机上，文件复制完毕后自动重新启动计算机后，就进入图形化配置界面，如图 4-3 所示。

④ 区域和语言选项设置

在图形化配置阶段，在"区域和语言选项"对话框可以设置语言文字，此处不需要进行设置，直接单击"下一步"按钮即可。

⑤ 设置公司信息

单击"下一步"按钮，出现"自定义软件"对话框。在该对话框中指定使用该软件的用户和单位信息，在"姓名"文本框中输入自己设定的名字。

⑥ 输入产品密钥

单击"下一步"按钮，出现"您的产品密钥"对话框，输入 Windows Server 2003 系统正确的产品密钥。

⑦ 授权模式

单击"下一步"按钮，出现"授权模式"对话框。在该对话框中指定系统的授权模式，不妨设置为"每服务器，同时连接数 60"。

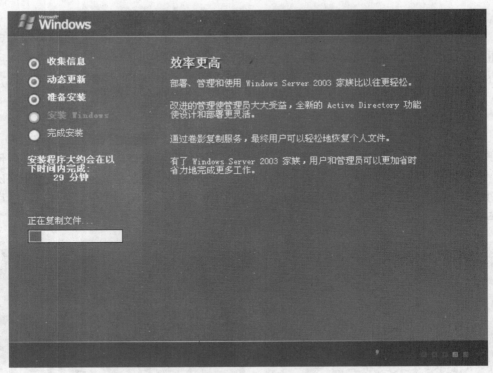

图 4-3　复制文件

⑧ 设置计算机名和管理员密码

单击"下一步"按钮，出现"计算机名称和管理员密码"对话框。在该对话框中指定计算机的名称和管理员 Administrator 的密码，在"计算机名称"文本框中输入"SERVER"；在"管理员密码"和"确认密码"文本框中分别输入相同的密码。

⑨ 网络设置

单击"下一步"按钮，出现"网络设置"对话框，在该对话框中，若选择"自定义设置"可以添加网络协议及设置计算机 IP 地址，此处选择"典型设置"。

⑩ 指定工作组

单击"下一步"按钮，出现"工作组或计算机域"对话框。在该对话框中可以指定计算机加入域或者工作组，此处选择"不，此计算机不在网络上，或者在没有域的网络上，把此计算机作为下面工作组的一个成员"，并在下方文本框中输入"WORKGROUP"。

⑪ 登录系统

单击"下一步"按钮，Windows Server 2003 图形化界面的配置工作结束，等待系统安装完毕，系统启动后就会弹出"欢迎使用 Windows 窗口"，按【Crtl+Alt+Delete】组合键后出现"登录到 Windows"窗口，输入用户名和密码即可登录 Windows Server 2003系统。

2．Windows Server 2003 设置的相关知识

（1）工作组和域

局域网上的资源需要管理，域和工作组就是两种不同的网络资源管理模式。

① 工作组

工作组是一个物理的概念。在企业中，一般按功能将不同的计算机分别列入不同的工作组中，如营销部的计算机列入"营销部"工作组中，人事部的计算机都列入"人事部"工作组中，用户要访问某个部门的资源时，在"网上邻居"里找到那个部门的工作组名，双击打开即可看到该部门的计算机，打开即可看到共享资源。

如果输入的工作组名称以没有出现过，即相当于新建一个工作组，当然此时只有用户自己的计算机在该工作组里面。计算机和工作组名称的长度不能超多 15 个英文字符，可以输入汉字，但不能超过 7 个。一般来说，同一个工作组内部成员相互交换信息的频率最高，所以一旦进入"网上邻居"，首先看到的是用户所在工作组的成员。

若要退出某个工作组，只需改动自己的工作组名称，不过这样在网络上别人照样可以通过 IP 地址访问用户的共享资源，或者通过你的新的工作组名称来访问。用户可以随便加入同一网络上的任何工作组，也可以随便离开一个工作组。

② 域

域是一个逻辑概念，指的是通过某台服务器控制网络上的其他计算机能否加入域的计算机组合。

对一个有着严格管理制度的公司来说，实行严格的网络管理对网络安全是非常必要的。在工作组模式下，任何一台计算机只要接入网络，就可以访问共享资源，如共享 ISDN 上网。尽管可以对网络上的共享文件设置访问密码，但是非常容易被破解。

而在域模式下，至少有一台服务器负责每一台联入网络的计算机和用户的身份验证工作，相当于一个单位的门卫，称为域控制器。域控制器中包含了由这个域的账户、密码、属于这个域的计算机等信息构成的数据库。当计算机联入网络时，域控制器首先要鉴别这台计算机是否属于这个域、用户使用的登录账号是否存在，以及密码是否正确。如果以上信息不正确，域控制器就拒绝该用户从这台计算机登录。

（2）文件系统概述

目前 Windows 操作系统下最常使用的两种文件系统为 FAT32 和 NTFS。

① FAT32

FAT 的意思是文件分配表，Windows 95 系统以前都使用 FAT 文件系统，它可以管理的分区最大为 2 GB，每个分区最多只能有 65 525 个簇。随着硬盘或分区容量的增大，每个簇所占空间将越来越大，从而导致硬盘空间的浪费。

随着大容量硬盘的出现，从 Windows 98 开始，FAT32 开始流行。它是 FAT 的增强版本，即 32 位 FAT。32 位的字节空间使得 FAT 可以支持的最大分区为 2 TB。在同样的磁盘空间大小下，FAT32 使用的簇（每个文件所占的最小磁盘空间单位）比 FAT 小，从而有效地节约了硬盘空间。

② NTFS

NTFS 是 Windows NT/2000/XP/2003 支持的，特别为磁盘配额和文件加密等管理安全特性设计的一种磁盘格式。NTFS 也是以簇为单位来存储数据文件，但其中簇的大小并不依赖于磁盘或分区的大小；簇尺寸的缩小降低了磁盘空间的浪费，还减少了产生磁盘碎片的可能。NTFS 支持文件加密管理功能，也为用户提供更高层次的安全保证。

NTFS 文件系统主要有以下优点：

a. 具备错误预警功能；

b. 存储在该文件系统下的文件读取速度更快；

c. 具有磁盘自我修复功能；

d. 既有磁盘配额，又有文件加密功能；

e. 存储在该文件系统下的文件会更安全；

f. 该文件系统下的文件可以压缩。

4.4 Windows Server 2003 的本地计算机管理

对于网络管理员而言，对网络内的资源进行有效控制和管理是其主要工作。但是在基于工作组管理模式的网络中，许多管理目标却难以实现，而如果将网络设置为基于 AD（Active Directory，活动目录）域的管理模式，那么网络的可管理性将大大增强。下面以实现网络管理模式为主题，与读者一起探讨有关应用活动目录、组策略提高网络管理效率的方法。

4.4.1 建立 AD 域网络架构

1. 认识 Active Directory 域

域是基于 Windows 服务器操作系统的网络中最重要的概念之一。简单地说，域实际上是指一组服务器和工作站的集合。域将用户账户和计算机账户以及用户账户的密码放在一个共享的数据库内，使得用户可以只使用一个账户名和密码就能够访问网络中的其他计算机。AD 域中提供了一组服务器作为"身份验证服务器"或"登录服务器"，这类服务器称为域控制器。

不仅如此，基于 Windows 2003 Server 的活动目录（Active Directory），域还可以几种储存 DNS 信息，并且提供了"组策略"编辑器。这些功能都有助于网络管理员加强对网络的管理。

上述这些功能仅仅依靠工作组是很难实现的。那么什么是工作组呢？工作组就是具有相同性质的计算机（如同一个部门或同一种功能）放到相同的组中，以方便管理。计算机加入或退出某个工作组非常容易，只需在本地修改工作组的名称即可。

因此，为了更加有效地管理网络资源，将网络管理模式从工作组提升为 AD 域是很有必要的。

2. 建立 Active Directory 域

建立一个 AD 域的过程实际就是在一台运行 Windows Server 2003 的计算机上安装 AD，使其成为 DC（Domain Controller，域控制器）的过程。安装完 AD 后，在 DC 中将网络中的其他计算机加入到 AD 域中，并创建和管理用户账户，这些都是管理 AD 域的重要内容，下面将以在 Windows Server 2003 中建立第一个 AD 域为例谈谈具体的实施步骤。

（1）硬件要求

将一台 Windows Server 2003 服务器升级为 DC 时，硬件部分应满足以下要求：CPU 频率在 PII400 以上；内存空间不小于 136 MB；磁盘的系统分区有足够的剩余空间，并拥有一个 NTFS 格式的分区。

以上要求为最低配置，较高的硬件配置可以为 AD 域提供强有力的基础平台、运行效率也会提高。

（2）安装和配置 DNS

DNS 是 AD 域的基础，AD 会把其域控制器和全局目录服务器列表存储在 DNS 中，因此，在网络中存在一台 DNS 服务器是必须的，当然也可以在安装 AD 的过程中让安装向导在 DC 上自动设置 DNS 服务器，这种方式比较适合对 DNS 和 AD 不熟悉的用户使用。

（3）安装 AD 域

把一台运行 Windows Server 2003 的服务器升级为域控制器是安装 AD 的核心步骤，具体实施步骤如下。

第 1 步，单击屏幕左下角的"开始"→"运行"，在编辑框中键入"Dcpromo"命令并按回车键，打开 Active Directory 安装向导，单击"下一步"按钮，如图 4-4 所示。

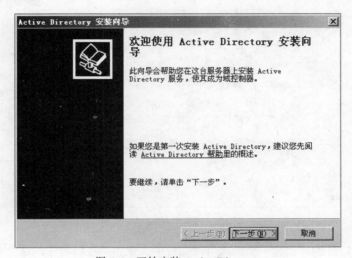

图 4-4　开始安装 Active Directory

第 2 步，在打开的"操作系统兼容性"选项页中会提示用户运行 Windows 95 的客户端将无法登录到基于 Windows Server 2003 的 AD 域中，不过现在大部分公司网络中已经很难看到 Windows 95 了，所以这不是个问题。然后单击"下一步"按钮，如图 4-5 所示。

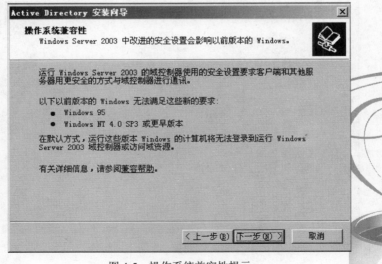

图 4-5　操作系统兼容性提示

第 3 步，打开"域控制器类型"选项卡，在这里指定该 Windows Server 2003 服务器担任的角色。事实上创建一个新域的过程就是把一台服务器升级为该域的第一台域控制器，也就是说，建立一个域的第一台域控制器跟创建一个新域是同一个过程。本例中要创建一个全新的域，因此，保持"新域的域控制器"单选框是选中状态，并单击"下一步"按钮，如图 4-6 所示。

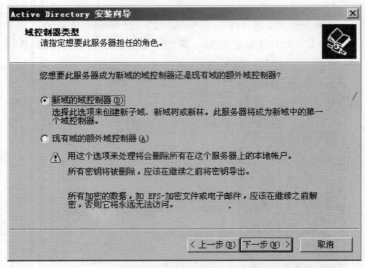

图 4-6　设置域控制器类型

第 4 步，在打开的"创建一个新域"对话框中，保持"在新林中的域"单选框的选中状态，只是因为 AD 可以把域组织成域树，再把域树组织成森林，而本例中要创建的域是一个新域树中的第一个域，同时也是新森林中的第一个域树，因此应选择该项，并单击"下一步"按钮，如图 4-7 所示。

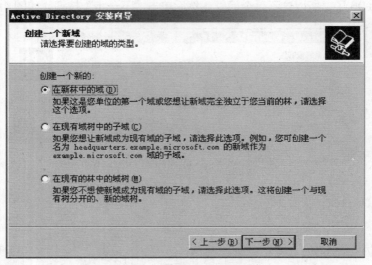

图 4-7　创建一个新域

第 5 步，打开"新的域名"对话框，在"新域的 DNS 全名"编辑框中键入准备使用的域名，如"hngm.cn"，并单击"下一步"按钮，如图 4-8 所示。

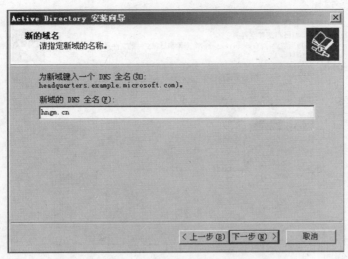

图 4-8　为新域键入一个 DNS 全名

　　第 6 步，在打开的"NetBIOS 域名"对话框中，需要为新域指定一个 NetBIOS 域名，因为在公司的网络中可能运行有 Windows 2000 以前的系统（如 Windows 98），这些系统无法识别如"hngm.cn"这样的域名。默认情况下安装向导会将域名中点号左边的部分作为 NetBIOS 域名。本例中为"HNGM"。建议保留这个默认值，单击"下一步"按钮，如图 4-9 所示。

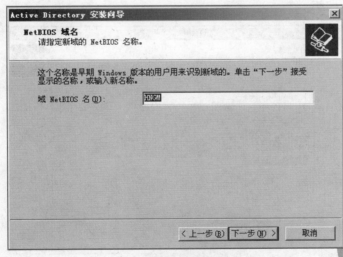

图 4-9　设置 NetBIOS 域名

　　第 7 步，打开"数据库和日志文件文件夹"对话框，在这里需要设置两个文件夹的路径，AD 域把 AD 数据库存储为两部分，一部分是 AD 域数据库文件本身，另一部分是事务日志。如果将 AD 数据库文件存储在 NTFS 分区中，可以获得明显优于 FAT32 分区的性能。而如果将事务文件存储在跟 AD 数据文件不同的物理硬盘上（且使用不同的 EIDE 通道），则可以实现 AD 数据库和日志文件的同时更新，所获得的性能提高同样非常明显，优于环境限制，本例使用了单硬盘系统，因此只需保持默认的路径，并单击"下一步"按钮，如图 4-10 所示。

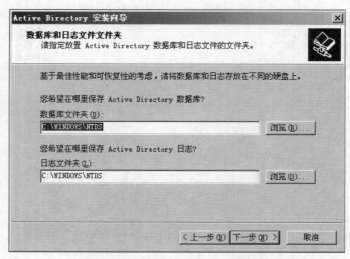

图 4-10　选择数据库和日志文件文件夹

第 8 步，在打开的"共享的系统卷"对话框中，需要为"SYSVOL"文件夹指定一个 NTFS 格式的分区路径。"SYSVOL"文件夹中存储有 AD 域中重要的用户配置和控制信息文件（如"系统策略文件"、"默认配置文件"和登录脚本等）。并且该文件夹会自动被复制到其他 DC 中，实现域信息的同步更新，但是系统对"SYSVOL"文件夹的自动复制需要 NTFS 分区的支持，这也是在"硬件要求"部分中所提到的需要一个 NTFS 分区的原因。单击"下一步"按钮，如图 4-11 所示。

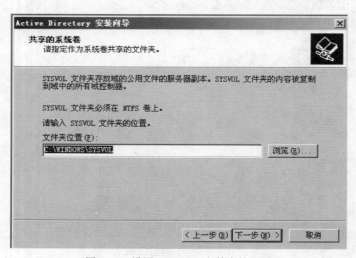

图 4-11　设置 SYSVOL 文件存储位置

稍等一段时间会打开"DNS 注册诊断"对话框，在给出的诊断结果中可以看到出错的提示。这是因为这台服务器未正确配置 DNS 服务，因此，选点"在这台计算机上安装并配置 DNS 服务器，并将这台 DNS 服务器设为这台计算机的首选 DNS 服务器。"单选框，单击"下一步"按钮，如图 4-12 所示。

第 9 步，在打开的"权限"对话框中，需要设定用户和组对象的默认权限，这里所说的权限主要涉及 RAS 服务器 IDE 匿名登录问题。因为在 NT4 域中，RAS 在没有匿名登录的域中是无法工作的。如果确信公司网络中的服务器系统均在 Windows 2000 Server 以上，则建议选择"只与 Windows 2000 或 Windows Server 2003 操作系统兼容的权限"选项，因为该选项将关闭 RAS 服务器的匿名登录，从而提高安全性，单击"下一步"按钮。

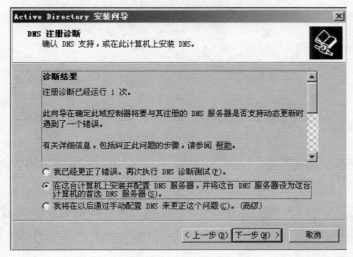

图 4-12 DNS 诊断结果

第 10 步，打开"目录服务还原模式的管理员密码"对话框，设置一组还原密码，在 Windows 2000 Server 和 Windows Server 2003 系统的启动过程中，有一个选项可以用来重建被损坏的 AD 数据库，并把它恢复到内部一致的一个较早期版本，这个功能是一把双刃剑，因为操作不好的情况下，误重建数据库就变成了破坏数据库。

但是考虑到可能的软件和硬件损坏带来的域信息丢失，设置还原密码很有必要的，只是在使用的时候要慎之又慎。设置完成后单击"下一步"按钮，如图 4-13 所示。

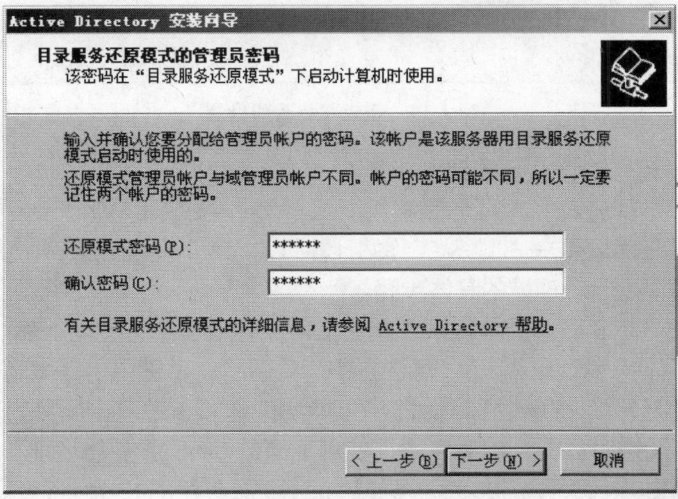

图 4-13 设置目录服务还原密码

第 11 步，在"摘要"对话框中确认所作的设置正确无误。单击"下一步"按钮开始 AD 的安装过程，此过程比较长，一般需要 20～30min，如图 4-14 所示。

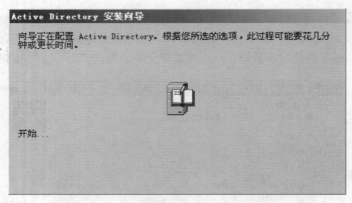

图 4-14　安装 Active Directory

第 12 步，安装结束后单击"完成"按钮，并重新启动这个已经升级为域控制器的服务器，如图 4-15 所示。

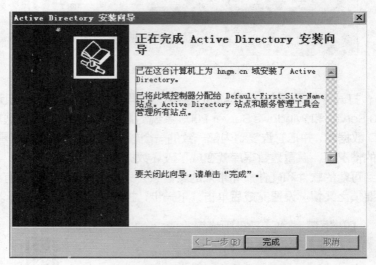

图 4-15　完成安装活动目录

3．Windows XP 工作站登录到 AD 域

Windows XP 是目前最主流的桌面操作系统，那么，安装了 Windows XP 的计算机能否登录到 AD 域呢？下面以用户"llf"从工作站计算机"acer"登录域为例，讲述 Windows XP Proffessional 工作站登录 AD 域的具体步骤。

第 1 步，修改 DNS 服务器地址。在桌面上用鼠标右键单击"网上邻居"，在弹出的快捷菜单中执行"属性"命令，打开"网络连接"对话框，右键单击"本地连接"图标，执行"属性"命令，打开"系统属性"对话框，在"常规"选项卡中双击项目列表中的"Internet 协议（TCP/IP）"属性对话框，然后点选"使用下面的 DNS 服务器地址"单选框，并在编辑框中键入在 Windows Server 2003 中配置的 DNS 服务器的 IP 地址，依次单击"确定"按钮。

注意：这里的地址是安装此服务的服务器的 IP 地址。本例中，我们将首选 DNS 服务器的 IP 地址改成了刚才设置的服务器的 IP 地址，如图 4-16 所示。

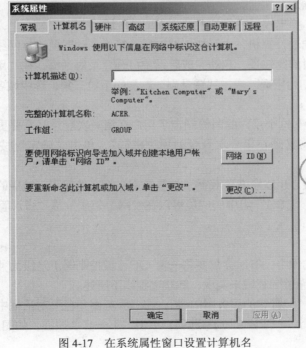

图 4-16 设置 DNS 服务器

第 2 步，在桌面上用鼠标右键单击"我的电脑"，在弹出的快捷菜单中执行"属性"命令，打开"系统属性"对话框，单击"计算机名"标签，切换至"计算机名"选项卡，如图 4-17 所示。

图 4-17 在系统属性窗口设置计算机名

第 3 步，单击"更改"按钮，打开"计算机名称更改"对话框，点选"隶属于"区域的"域"单选框，并在"域"编辑框中输入域名"hngm.cn"，单击"确定"按钮，如图 4-18 所示。

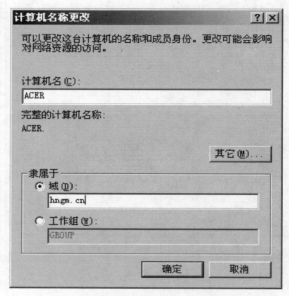

图 4-18　更改计算机名称，使其加入域

第 4 步，这时会弹出一个"计算机名更改"对话框，要求输入有权限加入域的用户名和密码，需要注意的是，这里的"用户名"编辑框应该输入域控制器的管理员账户，并输入合法的密码，单击"确定"按钮。

通过验证以后，弹出提示已经加入"hngm.cn"域。

第 5 步，重新启动计算机，由于加入域以后计算机启动时要连接网络，创建域列表，因此这个过程需要的时间比较长，启动完成后系统打开登录对话框，在"用户名"编辑框中键入"llf"，然后键入初始密码，单击"登录到"右侧的下拉三角，选中域名"hngm.cn"并单击"确定"按钮。

因为在建立"llf"这个用户的时候制定了用户在第一次登录时需要更改密码，因此这时就会弹出提示框"您必须在第一次登录时更改密码"，单击"确定"按钮，可成功登录到"hngm.cn"域中。

成功登录到了域，也就意味着获得了与登录用户相应的权限，域中的共享资源也就随之可以使用了，例如，"CSG"组中的成员可以在"网上邻居"或"资源管理器"中访问共享文件夹"计算机科学系"了。

4．卸载 AD 域

在实际的管理工作中，有时会需要将一台 DC（域控制器）降级为独立服务器（或成员服务器），这时可以通过卸载域来实现，卸载过程如下所述。

第 1 步，打开"配置您的服务器向导"，在"服务器角色"对话框中单击选中角色列表中的"域控制器（Active Directory）"选项，单击"下一步"按钮，如图 4-19 所示。

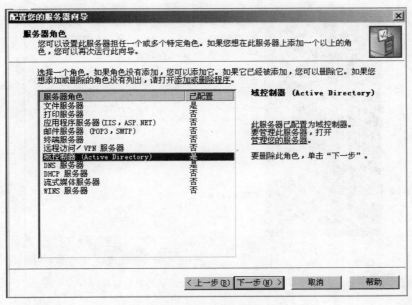

图 4-19　配置用户的服务器向导

第 2 步，打开"角色删除确认"对话框，选取"删除域控制器角色"复选框，单击"下一步"按钮，如图 4-20 所示。

第 3 步，操作系统会打开"Active Directory 安装向导"，在此页中单击"下一步"按钮，此时可能会弹出一个提示框，提示管理员应保证删除此 DC 后域用户可以登录其他全局目录服务器以登录到域，确认符合此要求后单击"确定"按钮，如图 4-21 所示。

第 4 步，在打开的"删除 Active Directory"对话框中，会提示用户所删除的域控制器是不是域中的最后一个域控制器，如果选取"这个服务器是域中的最后一个域控制器"复选框，那么这个 DC 被删除后域将不复存在，该 DC 将成为一台独立服务器，这里所举实例就属于此种情况，因此选取该复选框，单击"下一步"按钮，如图 4-22 所示。

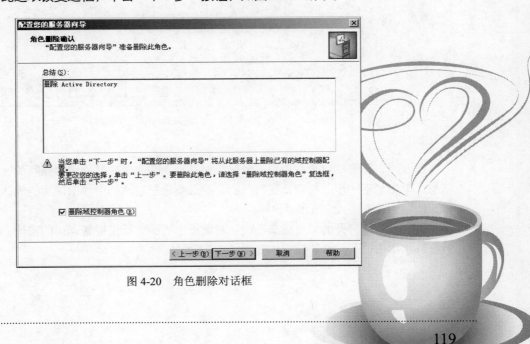

图 4-20　角色删除对话框

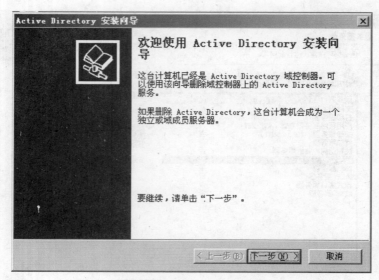

图 4-21 删除 Active Directory 的安装向导

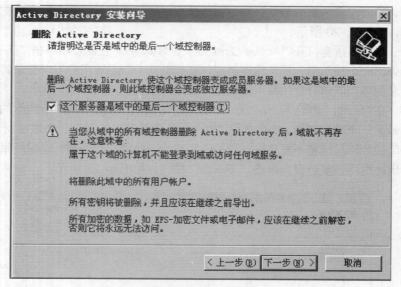

图 4-22 删除 Active Directory 的安装向导

第 5 步，打开"应用程序目录分区"对话框，在这里只是提示保留有关目录分区副本的信息，单击"下一步"按钮，在打开的"确认删除"对话框中作出最后的确认，单击"下一步"按钮，如图 4-23 所示。

第 6 步，在打开的"管理员密码"对话框中需要重新设置管理员的密码，键入新的管理员密码，单击"下一步"按钮，如图 4-24 所示。

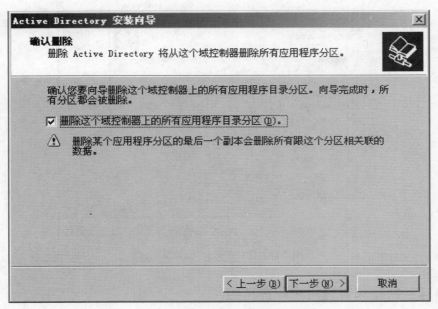

图 4-23　确认删除 Active Directory

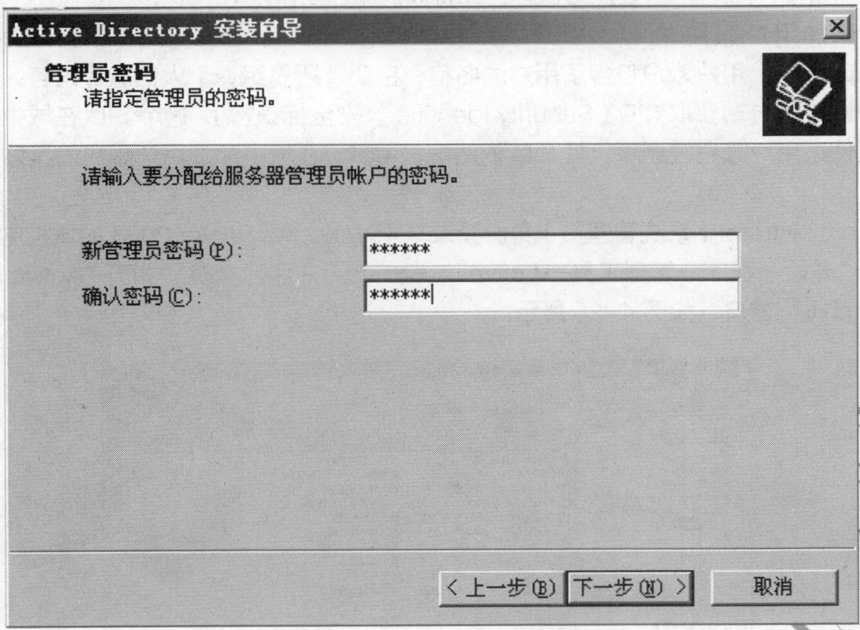

图 4-24　重设服务器管理员密码

第 7 步，现在需要"摘要"对话框中作出最后的确认，无误后单击"下一步"按钮开始自动进行卸载 AD 的操作，卸载所需时间较长，完成卸载后需要重新启动计算机，如图 4-25 所示。

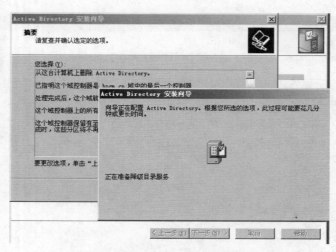

图 4-25　降级服务器为独立服务器

4.4.2　创建和管理用户账户及组

当用户从客户机登录到整个域中时，该用户必须拥有一张被域控制器的认可，这就需要首先在域控制器中添加用户账户，下面将在域控制器中添加用户账户"lilinfeng"、"wanglidong"，并添加一个组"CSG"，并将他们添加到组里。

1．添加用户账户

在 AD 域中，用户账户包含了用户的名称、密码、所属组、个人信息等内容，添加到域中的用户账户会自动获取 SID（Security Identifier，安全标识符），这个 SID 在域中是唯一存在的，即使该用户账户被删除，其 SID 依然被保留着。在域中添加用户账户的具体步骤如下所述。

以 Administrator（系统管理员）身份登录基于 Windows Server 2003 的域控制器，然后依次单击"开始→程序→管理工具→Active Directory 用户和计算机"，打开"Active Directory 用户和计算机"窗口，如图 4-26 所示。

图 4-26　Active Directory 用户和计算机

在左窗格中双击域名"hngm.cn"，并在展开的目录中双击"Users"容器，这时可以在右窗格中查看 AD 域中已经存在的用户账户，在菜单栏中依次单击"操作→新建→用户"，打开"新建对象-用户"对话框，在该对话框中，"用户登录名"是最重要的，这是用户从工作站登陆域的时候使用的用户名称。在"用户登录名"编辑框中键入准备创建的用户名称，其他的诸如"姓名"编辑框中键入用户的实际信息（本例中键入"lilinfeng"），单击"下一步"按钮继续，如图 4-27 所示。

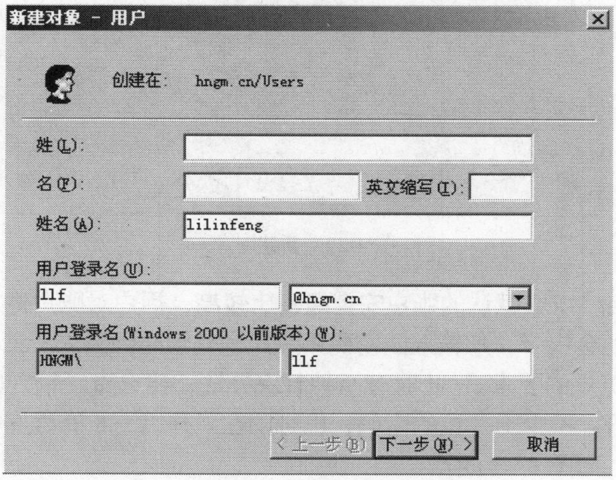

图 4-27 创建登录名为"llf"的用户

在打开的设置密码对话框中可以设置用户的登录密码，在"密码"编辑框中键入用户账户的密码，为保证账户的安全性，这个密码一般不应少于 6 位，并且必须符合密码策略，在"确认密码"编辑框中重复输入密码，如图 4-28 所示。

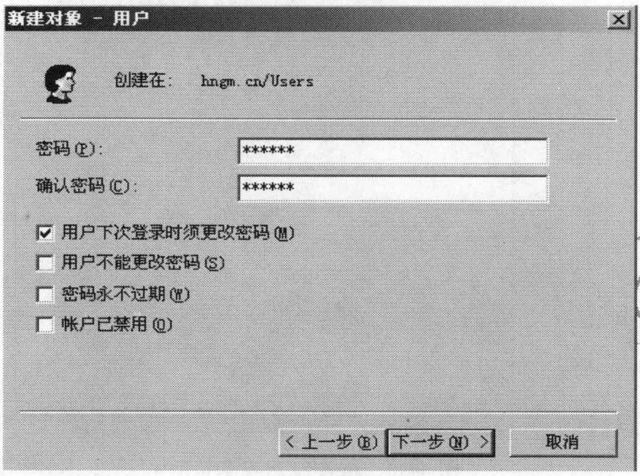

图 4-28 设置密码

另外，在对话框的下方有一些复选框，选取"用户下次登录时必须更改密码"复选框可以使用户在第一次登录域时修改该密码；选取"用户不能更改密码"则用户没有权限更改自己的密码；选取"密码永不过期"则该密码不受密码策略的时间限制；选取"账户已禁用"则可以禁用该用户账户，依次单击"下一步→完成"按钮完成添加，如图 4-29 所示。

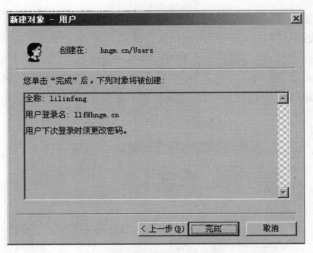

图 4-29　新建对象

Windows Server 2003 默认的账户安全级别比较高，用户对账户进行创建密码时（如密码为 123456），可能会提示"您输入的密码不满足密码策略的要求。请检查最短密码长度，密码复杂性和密码历史的要求。"此时有两种解决办法，要么重新输入密码，输入一个包含大小写、数字、字符，不少于 7 位的密码，也可以在"开始→所有程序→管理工具→域控制器安全策略"设置，如图 4-30 所示。

图 4-30　域控制器安全策略

依次在左边窗格打开"安全设置→密码策略"，在右边的窗格里打开"密码必须符合复杂性要求"，如图 4-31 所示。

在弹出的对话框中，选中"定义这个策略设置"复选框，在下面的单选钮中选中"已禁用"，单击"确定"按钮完成设置。最后关闭"默认域控制器安全设置"。

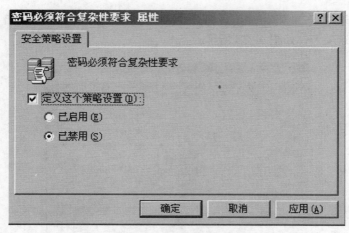

图 4-31 密码复杂性要求

重复上述步骤，将用户"wld（wanglidong）"添加到"Users"容器中，完成后在"Active Directory 用户和计算机"对话框中可以查到刚才添加的用户列表，如图 4-32 所示。

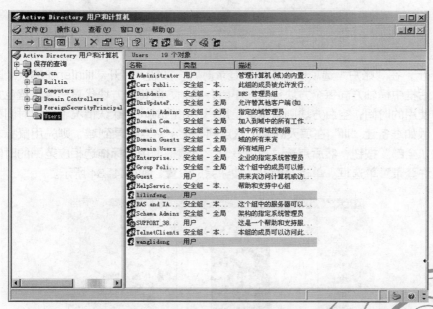

图 4-32 在 AD 容器中查看添加的用户

2．设置用户权限

在默认情况下，新添加的用户账户权限设置可能不太适合实际的管理需求，一般情况下都需要针对用户的实际身份为其设置相应的权限，下面就以用户"llf"设置登录时间、登录工作站、目录使用权限、被允许执行的程序等为例，谈谈如何为用户设置相应的权限。

（1）设置账户登录时间

第 1 步，以管理员身份登录域控制器计算机，单击"开始"→"所有程序"→"管理工具"项，打开"Active Directory 用户和计算机"窗口。

第 2 步，在"Active Directory 用户和计算机"窗口中，单击"Users"容器，然后在右窗格中的用户列表中双击"lilinfeng",打开"lilinfeng 属性"对话框,单击"账户"标签,切换到"账户"选项卡,如图 4-33 所示。

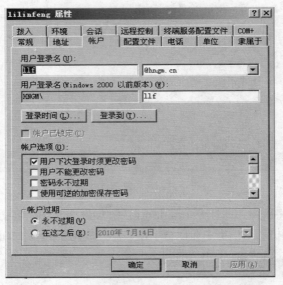

图 4-33　设置 lilinfeng 账户属性

　　第 3 步,在"账户"选项卡中单击"登录时间"按钮,打开"lilinfeng 的登录时间"对话框,对话框中横轴方向每个方块代表一小时,纵轴方向每个方块代表一天,蓝色方块表示允许用户使用的时间,空白方块则表示禁止用户使用的时间,默认情况下任何时间都允许用户使用,假如准备让"llf"在每天的早上八点到晚上十八点登录到域,则先用鼠标左键单击左上方的"全部"按钮,然后点选"拒绝登录"单选框,用鼠标拖选相应范围的时间块,并点选"允许登录"单选框。单击"确定"按钮完成设置,如图 4-34 所示。

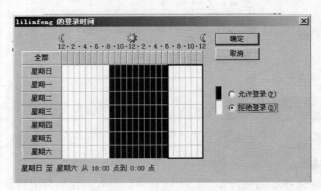

图 4-34　设置账户登录时间

　　(2)设置登录工作站

　　在"账户"选项卡中单击"登录到"按钮,打开"登录工作站"对话框,如图 4-35 所示。默认情况下用户可以从所有工作站登录,不过可以限制某个用户只能从一台或某几台工作站登录,点选"下列计算机"单选框,在"计算机名"编辑框中键入相应工作站的 NetBIOS 名称,并单击"添加"按钮,添加完毕后单击"确定"按钮即可。

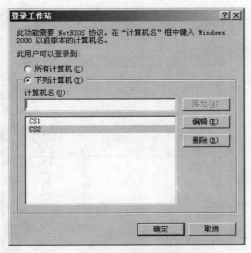

图 4-35　设置账户可以登录的工作站

（3）设置目录使用权限

在 AD 中，只有将用户管理延伸至目录和应用程序的范畴才能真正体现出 AD 的优势所在，因此，为某些特殊的文件夹设置用户使用权限可以保证这些特点资源的安全，需要注意的是，这些安全性设置必须在 NTFS 的分区上才能进行。

第 1 步，打开"Windows 资源管理器"窗口，找到需要设置使用权限的文件夹，如"计算机科学系"文件夹，如图 4-36 所示。

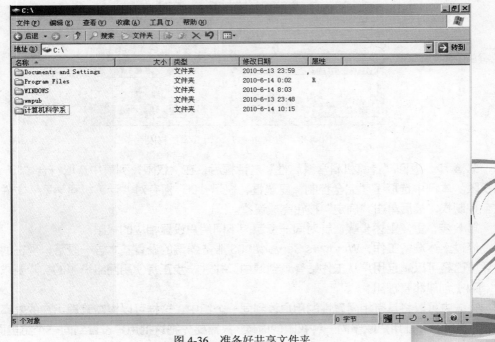

图 4-36　准备好共享文件夹

第 2 步，用鼠标右键单击该文件夹，在弹出的快捷菜单中执行"属性"命令，打开"计算机科学系属性"对话框，选择"安全"选项卡，如图 4-37 所示。

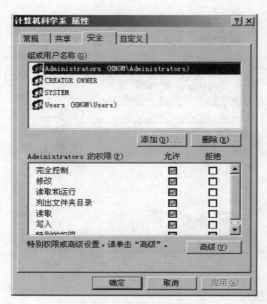

图 4-37 "安全"选项卡

第 3 步,单击"添加"按钮,在打开的"选择用户、计算机或组"对话框中找到并双击合适的用户名称(本例中要添加用户"llf"),单击"确定"按钮,如图 4-38 所示。

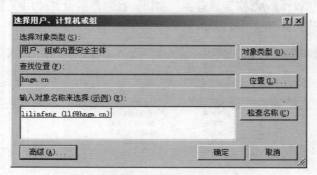

图 4-38 选中 llf 账户,为其添加权限

第 4 步,返回"计算机科学系属性"对话框后,在"权限"列表中选取符合"llf"身份的权限。本例中选取了"完全控制"复选框,表示"llf"拥有对"计算机科学系"文件夹的完全控制权,最后单击"确定"按钮完成设置。

第 5 步,重复上述步骤,针对同一资源为不同用户设置相应的权限。

经过上述准备工作,Windows Server 2003 服务器端的设置基本告一段落,现在的服务器环境已经可以满足用户从工作站登录到域中,并进一步正常使用网络资源的实际要求了。

(4)创建和管理组

在域中可以将具有相同属性的用户放到同一个组中,这样可以提高管理用户的效率。例如,当需要对一批用户赋予同一种权限的时候,只需要先把这批用户设置到同一个组里面去,然后将权限赋予组即可,而无需分别为每一个用户赋予权限。

第 1 步,以 Administrator 身份登录到域控制器,打开"Active Directory 用户和计算机"窗口,并在左窗格中双击域名"hngm.cn",如图 4-39 所示。

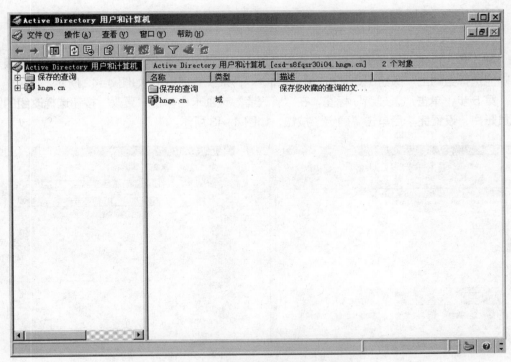

图 4-39　登录到域控制器开始创建组

第 2 步，在菜单栏中依次单击"操作→新建 Group"，打开"新建对象–组"对话框，在"组名"编辑框中键入准备创建的组的名称（本例为"CSG"），并单击"确定"按钮，如图 4–40 所示。

第 3 步，单击"Users"容器，在右窗格的用户和组列表中双击刚创建的组"CSG"，打开"CSG 属性"属性对话框，然后单击"成员"标签，在"成员"选项卡中单击"添加"按钮，通过高级查找功能将用户"lilinfeng"、"wanglidong"添加进来，如图 4–41 所示。

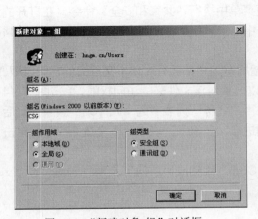

图 4-40　"新建对象-组"对话框

图 4-41　为 CSG 组添加成员

第 4 步，单击"隶属于"标签，在"隶属于"选项卡中单击"添加"按钮，通过高级查找功能选择组的上一级组（如"Administrators"，系统管理员），如图 4-42 所示。

第 5 步，单击"管理者"标签，在"管理者"选项卡中单击"更改"按钮选择改组的管理员账户，设置完毕后单击"确定"按钮，如图 4-43 所示。

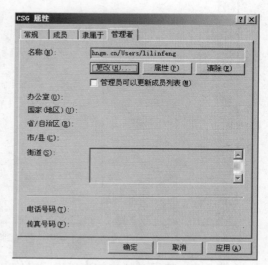

图 4-42 "隶属于"标签   图 4-43 设置 CSG 管理者

（5）创建和管理共享文件夹

文件共享服务是服务器的一项重要功能。对于 Windows 系列服务器操作系统而言，它们所提供的任何服务都是在处理服务器的共享文件和打印资源，可见，创建和管理域中的共享资源也是非常重要的，要想创建共享文件夹，在域控制器上登录时，用户必须至少拥有在本地计算机上的 Administrator（系统管理员）或 Power User（超级用户）权限，下面以在 NTFS 分区中创建共享文件夹为例，来说明如何创建和管理共享文件夹。

第 1 步，假设准备用"计算机科学系"这个文件夹设为共享文件夹，可以在"资源管理器"中找到并右键单击该文件夹，在弹出的快捷菜单中执行"共享和安全"命令，在打开的"计算机科学系属性"对话框中的"共享"选项卡中点选"共享该文件夹"单选框，如图 4-44 所示。

第 2 步，在真正的应用中，主管人员并不希望所有用户都拥有对某个文件夹的访问权限，而只希望被赋予权限的人访问该文件夹，因此可以设置对该文件夹的访问权限，单击图 4-44 中"权限"按钮，打开对话框，在其中将"组或用户名称"列表中的 everyone 删除，然后单击"添加"按钮，找到"CSG"组并将其添加进来，在权限列表中选取合适的权限，单击"确定"按钮，如图 4-45 所示。

至此，设为共享的文件夹已经可以提供给"CSG"组的成员访问了。

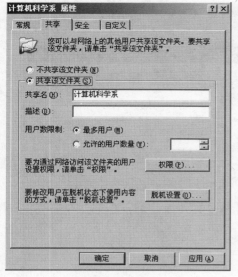

图 4-44 文件夹属性

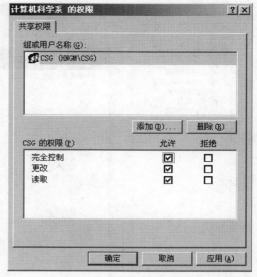

图 4-45 为 CSG 组赋予完全控制权限

4.4.3 本地和基于域的组策略

1. 认识组策略

在认识组策略之前，先回忆一下在 Windows XP 中所了解到的有关注册表的知识。注册表实质上是 Windows 系统中保存操作系统，应用软件配置的数据库，并且随着 Windows 版本的不断升级和功能的不断丰富，注册表中包含的配置项目也越来越多，用户可以对注册表中的很多项目进行自定义设置，然而由于注册表可供自定义设置的分支繁多，如果采用手工设置则对用户的技术水平和耐心都是一种考验，就是在这种背景下，组策略就营运而生了。

组策略就是将系统重要的配置功能汇集成各种配置模块供管理人员直接使用，从而达到方便管理计算机的目的。简单地说，组策略就是用来修改注册表设置项目的一种有效工具。并且由于组策略拥有更完善的组织管理方法，能够对组策略中的各种对象设置进行管理和配置，因此比手工修改注册表更加灵活，其功能也更加强大。

2. 打开和使用组策略

第 1 步，在 Windows 2000/XP/2003 系统中已经默认安装了组策略组件，可以在屏幕左下角单击"开始"→"运行"，在"运行"编辑框中输入"gpedit.msc"命令并回车即可打开"组策略"编辑器窗口，如图 4-46 所示。

打开"组策略"编辑器窗口后，其默认的编辑对象是本地计算机。用户如果想在本地计算机中将其他计算机作为组策略编辑对象，则需要将组策略作为独立的控制台管理程序来打开，具体操作步骤如下，当然，这需要其他计算机加入域，并且用户具有域管理员的权限。

第 2 步，依次单击"开始"→"运行"，在"运行"编辑框中输入"MMC"命令并回车，打开控制台窗口，如图 4-47 所示。

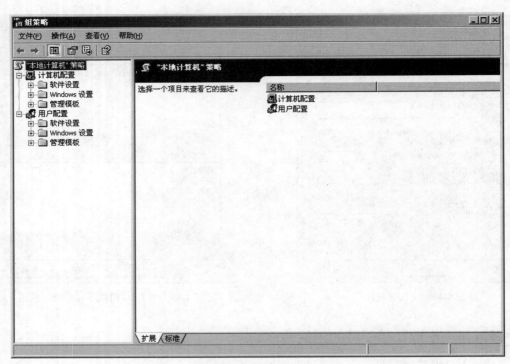

图 4-46　组策略编辑窗口

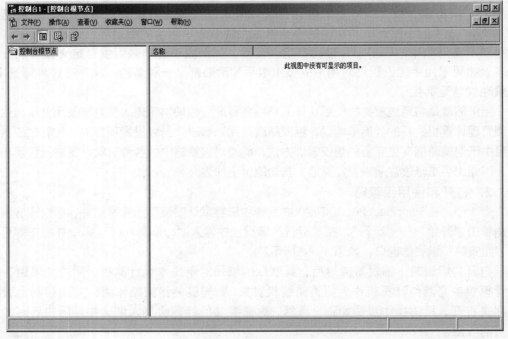

图 4-47　控制台窗口

　　第 3 步，依次执行"文件"→"添加/删除管理单元"菜单命令，打开对话框，选择"独立"选项卡，单击"添加"按钮，如图 4-48 所示。

第 4 步，打开"添加独立管理单元"对话框，在"可用的独立管理单元"列表中选中"组策略对象编辑器"，并单击"添加"按钮，如图 4-49 所示。

图 4-48 添加/删除管理单元 　　　　　图 4-49 "添加独立管理单元"对话框

第 5 步，在打开的"选择组策略对象"对话框中单击"浏览按钮"，打开"浏览组策略对象"对话框，切换至"计算机"选项卡，并点选"另一台计算机"单选框，单击"浏览"按钮，如图 4-50 所示。

第 6 步，打开"选择计算机"对话框，通过高级查找功能在域中找到并选中目标计算机，依次单击"确定"→"完成"→"关闭"按钮，返回"添加/删除管理单元"对话框，如图 4-51 所示。

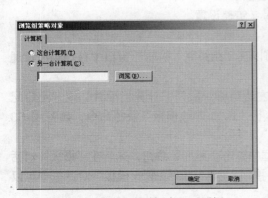

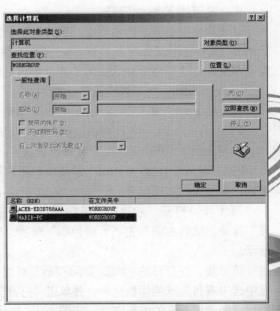

图 4-50 "浏览组策略对象"对话框 　　　图 4-51 "选择计算机"对话框

133

在"添加/删除管理单元"对话框中单击"确定"按钮，即可在控制台窗口中看到已经添加进来的组策略对象，依次执行"文件"→"保存"菜单命令可以保存该控制台窗口，方便以后使用，如图 4-52 所示。

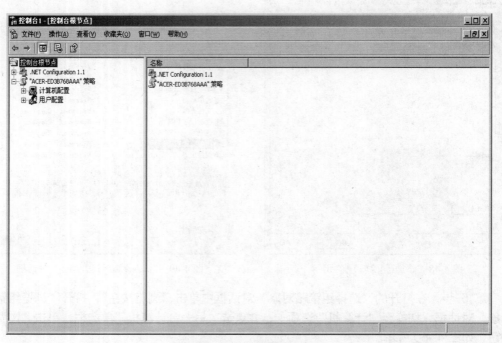

图 4-52 查看已经保存的组策略

通过上述步骤，用户可以借助网络环境和组策略的强大功能有效管理网络，使管理工作更加轻松和高效。

3. 设置组策略的步骤

管理模板是组策略的重要组成部分，它们为组策略管理项目提供策略信息，管理模板以".adm"文件的形式保存在 Windows 系统文件夹的"INF"文件夹中，这些文件实质上是一些文本文件。组策略中默认安装了 4 个模板文件，其作用和名称分别如下。

system.adm：用于系统策略设置。

inetres.adm：用于 Internet Explorer 策略设置。

wmplayer.adm：用于 Windows Media Player 策略设置。

conf.adm：用于 netmeeting 策略设置。

在 Windows 2000/XP/2003 系统中，用户可以在"组策略"编辑器窗口中自行添加管理模板，具体操作步骤如下。

第 1 步，打开"组策略"编辑器窗口，在左边窗格中展开"计算机配置"或"用户配置"目录。然后右键单击"管理模板"选项，执行"添加/删除模板"快捷命令，如图 4-53 所示。

第 2 步，在打开的"添加/删除模板"对话框中单击"添加"按钮，然后在"模板"对话框中选中准备添加的模板文件，并单击"打开"按钮，返回"添加/删除模板"对话框中可以看到已经添加进来的模板文件，如图 4-54 所示。

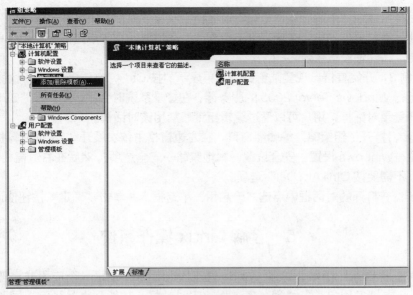

图 4-53 "组策略"窗口

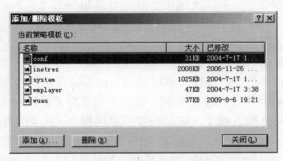

图 4-54 "添加/删除模板"对话框

第 3 步，返回到"组策略"编辑器窗口，依次展开"计算机配置→管理模板"目录，并展开下级响应目录，就能看到刚添加的管理模板所产生的配置项目。

4．组策略设置实例

① 实例 1：在 Windows Server 2003 AD 域环境下，通过设置"用户权力指派"，设置解决诸如不同用户访问共享计算机的权力。

第 1 步，打开"组策略"编辑器窗口，在左窗格中依次展开"计算机配置→Windows设置→安全设置→本地策略"目录，并单击"用户权力指派"选项。然后再右边窗格列表中找到并双击"从网络访问此计算机"选项。

第 2 步，在打开的"本地安全策略设置"对话框中把所有无权访问本服务器的用户和组添加进来即可。

② 实例 2：屏蔽 Windows Server 2003 非正常关机后的开机询问。

在非正常关机后，若重新启动，在默认情况下，Windows Server 2003 会显示"关闭事件跟踪程序"，以便在系统非正常关机后再次开机时询问用户非正常关机的原因，要屏蔽这个询问对话框，可以通过组策略，禁用"关闭事件跟踪程序"即可。

第 1 步，打开"组策略"编辑器窗口，在左窗格中依次展开"计算机配置→管理模板"

目录，然后单击选中"系统"选项，在右边窗格中双击"显示关闭事件追踪程序"选项。

第2步，在打开的"显示关闭事件追踪程序"属性对话框中点选"已禁用"单选框，并单击"确定"按钮使设置生效。

③ 实例3：开始直接出现登陆窗口，不再显示"按 Ctrl+Alt+Del 登录"对话框。

对于运行 Windows Server 2003 的服务器，在登录系统时会提示用户按"Ctrl+Alt+Del"组合键打开登录对话框，用户可以通过编辑组策略禁用该对话框。

第 1 步，打开"组策略"编辑器窗口，在左边窗格中依次展开"'本地计算机'策略→计算机配置→Windows 设置→安全设置→本地策略→安全选项"，然后在右边窗格中双击"交互式登录：不需要按 Ctrl+Alt+Del"选项。

第2步，在打开的对话框中点选"已启用"单选框，并单击"确定"按钮使设置生效。

4.5　了解 Linux 操作系统

在服务器操作系统领域，除了 Windows 以外，Linux 也是一个应用非常普遍的操作系统。Linux 支持多用户、多线程、多进程、实时性好、功能强大且稳定。同时，它又具有良好的兼容性和可移植性，被广泛应用于各种计算机平台上。下面将对 Linux 做一个简要介绍。

1. Linux 的产生背景

对于 Linux 操作系统的产生，必须要说到另一个著名的操作系统 UNIX。UNIX 也是一款相当流行的计算机操作系统，该操作系统最初是由美国贝尔实验室的 Ken Thompson、Dennis Ritchie 和其他人共同开发的。UNIX 最初是为多用户而设计的，可允许多人同时通过终端访问计算机，与此同时每个人可运行多个应用程序，即通常所说的多用户、多任务操作系统。

UNIX 操作系统以其优越的性能在工作站或小型计算机上发挥着重要作用。一直以来，该操作系统是一种大型而且要求较高的操作系统，许多种版本的 UNIX 操作系统都是为工作站环境设计的。但随着个人计算机的日益普及，并且个人计算机的性能也在不断提高，人们也开始从事 UNIX 操作系统的个人计算机版本的开发，使 UNIX 能够在个人计算机上运行成为可能，这也是 Linux 流行起来的原因。

Linux 的前身是芬兰赫尔辛基大学一位名叫 Linus Torvalds 计算机科学系学生的作品。在实验中，因为对他上课实验环境中所用的 Minix（UNIX 的一个版本）不满意，于是尝试着重写了 Minix 的代码，并命名为 Linux。Linus 的最初设想是为 Minix 用户开发一种高效率的 PC UNIX 版本，后来他在 1991 年底将之公布出来，允许任何人自由复制、传播、并针对里面的代码提出自己的修改意见，这个修改需要经过 Linux 爱好者集体表决通过，只有通过的修改才能成为 Linux 的正式版本中的内容。

Linux 遵循的是自由软件委员会制定的 GNU（可以理解成自由软件）计划中的 GPL 条款，允许企业对 Linux 进行二次开发，在原有内核基础上捆绑自己的软件，但是要求软件提供商不能针对内核部分收取费用，操作系统内核和附加软件的全部源代码也必须一并提供给顾客。

2. Linux 的版本

Linux 的版本可以分为两类：内核（Kernel）版本与发行版本（Distribution）版本。内核版本是指在 Linus 的领导下，开发小组开发出来的系统内核版本号。而一些组织或公司将 Linux 内核与应用软件和文档包装起来，并提供一些安装界面、系统设置与管理工具，这样就构成了一个发行版本，常见的发行版本有 Red Hat Linux、Mandriva Linux、Debian Linux 和国产的红旗 Linux 等。

（1）Red Hat Linux

Red Hat 最早由 Bob Young 和 Marc Ewing 在 1995 年创建。目前 Red Hat 分为两个系列：由 Red Hat 公司提供收费技术支持和更新的 Red Hat Enterprise Linux，以及由社区开发的免费的 Fedora Core。

Red Hat Linux 是一个比较成熟的 Linux 版本，无论是在销售上还是在装机量上都比较成功。该版本从 4.0 时就开始同时支持 Intel、Alpha 和 Sparc 硬件平台，并且通过 Red Hat 公司的开发，使得用户可以轻松地进行软件升级并彻底卸载应用软件和系统部件。Red Hat Enterprise Linux 是一个收费的操作系统，主要用于企业服务器，而 Fedora Core（后更名为 Fedora）是一个免费版本，主要用于桌面环境。该版本以更新周期快，捆绑软件丰富而广受欢迎，Red Hat 公司于 2010 年 5 月正式发布了 Fedora 13。

（2）Mandriva Linux

国内最早开始流行 Linux 操作系统时，Mandriva 就非常流行。最早的 Mandriva 原名为 Mandrake，其开发者是基于 Red Hat 进行开发的。Red Hat 采用 GNOME 桌面系统，而 Mandrake 采用了 KDE。由于安装时 Linux 比较复杂，不适合第一次接触 Linux 的新手，所以 Mandrake 简化了系统安装过程。不但如此，该版本当时还在易用性方面下了不少工夫，包括默认情况下的硬件检测等，这也是当时能在国内流行的原因之一。

（3）Debian Linux

Debian 最早由 Ian Murdock 于 1993 年创建，可以称得上是迄今为止最遵循 GNU 规范的 Linux 操作系统。该版本有 3 个系统分支：Stable、Testing 和 Unstable。到 2005 年 5 月，3 个版本分别为：Woody、Sarge 和 Sid。其中，Unstable 为最新测试版本，其中包括最新的软件包，但是也有相对较多的 Bug，适合桌面用户；而 Testing 版本经过 Unstable 中的测试，相对较为稳定，也支持了不少新技术；Woody 一般只用于服务器，上面的版本大部分都比较过时，但是稳定性和安全性都非常高。

（4）红旗 Linux

红旗 Linux 中文操作系统是由中国科学院软件所、北大方正电子有限公司和康柏计算机公司联合推出的具有自主版权的全中文化 Linux 发行版本。

红旗 Linux 以全新优化整合的 KDE 图形环境、桌面设计、结构布局和完整和谐的菜单设计，令人耳目一新；集成的硬件自动检测功能满足 PC 用户硬件的随时更换；高质量的中文字体显示以及高效率的文字输入法选择，确保用户系统办公的工作品质；高效完善的网络使用功能；快捷友好的打印机管理和配置工具；人性化设计的在线升级工具、身份注册、软件更新、数据库管理一线完成，用户可实时提升系统性能、定制个性化桌面环境、拥有完善的工作平台；图形图像软件从基本的 PS/PDF 文件阅读工具到看图、画图、截图，再到图像的扫描、数码相机支持，全线集成满足了用户的各种需求。

3．Linux 的特点与优点

Linux 操作系统有着许多优点。

（1）开放性

开放性是指系统遵循世界标准规范，特别是遵循开放系统互联（OSI）国际标准。凡遵循国际标准所开发的硬件和软件都能彼此兼容，可方便地实现互联。

（2）多用户

多用户是指系统资源可以被不同的用户各自拥有并使用，即使每个用户对自己的资源（如文件、设备）有特定权限，也互不影响，Linux 和 UNIX 都具有多用户特性。

（3）多任务

多任务是现代计算机最主要的一个特点。它是指计算机同时执行多个程序，而且各个程序的运行相互独立。Linux 操作系统调试每一个进程平等地访问 CPU。由于 CPU 的处理速度非常快，其结果是启动的应用程序看起来好像是在并行运行。事实上，从 CPU 执行的一个应用程序中的一组指令到 Linux 调试 CPU，与再次运行这个程序之间只有很短的时间延迟，用户是感觉不到的。

（4）友好的用户界面

这一点是与 UNIX 相比较后所说的，当然，Linux 在用户界面方面较之 Windows 还有差距。Linux 向用户提供了两种界面：用户界面和系统调用界面。Linux 的传统用户界面基于文本的命令行界面，即 Shell。它既可以联机使用，又可以存储在文件上脱机使用。Shell 有很强的程序设计能力，用户可方便地用它编写程序，从而为用户扩充系统功能提供了更高级的手段。Linux 还提供了图形用户界面，它利用鼠标、菜单和窗口等设施给用户呈现一个直观、易操作、交互性强的友好图形化界面。

（5）设备独立性

设备独立性是指操作系统把所有外部设备统一当成文件来看，只要安装它们的驱动程序，任何用户都可以像使用文件那样操作并使用这些设备，而不必知道它们的具体存在形式。设备独立性的关键在于内核的适应能力，其他的操作系统只允许一定数量或一定种类的外部设备连接，因为每一个设备都是通过其与内核的专用连接独立地进行访问的。Linux 是具有设备独立的操作系统，它的内核具有高度的适应能力，随着更多程序员加入 Linux 编程，会有更多硬件设备加入到各种 Linux 内核和发行版本中。

（6）丰富的网络功能

完善的内置网络功能是 Linux 的一大特点，Linux 在通信和网络功能方面优于其他操作系统。其他操作系统不包含如此紧密的内核结合在一起的连接网络的能力，也没有内置这些联网特性的灵活性，而 Linux 为用户提供了完善的、强大的网络功能。

Linux 免费提供了大量支持 Internet 的软件，Internet 是在 UNIX 领域中建立并发展起来的，在这方面使用 Linux 是相当方便的，用户能用 Linux 与世界上其他人通过 Internet 网络进行通信或者文件传输，用户能通过一些 Linux 命令完成内部信息或文件的传输。

远程访问 Linux 为系统管理员和技术人员提供了访问其他系统的窗口。通过这种远程访问的功能，一位技术人员能够有效地为多个系统服务，即使那些系统位于很远的地方。

（7）可靠的安全性

Linux 操作系统采取了许多安全措施，包括对读、写操作进行权限控制，带保护的子系统，审计跟踪和内核授权，这为用户提供了必要的安全保障。

（8）良好的可移植性

可移植性是指将操作系统从一个平台转移到另一个平台，使它仍然能按其自身的方式运行的能力。Linux 是一款具有良好可移植性的操作系统，能够在微型计算机到大型计算机的任何环境中和平台上运行。该特性为 Linux 操作系统的不同计算机平台与其他任何机器进行准确而有效的通信提供了保障，不需要另外增加特殊的通信接口。

（9）X Window 系统

X Window 系统是用于 UNIX 机器的一个图形系统，该系统拥有强大的界面系统，并支持许多应用程序，是业界标准界面。目前大多数 Linux 的发行版本也都提供了 X Window 操控界面。

（10）内存保护模式

Linux 使用处理器的内存保护模式来避免进程访问分配给系统内核或者其他进程的内存。对于系统安全来说，这是一个重要的改变，理论上一个不正确的程序，就不会再使系统崩溃。

Linux 不仅继承了 UNIX 的所有优点，而且在用户界面方面有较大地改善，更友好也更便于使用。原来的 UNIX 系统多运行在工作站级别的硬件平台上，因此对硬件有较高的要求，而 Linux 主要就是为 Intel 平台而设计的操作系统。随着不断地自我发展，Linux 目前还可以运行于 Sparc、Alpha 平台上。

第二部分　技能实训

技能实训 1　Windows Server 2003 的安装与管理

【实训目的】

熟练掌握 Windows Server 2003 的安装与管理方法，理解域模式和工作组模式的不同。

【实训条件】

奔腾四以上计算机，至少 5 G 空闲硬盘空间，1 G 以上内存。

【实训指导】

第 1 步，学生在计算机上安装 VMWare 虚拟机。

第 2 步，教师机分发 Windows Server 2003 R2 的试用版 ISO 文件给学生。

第 3 步，学生在虚拟机下安装 Windows Server 2003。

第 4 步，学生安装 AD 域。

第 5 步，学生在其下添加账户，账户登录名为自己姓名的缩写。

第 6 步，学生在计算机上所自带的 Windows XP 环境下，用域模式登录到虚拟机里面的 Windows Server 2003 域。

第三部分　思考与练习

1. 问答题

（1）什么是网络操作系统？

（2）常见的网络操作系统有哪些？各有什么特点？

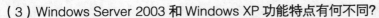

（3）Windows Server 2003 和 Windows XP 功能特点有何不同？

（4）什么是活动目录，对于网络管理有何意义？

（5）工作组模式和域模式有什么区别？

（6）说出几种常见的 B/S 或 C/S 架构的应用。

2. 实训题

（1）在 PC 机上用光盘安装 Windows Server 2003，设为域模式。

（2）用 PC 机加入刚才所安装的 Windows Server 2003 域。

（3）利用组策略，使得 Windows Server 2003 启动后直接进入登录页面。

项目五　Internet 的接入

第一部分　知 识 准 备

5.1　认识 Internet

5.1.1　Internet

1. Internet 与 Internet 接入网

Internet，在国内也被译成因特网，它的前身是美国国防部高级研究计划局（ARPA）主持研制的 ARPAnet。20 世纪 60 年代末，正处于冷战时期。当时美国军方为了使自己的计算机网络在受到袭击时，即使部分网络被摧毁，其余部分仍能保持通信联系，便由美国国防部的高级研究计划局（ARPA）建设了一个军用网，称为"阿帕网"（ARPAnet）。阿帕网于 1969 年正式启用，当时仅连接了 4 台计算机，供科学家们进行计算机联网实验用。这就是因特网的前身。

到了 20 世纪 70 年代，ARPAnet 已经有了好几十个计算机网络，但是每个网络只能在网络内部的计算机之间互联通信，不同计算机网络之间仍然不能互通。为此，ARPA 又设立了新的研究项目，支持学术界和工业界进行有关的研究。研究的主要内容就是想用一种新的方法将不同的计算机局域网互联，形成"互联网"。"互联网"并不试图把所有的网络组合起来，构成一个新网，而是强调分属于不同机构、不同类型的网络之间的互联。这个思路，研究人员称之为"Internetwork"，简称"Internet"。这个名词就一直沿用到现在。

在研究实现互联的过程中，计算机通信协议的研究是工作的重点。1974 年，出现了连接分组网络的协议，其中就包括了 TCP/IP——著名的网际互联协议 IP 和传输控制协议 TCP。这两个协议相互配合，其中，IP 负责基本的通信工作，而 TCP 是负责建立和维持可靠的连接。

连接分组网络的协议有很多种，TCP/IP 只是其中之一，其设计也并非最佳。但是它有一个非常重要的特点，就是开放性，即 TCP/IP 的规范和 Internet 的技术都是公开的。目的就是使任何厂家生产的计算机都能相互通信，使 Internet 成为一个开放的系统。这正是以它为基本协议的 Internet 能够飞速发展的重要原因。

ARPA 在 1982 年正式确定了 TCP/IP 为 Internet 的主要的计算机通信协议，并把其他的军用计算机网络都转换到 TCP/IP。随着 Internet 规模的不断扩大，1983 年，ARPAnet 被一分为二：军用部分称为 MILNET；民用部分仍然称为 ARPAnet。

1986 年，美国国家科学基金组织（NSF）将分布在美国各地的 5 个为科研教育服务的超级计算机中心互联，并支持地区网络，形成 NSFnet。1988 年，NSFnet 替代 ARPAnet 成为 Internet 的主干网。NSFnet 主干网利用了在 ARPAnet 中已证明是非常成功的 TCP/IP 技术，准许各大学、政府或私人科研机构的网络加入。1989年，随着冷战的结束，ARPAnet解散，Internet从军用转向民用。

Internet的发展引起了商家的极大兴趣。1992年，美国IBM、MCI、MERIT三家公司联合组建了一个高级网络服务公司（ANS），建立了一个新的网络，称为ANSnet，成为Internet的另一个主干网。它与NSFnet不同，NSFnet是由国家出资建立的，而ANSnet则是ANS公司所有，从而使Internet开始走向商业化。

1995年4月30日，NSFnet正式宣布停止运作。而此时Internet的骨干网已经覆盖了全球91个国家，主机已超过400万台。

在最近十多年，因特网更以惊人的速度向前发展。根据CNNIC的统计，截止2009年12月31日，我国共有网民3.84亿，IP地址数量2.4亿个，网站数量超过300万。Internet已经全面走入我们的社会，成为工作、生活、娱乐不可或缺的组成部分。

2．Internet的含义

Internet是那些使用公共语言互相通信的计算机连接而成的全球网络。1995年10月24日，联合网络委员会通过了一项关于Internet的决议，联合网络委员会认为，下述语言反映了对Internet这个词的定义。

Internet指的是全球性的信息系统。

通过全球性的唯一的地址逻辑链接在一起。这个地址是建立在"Internet协议"或今后其他协议基础上的。

可以通过"传输控制协议"和"Internet协议"，或者今后其他接替的协议或与"Internet协议"世界各国的协议来进行通信。

让公共用户或者私人用户使用高水平的服务。这种服务是建立在上述通信及相关的基础设施之上的。

联合网络委员会是从技术的角度来定义Internet的，这个定义至少揭示了3个方面的内容：首先，Internet是全球性的；其次，Internet上的每一台主机都需要有"地址"；最后，这些主机必须按照共同的规则（协议）连接在一起。

5.1.2　广域网

1．广域网的定义

当主机之间的距离较远时，局域网技术显然不再适合继续使用，这时就要用到另一种类型的网络——广域网。广域网主要是为了实现大范围内的远距离数据通信，因此广域网在网络特性和技术实现上与局域网存在着明显的差异。广域网的设备主要是节点交换机和路由器，设备之间采用点到点线路连接。为了提高网络的可靠性，通常一个节点交换机往往与多个节点交换机相连。受经济条件和技术条件所限，广域网都不使用局域网普遍采用的多点接入技术，如图5-1所示。

从图5-1中可以看出，广域网是跨地域的、结构较为复杂的网络，它的主要作用是连接各个局域网，负责局域网之间的通信。

通常广域网指的是覆盖范围很广的网络。但它与局域网的差别也不仅仅是在于此，因为存在目的不同，覆盖范围不同，导致了局域网和广域网的实现技术存在很大差异。例如，我们熟知的以太网就是一种局域网技术，但是这种技术显然无法用于广域网。

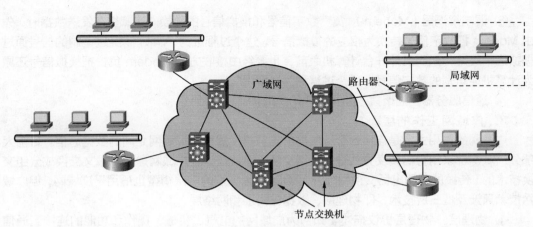

图 5-1　广域网和局域网的连接方式

由于广域网造价较高，一般都是由国家或较大的电信公司主持建造。一个广域网和由其连接起来的多个局域网合起来构成一个自治系统（AS），互联网就是由许许多多这样的 AS 所组成的。

2．广域网的设备

接入广域网的方法有很多，设备也多种多样。图 5-1 所示只是其中一种。在接入广域网的过程中，通常把放置在用户端的设备称为客户端设备，又称为数据终端设备（Data Terminal Equipment，DTE）。DTE 是进行通信的终端系统，如哑终端、PC 或者其他智能终端设备，大多数 DTE 的数据传输能力有限，两个距离较远的 DTE 不能直接连接起来进行通信。所以，DTE 首先连接到最近的服务商中心局设备，再接入广域网。从 DTE 到 CO（服务商中心局）的这一段称为本地环路。在 DTE 和 WAN 网络之间提供接口的设备称为 DCE（数据通信设备），如节点交换机或调制解调器。

它在 DTE 与传输线路之间提供信号变换和编码功能，并负责建立、保持和释放链路的连接，如 MODEM（调制解调器）。DCE 将来自 DTE 的用户数据转变为广域网设备可接受的形式，提供网络内的同步服务和交换服务。DTE 和 DCE 之间的接口要遵循物理层协议即物理层的接口标准，如 RS–232C、X.21 等。图 5–2 所示的例子说明了 DTE 与 DCE 之间的关系。

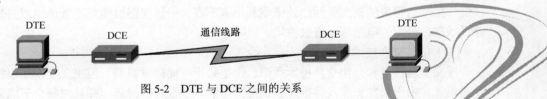

图 5-2　DTE 与 DCE 之间的关系

常见广域网设备如下。

① 路由器：路由器实际上是位于广域网和局域网之间的设备。广域网的边界，习惯上到路由器为止。路由器的广域网接口属于广域网，局域网接口属于局域网。图 5-1 为了清晰说明问题，将广域网的边界缩到了节点交换机。

② 节点交换机：连接到广域网带宽上，进行语音、数据资料以及视频通信。WAN 交换机是多端口的网络设备，通常进行帧中继、X.25 及数百万位数据服务等流量的交换。节点交换机通常工作于 OSI 参考模型的数据链路层。

③ 调制解调器（Modem）：负责数字信号和模拟信号的转换。计算机在发送数据时，先由 Modem 把数字信号转换为相应的模拟信号，这个过程成为"调制"。经过调制的信号通过模拟通信线路传送到另外一台计算机之前，也要经由接收方的 Modem 负责把模拟信号还原为计算机能识别的数字信号，这个过程称为"解调"。

④ 通信服务器：汇聚拨入和拨出的用户通信。

3. 广域网工作的层次

广域网的作用主要是连接各个局域网的出口路由器负责局域网之间的数据通信。目前大部分广域网都采用存储转发方式进行数据交换，也就是说，广域网是基于报文交换或分组交换技术的（传统的公用电话交换网除外）。OSI 参考模型的 7 层模型也适用于广域网，但广域网技术只涉及低三层技术，即物理层、数据链路层和网络层。

① 物理层：物理层协议描述了如何为广域网的电气、机械、操作和功能的连接到通信服务商所提供的服务。广域网物理层描述了数据终端设备和数据电路终端设备之间的接口。广域网的物理层描述了连接方式，分为专用或专线连接，都是用同步或异步串行连接。还有许多物理层标准定义了 DTE 和 DCE 之间接口的控制规则，如 RS-232、RS-449、X.21 等。

② 数据链路层：局域网数据包在通过路由器进入广域网时，要重新被封装到广域网的帧中。不同的广域网实现技术要用到不同的帧类型，广域网数据链路层协议定义了传输到远程节点的数据的封装格式和传输方式。

③ 网络层：网络层的主要任务是设法将源节点发出的数据包传送到目标节点，从而面向传输层提供最基本的端到端的数据传输服务。常见的广域网网络层协议有 CCITT 的 X.25 和 TCP/IP 协议中的 IP 协议等。

4. 电路交换和分组交换技术

（1）电路交换技术

网络交换技术共经历了 4 个发展阶段，即电路交换技术、报文交换技术、分组交换技术和信元交换技术。公众电话网（PSTN 网）和移动网（包括 GSM 网和 CDMA 网）采用的都是电路交换技术。它的基本特点是采用面向连接的方式，在双方进行通信之前，需要为通信双方分配一条具有固定带宽的通信电路，通信双方在通信过程中将一直占用所分配的资源，直到通信结束，并且在电路的建立和释放过程中都需要利用相关的信令协议。这种方式的优点是在通信过程中可以保证为用户提供足够的带宽，并且实时性强，时延小，交换设备成本较低，但同时带来的缺点是网络的带宽利用率不高，一旦电路被建立不管通信双方是否处于通话状态，分配的电路都一直被占用。

（2）报文交换技术

报文交换技术和分组交换技术类似，也是采用存储转发机制，但报文交换是以报文作为传送单元，由于报文长度差异很大，长报文可能导致很大的时延，并且对每个节点来说缓冲区的分配也比较困难，为了满足各种长度报文的需要并且达到高效的目的，节点需要分配不同大小的缓冲区，否则就有可能造成数据传送的失败。在实际应用中报文交换主要用于传输报文较短、实时性要求较低的通信业务，如公用电报网。报文交换比分组交换出现的要早一些，分组交换是在报文交换的基础上，将报文分割成分组进行传输，在传输时延和传输效率上进行了平衡，从而得到广泛的应用。

（3）分组交换

电路交换技术主要适用于传送话音相关的业务，这种网络交换方式对于数据业务而言，有着很大的局限性。因为语音信号允许一定的差错，表现为语音的噪声和失真，但是对实时性要求很高。而数据通信具有很强的突发性，峰值比特率和平均比特率往往相差较大，如果采用电路交换技术，如果按照峰值比特率来分配电路的带宽则会造成资源的极大浪费。

与语音业务比较起来，数据业务对时延没有严格的要求，但需要进行无差错的传输，这就要用到分组交换技术。分组交换技术针对的是数据通信业务，它的思路是网络节点采用存储转发的方式，将需要传送的数据按照一定的长度分割成许多小段数据，并在数据前面增加相应的用于对数据进行路由选择和校验等功能的头部字段，组成数据传送的基本单元即分组。

分组交换技术在通信之前不需要建立连接，每个节点首先将前一节点送来的分组收下并保存在缓冲区中，然后根据分组头部中的地址信息选择适当的链路将其发送至下一个节点，这样在通信过程中可以根据用户的要求和网络的能力来动态分配带宽。分组交换比电路交换的电路利用率高，但当网络节点负担较重时，可能会导致较大的时延。

（4）信元交换

信元是 ATM 技术（异步传输模式）中的基本数据分组单位，信元交换与数据分组交换相似。但是，由于现代计算机网络要提供很多实时性要求很高的业务，如话音、电视图像、立体声音乐等是不能容忍随机性延迟的，因而对于 ATM 信元的交换就不能照搬分组交换方式，而需要一种新的交换方式，这就是 ATM 交换方式。

近年来，由于网络的迅速发展，不仅通信能力极大提高，而且传输错误也微乎其微，因而在分组交换的基础上产生了帧中继等快速分组交换方式，把检错纠错功能放在终端设备，从而减少了时延，提高了速率。ATM 交换方式也属于快速分组交换，但它不仅仅是简化了控制，提高了速率的分组交换，同时为了满足实时业务的要求，还使用了一些电路交换中的方法。ATM 改进了电路交换的功能，使其能灵活地适配不同速率的业务；ATM 改进了分组交换功能，满足实时性业务的要求。所以 ATM 交换方式又可以看成是电路交换方式和分组交换方式的结合。

5．几种典型的广域网

（1）公共电话交换网

电路交换是广域网的一种交换方式，在每次会话过程中都需要建立、维持和终止一条专用的物理电路。公共电话交换网和综合业务数字网都属于典型的电路交换广域网。

公共电话交换网（PSTN）是以电路交换技术为基础的用于传输话音的网络。PSTN 概括起来主要由 3 部分组成：本地环路、干线和交换机。其中，干线和交换机一般采用数字传输和交换技术，而本地环路即用户到最近的交换局这段线路，基本上采用模拟线路。由于 PSTN 的本地回路是模拟的，因此当两台计算机想通过 PSTN 传输数据时，中间必须经过双方 Modem 实现计算机数字信号与模拟信号的相互转换。

（2）综合业务数字网

综合业务数字网（Integrated Services Digital Network，ISDN）是一个数字电话网络国际标准，是一种典型的电路交换网络系统。它通过普通的铜缆以更高的速率和质量传输话音和数据。

ISDN 具有以下特点：利用一对用户线可以提供电话、传真、可视图文用数据通信等多种业务。若用户需要更高速率的信息，可以使用一次群用户接口，连接用户交换机、可视电话、会议电视或计算机局域网。此外 ISDN 用户在每一次呼叫时，都可以根据需要选择信息速率、交换方式等。

能够提供端到端的数据连接，即终端到终端之间的通道已经完全数字化，具有优良的传输性能，而且信息传送速度快。

ISDN 使用标准化的用户接口，该接口有基本速率接口和一次群速率接口。基本速率接口有两条 64 Kbit/s 的信息通路和一条 16 Kbit/s 的信令通路，简称 2B+D；一次群接口有 30 条 64 Kbit/s 的信息通路和一条 64 Kbit/s 的信令通路，简称 30B+D。标准化的接口能够保证终端间的互通。一个 ISDN 的基本速率用户接口最多可以连接 8 个终端，而且使用标准化的插座，易于各种终端的接入。用户可以根据需要，在一堆用户线上任意组合不同类型的终端，例如，在需要时再恢复通信。用户可以在通信暂停后将终端转移到其他的房间，插入插座后可再恢复通信，同时还可以设置恢复通信的身份密码。

ISDN 是通过电话网的数字化发展而成的，因此只需在已有的通信网中增添或更改部分设备即可构成 ISDN 通信网。ISDN 能够将各种业务综合在一个网内，提高了通信网的利用率，此外 ISDN 节省了用户线的投资，可以在经济上获得较大的利益。

（3）分组交换广域网

与电路交换相比，分组交换是针对计算机网络设计的交换技术，可以最大限度地利用带宽，目前大多数广域网是基于分组交换技术的。

① X.25 网络

X.25 是一个公共数据网络，是一种比较容易实现的分组交换服务，其数据分组包含 3 字节头和 128 字节数据部分。X.25 网络运行 10 年后，在 20 世纪 80 年代逐渐被帧中继网络所取代。

② 帧中继

帧中继是一种用于连接计算机系统的面向分组的通信方法，主要用于公共或专用网上的局域网互联以及广域网连接。大多数公共电信局都提供帧中继服务，把它作为建立供性能的虚拟广域连接的一种途径。

帧中继的主要特点是：使用光纤作为传输介质，因此误码率很低，能实现近似无差错传输，减少了进行差错校验的开销，提高了网络的吞吐量；帧中继是一种宽带分组交换，使用复用技术时，其传输速率可高达 44.6 Mbit/s。但是帧中继不适合与传输诸如语音、电视等实时信息，仅限于传输数据。

③ ATM

ATM（Asynchronous Transfer Mode，ATM）异步传输模式又称为信源中继，是在分组交换基础上发展起来的一种传输模式。ATM 是一种采用具有固定长度的分组（信元）的交换技术，每个信元长 53 字节，其中报头占 5 字节，主要完成寻址的功能。之所以成为异步，是因为来自某一用户的、含有信息的各个信元不需要周期性的出现，也就是不需要对发送方的信号按照一定的步调（同步）进行发送，这是 ATM 区别于其他传输模式的一个基本特征。ATM 是一种面向连接的技术，信元通过特定的虚拟电路进行传输，首先要向接收端发送要求建立连接的控制信号，接收端通过网络收到该控制信号并同意建立连接后，一个虚拟电路就会被建立，当数据传输完毕后还需要释放该连接。

ATM 技术主要特点如下。

a. ATM 是一种面向连接的技术，采用小的、固定长度的数据传输单元，时延小，实施性较好。

b. 各类信息均采用信元为单位进行，能够支持多媒体通信。

c. 采用实时多路复用方式动态地进行传送，能够支持多媒体通信。

d. 采用时分多路复用方式动态地分配网络，网络传输时延，适应实时通信的要求。

e. 没有链路对链路的纠错与流量控制，协议简单，数据交换率高。

f. ATM 的数据传输率为 155 Mbit/s ~ 2.4 Gbit/s。

④ MPLS

MPLS 即多协议标签交换是一种用于快速数据包交换和路由的体系，它为网络数据流量提供了目标、路由、转发和交换等能力。MPLS 独立于第二层和第三层协议，它提供了另一种方式，将 IP 地址映射为简单的具有固定长度的标签，用于不同的包转发和包交换技术。MPLS 是将现有路由和交换协议的接口，如 IP、ATM、帧中继、资源预留协议、开放最短路径有线等。

⑤ DDN

DDN（数字数据网）是一种利用数字信道提供数据传输的网络，它提供点到点到多点的数字专线或专网。DDN 由数字信道、DDN 节点、网管系统和用户环路组成。DDN 的传输介质主要有光纤、数字微波、卫星信道等。DDN 采用了计算机管理的数字交叉连接技术，为用户提供半永久性连接线路，即 DDN 提供的信道是非交换、用户独占的永久虚电路。一旦用户提出申请，网络管理员便可以通过软件命令改变用户专线的路由或专网结构，而无须经过物理线路的改造扩建工程，因此 DDN 专线与电话专线的区别在于：电话专线是固定的物理连接，而且电话专线是模拟信道，带宽窄、质量差、数据传输率低；而 DDN 专线是半固定连接，其数据传输率和路由可随时根据需要改变，另外，DDN 专线是半固定连接，其数据传输率和路由可随时根据需要申请改变，另外，DDN 专线是数字信道，其质量高、带宽宽，并且采用热冗余技术，具有路由故障自动迁回功能。

DDN 与分组交换网的区别在于：DDN 是一个全透明的网络，采用同步时分复用技术，不具备交换功能，利用 DDN 的主要方式是定期或不定期地租用专线，使用于需要频繁通信的 LAN 之间或主机之间的数据通信。DDN 网提供的数据传输率一般为 2 Mbit/s，最高可达 45 Mbit/s 甚至更高。

5.1.3 如何接入 Internet

1. Internet 接入网

作为承载 Internet 应用的通信网，宏观上可划分为接入网和核心网两大部分。接入网主要用来完成接入核心网的任务。在 ITU-T 建议中接入网被定义为：本地交换机与用户端设备之间的连接部分，通常包括用户线传输系统、复用设备、数字交叉连接设备和用户/网络接口设备。

在当今核心网已逐步形成以光纤线路为基础的高速信道情况下，国际权威专家把宽带综合信息接入网比作信息高速公路的最后一英里，并认为它是信息高速公路中难度最大、耗资最多的一部分，是信息基础建设的瓶颈。

Internet 接入网分为主干系统、配线系统和引入线 3 部分。其中，主干系统为传统电缆和光缆；配线系统也可能是电缆或光缆，长度一般为几百米，而引入线通常为几米到几十米，多采用铜线。接入网的物理参考模型如图 5-3 所示。

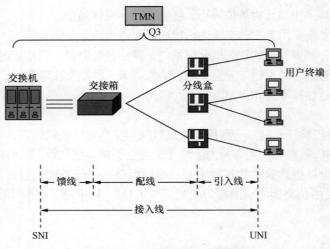

图 5-3　Internet 接入网参考模型

2．ISP

ISP（Internet Service Provider，互联网服务提供商）是用户接入 Internet 的服务代理和用户访问 Internet 的入口点。ISP 就是 Internet 服务提供者，具体是指为用户提供 Internet 接入服务、为用户制定基于 Internet 的信息发布平台以及提供基于物理层技术支持的服务商，包括一般意义上所说的网络接入服务商、网络平台服务商和目录服务提供商。ISP 是用户与 Internet 的桥梁，它位于 Internet 的边缘，用户通过某种通信线路连接 ISP，借助 ISP 与 Internet 的连接通道便可接入 Internet。

各国和各地区都有自己的 ISP，在我国具有国际出口线路的几个 Internet 运营商在全国各地都设置了自己的 ISP 机构。如 CHINANET 是我国电信部门经营管理的基于 Internet 网络技术的中国公用Internet网，通过CHINANET 的灵活接入方式和遍布全国各个城市的接入点，可以方便地接入 Internet。CHINANET 由核心层、区域层和接入层组成，核心层主要提供国内高速中继通道和连接接入层，同时负责为国际 Internet 的互联；接入层主要负责提供用户端口以及各种资源服务器。

ICP 中文翻译为 Internet 内容提供商，指的是利用 ISP 线路，通过设立的网站向广大用户提供信息业务和增值业务，允许用户在其域名范围内进行信息发布和信息查询，像新浪、搜狐、163、21CN 等都是国内知名的 ICP。

IDC 中文翻译为 Internet 数据中心，是电信部门利用已有的 Internet 通信线路、带宽资源，建立标准化的电信专业级机房环境，为企业、政府提供服务器托管、租用以及相关增值等方面的全方位服务。通过使用电信的 IDC 服务器托管业务，企业或者政府单位无须再建立自己的专门机房、铺设昂贵的通信线路，也无需高薪聘请网络工程师，即可自己解决使用 Internet 的许多专业需求，IDC 主机托管主要应用范围是网站发布、虚拟主机和电子商务等。

3．接入互联网方式的选择

① 接入技术的选择

针对不同用户的需求和不同的网络环境，目前有多种接入技术可供选择，如表 5-1 所示。

表 5-1 接入技术对比

介质类型	介质	特性	速度
有线接入	电话线	PSTN 拨号	56 Kbit/s
		ISDN 拨号	128 Kbit/s
		ADSL 拨号	下行 256 Kbit/s～8 Mbit/s，上行 512 Kbit/s～1 Mbit/s
		VDSL 拨号	下行 12 Mbit/s～52 Mbit/s，上行 1 Mbit/s～16 Mbit/s
	光纤+双绞线	Ethernet（以太网技术）	10/100/1 000 Mbit/s
		APON（光纤 ATM 技术）	155 Mbit/s～622 Mbit/s
		EPON（光纤以太网技术）	1 Gbit/s
	光纤+同轴电缆	HFC（混合光纤和同轴电缆）	下行 36 Mbit/s，上行 10 Mbit/s
	电力线	PLC（电力通信网络）	2～100 Mbit/s
无线接入	2.4 G 微波频段	WLAN	1～300 Mbit/s
	850 MHz/900 MHz/1 800 M Hz/1 900 MHz 微波频段	GPRS	171.2 Kbit/s

② ISP 的选择

用户能否有效地访问 Internet 与所选择的 ISP 直接相关,在选择 ISP 时应该注意以下几个方面。

a. ISP 的位置。在选择 ISP 的时候，首先应该考虑本地的 ISP，这样既可以减少通信线路的费用，又能得到更可靠的通信线路。

b. ISP 的可靠性。ISP 能否保证用户与 Internet 的顺利连接，在连接建立后能否保证连接不中断，能否提供可靠的域名服务器、电子邮件等服务。

c. ISP 的传输速率。ISP 能否提供到 Internet 高速的连接。

d. ISP 的出口带宽。ISP 的所有用户将分享 ISP 的 Internet 连接通道，如果 ISP 的出口带宽比较小，可能成为用户访问 Internet 的瓶颈，如表 5-2 所示。

表 5-2 CNNIC2009 年度 12 月 31 日统计报告，我国各 ISP 出口带宽

ISP 名称	出口带宽（单位：Mbit/s）
中国电信	516 650.2
中国联通	298 834
中国科技网	10 322
中国教育和科研计算机网	10 000
中国移动互联网	30 559
中国国际经济贸易互联网	2
合计	86 6367.2

e. ISP 的服务质量

对 ISP 的服务质量的衡量是多方面的，如所能提供的增值服务、技术支持、服务经验和收费标准等。增值服务是指为用户提供除了上网以外的一些服务，如根据用户的需求定制安全策略、提供域名注册服务等。技术支持除了保证一天 24 小时的连续运行外，还涉及能否为客户提供咨询或软件升级等服务，以及 ISP 的服务经验、经营理念、服务历史以及客户情

况等。目前 ISP 常见的收费标准包括按传输的信息量收费、按与 ISP 建立连接的时间收费或按照包月、包年等形式收费。

5.2 IP 地址规划

5.2.1 IP 地址和子网划分

随着计算机数量的增长，一个大的广播域必须划分成若干个小的广播域，这就需要用到子网划分的知识。所谓子网是在 TCP/IP 网络上，由路由器连接的网段。同一子网内的 IP 地址必须具有相同的网络号。

1. 子网掩码

通常在设置 IP 地址的时候，必须同时设置子网掩码，子网掩码不能单独存在，它必须结合 IP 地址一起设置。子网掩码只有一个作用，就是将某个 IP 地址划分成网络标识和主机标识两部分。

子网掩码的设定必须遵循一定的规则。与 IP 地址相同，子网掩码的长度也是 32 位，由两部分组成，左边一部分全部由二进制数字"1"表示，右边是主机位，全部由二进制数字"0"组成。比如某台计算机的 IP 地址用点分十进制表示为 169.10.20.160，子网掩码为255.255.255.0。其中，子网掩码中的"1"有 24 个，代表与此对应的 IP 地址左边 24 位是网络标识；子网掩码中的"0"有 8 个，代表与此对应的 IP 地址右边 8 位是主机标识。按照这样的规则，可以把 IP 地址分成两部分，分别是网络号"169.10.20"和主机号"160"。

只有通过子网掩码，才能表明一台主机所在的子网与其他子网的关系，使网络正常工作。默认情况下，A 类网络的子网掩码为 255.0.0.0，B 类网络的子网掩码为 255.255.0.0，C 类网络地址的子网掩码为 255.255.255.0。

子网掩码是用来判断任意两台计算机的 IP 地址是否属于同一逻辑子网的根据。连接在同一个物理网段的两台计算机在实际进行通信时，通信软件将两台计算机各自的 IP 地址与子网掩码按位进行 AND 计算（与运算）后，如果得出的结果是相同的，则说明这两台计算机是处于同一个广播域的，可以进行直接的通信。例如，某网络中有 3 台主机，计算如下。

① 主机 1：IP 地址为 192.168.0.1，子网掩码 255.255.255.0。

转化为二进制进行运算：

IP 地址	11000000.10101000.00000000.00000001
子网掩码	11111110.01111110.01111111.00000000
AND 运算	11000000.10101000.00000000.00000000

转化为十进制后为 192.168.0.0。

② 主机 2：IP 地址 192.168.0.254，子网掩码 255.255.255.0。

转化为二进制进行运算：

IP 地址	11000000.10101000.00000000.11111111
子网掩码	11111110.01111110.01111111.00000000
AND 运算	11000000.10101000.00000000.00000000

转化为十进制后为 192.168.0.0。

③ 主机 3：IP 地址 192.168.0.4，子网掩码 255.255.255.0。

转化为二进制进行运算：

IP 地址　　　　11000000.10101000.00000000.00000010

子网掩码　　　11111110.01111110.01111111.00000000

AND 运算　　　11000000.10101000.00000000.00000000

转化为十进制后为 192.168.0.0。

通过对以上 3 台计算机 IP 地址与子网掩码的 AND 运算后，得到的运算结果是一样的，计算机就会把这 3 台计算机视为是同一个广播域，可以通过相关的协议把数据包直接发送到目标主机，如果网络标识不同，表明目标主机在远程网络上，那么数据包将会发动给本网络上的路由器，由路由器将数据包发送到其他网络，直至到达目的地。

2．IP 子网划分

（1）IP 地址两级结构的局限

标准的 IP 地址分为两级结构，即每个 IP 地址都可分为网络表示和主机标识两部分，在同一个广播域中的所有主机网络标识符要相同，而主机标识要不同。但这种结构在实际的网络应用中还存在这一定的局限和不足。

首要的问题是 IP 地址空间的利用率很低，如某广播域只有 10 台主机，要分配 IP 地址，即使是选择 C 类 IP 地址，一个 C 类的 IP 地址段一共有 254 个可以分配的 IP 地址，这样有 244 个 IP 地址就给浪费掉了。给每一个物理网络分配一个网络标识符会使路由器和主机上的路由表变得太大，而使网络性能变坏。此外，两级的 IP 地址不够灵活，很难针对不同的网络需求进行规划和管理。

解决这些问题的办法是，让网络内部可以分成多个部分，但是对外却像一个单独网络一样。从 1995 年起在 IP 地址中增加了一个"子网标识字段"，使两级的 IP 地址变成三级的 IP 地址。这种做法叫做划分子网。

IP 地址＝｛<网络标识>＋<子网标识>＋<主机标识>｝

（2）子网划分

下面通过一个 B 类地址子网划分的例子来说明如何实现子网划分，如何把两级的 IP 地址变成类似三级的 IP 地址。例如，某区域网络申请到了一个 B 类地址如 178.22.1.0/16，该 32 位 IP 地址中的前 16 位是固定的，后 16 位可供用户自己支配。网络管理员可以将这用户自己支配的 16 位分成两部分，一部分作为子网标识，另一部分作为主机标识。作为子网标识的比特数可以从 1 到 14，如果子网标识的位数为 m，在原来所分配的 IP 地址和这 m 位进行与运算，会得到 2^m 种结果，则该网络一共可以划分 2^m 个子网，与之对应主机标识的位数为 $16\sim m$，每个子网中可以容纳 $2^{16-m}\sim 2$ 个主机（注意：主机标识不能全为"1"，也不能全为"0"，所以要去掉两个 IP 地址）。B 类地址的子网划分选择，如表 5-3 所示。

表 5-3　　　　　　　　　　　　B 类地址的子网划分

子网标识比特数	子网掩码（二进制）	子网掩码（点分十进制）	子网数	每个子网的主机数
1	11111111 11111111 10000000 00000000	255.255.128.0	2	36 766
2	11111111 11111111 11000000 00000000	255.255.192.0	4	18 382
3	11111111 11111111 11100000 00000000	255.255.224.0	8	9 190
4	11111111 11111111 11110000 00000000	255.255.240.0	16	4 094
5	11111111 11111111 11111000 00000000	255.255.248.0	32	2 046
6	11111111 11111111 11111100 00000000	255.255.252.0	64	1 022

续表

子网标识比特数	子网掩码（二进制）	子网掩码（点分十进制）	子网数	每个子网的主机数
7	11111111 11111111 11111110 00000000	255.255.254.0	128	510
8	11111111 11111111 11111111 00000000	255.255.255.0	256	254
9	11111111 11111111 11111111 10000000	255.255.255.128	512	126
10	11111111 11111111 11111111 11000000	255.255.255.192	1 024	62
11	11111111 11111111 11111111 11100000	255.255.255.224	2 048	30
12	11111111 11111111 11111111 11110000	255.255.255.240	4 096	14
13	11111111 11111111 11111111 11111000	255.255.255.248	9 192	6
14	11111111 11111111 11111111 11111100	255.255.255.252	18 384	2
15	11111111 11111111 11111111 11111110	255.255.255.254	36 766	0
16	11111111 11111111 11111111 11111111	255.255.255.255	无意义	

由表 5-3 可以看出，当用子网掩码进行了子网划分之后，整个 B 类网络中可容纳的主机数量即可以分配给主机的 IP 地址数量减少了，因为主机号变短了，每个子网内部的主机号都有一个全为 0 的主机号和全为 1 的主机号，这样的地址必须要舍去。所以划分子网是以牺牲可用 IP 地址的数量为代价的。

用子网掩码划分子网的一般步骤如下。

第 1 步，确定子网的数量 m，并将 m 加 1 后将其转换为二进制数，并确定位数 n。

第 2 步，按照 IP 地址的类型写出其默认子网掩码。

第 3 步，将默认子网掩码中主机标识的前 n 位对应的位置设为 1，其余为仍然为 0。

第 4 步，写出各子网的子网标识和相应的 IP 地址。

3．IP 构建超网

所谓构建超网是一种用子网掩码将若干个相邻的网络地址组合成单个网络地址的方法，它可以把几个规模较小的网络组合成一个规模较大的网络。构建超网可看成子网划分的逆过程。子网划分时，从 IP 地址主机标识部分借位，将其合并进行网络标识部分；而在构建超网过程中，则是将网络标识部分的某些位合并进主机标识部分。

某公司共有 400 台主机，这 400 台主机需要直接通信，应如何为该公司分配 IP 地址。该公司网络共有 400 台主机，需要 400 个 IP 地址，而一个 C 类的网络最多有 254 个可以使用的 IP 地址，因此要为该公司网络分配 IP 地址的一种方法是可以考虑申请 B 类的 IP 地址，但这明显会造成很大的资源浪费。所以考虑申请两个相邻的 C 类地址，通过构建超网达到目的。

假设申请到的两个 C 类地址为 202.128.14.0 和 202.128.15.0，每个网络中有 254 个可用的 IP 地址，将这两组 IP 转换为二进制：

11001010 10000000 00001110 00000000

11001010 10000000 00001111 00000000

原子网掩码：11111111 11111111 11111111 00000000

变后的子网掩码：11111111 11111111 11111110 00000000

C 类地址默认的子网掩码为 255.255.255.0，前 24 位为网络标识，后 8 位为主机标识，而在上面两个 C 类网络中，其网络标识只有最后一位是不同的，前 23 位是相同的，如果将子网掩码变为 23 位，转换成点分十进制后是 255.255.254.0，上面的两个 C 类网络中，IP 地址的前 23 位就变成了网络标识。

此时这两个 C 类网络就构成了一个超网，其网络标识为前 23 位，网络地址为 202.128.14.0，第一个可用的 IP 地址为 202.128.14.1，最后一个可用的 IP 地址为 202.128.15.254；共有 510 个可用的 IP 地址，广播地址为 202.128.15.255。

5.2.2 IP 地址规划

1. 保留 IP 地址

在 IP 地址中有一些是保留的 IP 地址，即在 Internet 上不适用的 IP 地址，这些地址，一般有其特殊的用途。常见的一些特殊 IP 地址有：127.0.0.1、0.0.0.0、225.225.225.225 等。

其中有 3 组地址分别属于 A 类、B 类或 C 类地址，这类地址称为私有地址，私有 IP 地址是与公有 IP 地址相对的。由于在 Internet 中任何一个接入设备都需要有一个属于自己的 IP 地址，随着 Internet 的迅速发展出现了 IP 地址不够用的情况，因此人们将 A、B、C 类地址的一部分保留下来，作为私有 IP 地址，专门用于各类专有网络（如企业网、校园网、行政网）的使用。

私有 IP 地址是只能在局域网中使用的 IP 地址，当局域网通过路由设备与广域网连接时，路由设备会自动将该地址段的信号隔离在局域网内部，不用担心所使用的保护 IP 地址会与其他局域网中使用的同一地址段的保留 IP 发生冲突（即 IP 地址完全相同）。所以完全可以放心地根据自己的需要（主要考虑所需的网络数量和网络内计算机的数量）选用适当的专有网络地址段，设置本局域网中的 IP 地址。

路由器或网关会自动将这些 IP 地址拦截在局域网之内，而不会将其路由到公有网络中，所以即使在两个局域网中均使用相同的私有 IP 地址段，彼此之间也不会发生冲突。在 IP 地址资源已经非常紧张的今天，这种技术手段被越来越广泛地应用于各类网络的网络之中。当然，使用私有 IP 地址的计算机也可以通过局域网访问 Internet，不过需要借助地址映射或代理服务器实现 Internet 连接共享才能完成。

私有 IP 地址包括以下地址段。

（1）10.0.0.0/8

10.0.0.0/8 私有网络是 A 类网络，允许有效 IP 地址范围从 10.0.0.1 ~ 10.255.255.254。

（2）172.16.0.0/12

172.16.0.0/12 私有网络可以被认为是 16 位 B 类网络，20 为可分配的地址空间（20 位主机标识），能够应用于私人组织里的任意子网方案。172.16.0.0/12 私有网络允许下列有效地 IP 地址范围：172.16.0.1 ~ 172.31.255.254。

（3）192.168.0.0/16

192.168.0.0/16 私有网络可以认为是 C 类网络 ID，16 位可分配的地址空间可以用于私人组织里的任意一个子网方案。192.168.0.0/16 私有网络允许使用下述有效 IP 地址范围：192.168.0.1 ~ 192.168.255.254。

2. IP 地址规划的原则和步骤

当给同属于一个广播域的网络规划 IP 的时候，任务是很轻松的，只需要让所有的计算机的 IP 地址属于同一个子网就行了。但是，大多数情况下，所面对的局域网中往往不止一个广播域，这时，就需要进行 IP 地址规划，规划的步骤如下。

第 1 步，画出网络拓扑结构图。

第 2 步，用虚线在上面圈出不同的广播域。

第 3 步，为不同的广播域规划 IP 网络号。

第 4 步，为路由器的端口设置 IP 地址。

第 5 步，为计算机设置 IP 地址。

分配 IP 地址一般应遵循以下的原则。

① 通常局域网计算机和路由器的端口需要分配 IP 地址。

② 处于同一个广播域的主机或路由器的 IP 地址的网络号必须相同。

③ 用交换机互联的网段是同一个广播域，如果在交换机上使用了虚拟局域网技术，那么不同的 VLAN 是不同的广播域，处于不同的 VLAN 的主机，IP 地址网络标识不同。

④ 路由器的不同的端口连接的是不同的广播域，路由器依靠路由表来决定数据包转发给哪一个广播域。

⑤ 路由器的每个端口都至少有一个 IP 地址，有些情况下，可以有两个或两个以上的 IP 地址。

3．IP 规划实例——为路由器连接的某局域网规划 IP 地址

如图 5-4 所示，共由 3 个局域网通过 3 个路由器互联起来构成一个互联网。图 5-4 中给出了对该网络 IP 地址的分配原则，应如何对路由器连接的网络进行 IP 地址规划。

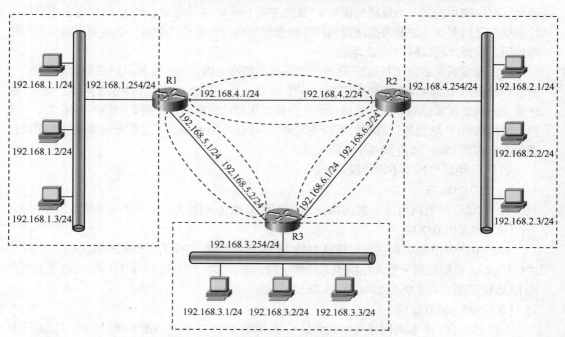

图 5-4　为路由器连接的某局域网规划 IP 地址

图 5-3 中用虚线圈出了 6 个广播域，3 个以太网网段被路由器分开，各是 1 个广播域，每两个相连的路由器的连接端口构成一个广播域。每个广播域内的 IP 地址网络号要相同，各个广播域的网络号要不同。每个路由器都有 3 个端口，每个端口都有自己的 IP 地址，与其直连的网段的其他计算机或路由器端口的 IP 地址的网络号相同。

5.3 拨号接入 Internet

在计算机网络还不发达的时候，互联网的接入技术主要是利用电话网的模拟用户线，采用调制解调器技术实现数字信息在电话网上的传送。而在网络日益宽带化的今天，网络接入技术（诸如 ADSL、Cable Modem 等）可以说是日新月异。

5.3.1 电话网的拨号接入

电话网已经有 100 多年的历史，当时设计它的目的是为了传输人类的语音，随着计算机之间相互通信需求的出现，电话网开始服务于计算机网络，而迅速发展的光纤技术和数字通信技术使电话网和计算机网络结合得更加紧密。

电话网基本上由以下几个部分组成。

1. 中继局

中继局的核心是可实现电路交换的交换设备。众多的中继局采用层次结构组织起来，并相互联接。根据所处位置的不同，中继局又可分为端局、区局、长途局等。连接用户与中继局的线缆，每台电话机用两根铜质导线直接连接起来在最近的中继局的交换机上距离大约在 1～10km 之间，这段线路习惯上称为本地回路。

2. 调制解调器

调制解调器提供了模拟音频信道，信道频带为 300～3 400Hz，而数字信号频宽为零到几千兆赫兹。若不加任何措施利用模拟信道来传输数字信号，必定要出现极大地失真和差错。所以，要在公用电话网上传输数字数据，必须将数字信号变化成电话网所允许的频带范围在 300～3 400Hz 的模拟信号，经传输后再在接收端将模拟音频信号逆变换成对应的数字信号。调制解调器是实现数字信号与模拟信号互换的设备。

模拟信号传输的基础是载波，载波具有 3 大要素：幅度、频率和相位。数字数据可以针对载波的不同要素或它们的组合进行调制，具有下面 3 种基本形式。

① 移幅键控法（ASK）：ASK 用载波的两种不同幅度来表示二进制的两种状态。ASK 方式容易受到增益变化的影响，是一种低效的调制技术。在电话线路上，通常只能达到 1 200 bit/s 的速率。

② 移频键控法（FSK）：FSK 用载波频率附近的两种不同频率来表示二进制的两种状态，在电话线路上，使用 FSK 可以实现全双工操作，通常可达到 1 200 bit/s 的速率。

③ 移相键控法（PSK）：PSK 用载波信号的初始相位来表示数据。PSK 可以使用二相或多余二相的相移，利用这种技术，可以对传输速率起到加倍作用。例如，常用的四相制，用与 4 个不同的相位表示：00.01.10.11。PSK 还可以分为绝对相移键控和差分相移键控（DPSK），后者具有更好的抗干扰性。它的规则是：相对于前一个码元载波的相位变化为 0，代表 0 码，变化 180 度代表 1 码。

为了达到更高的速率，调制可以采用技术上更为复杂的多元制，即调制后一个码元携带多比特信息的方式，表现为码元的振幅、频率或相位允许有多种取值。还可以把几种调制技术结合起来使用，如调制时采用 8 个相移位置和 2 个振幅值，共 16 种组合，这时的信息速率为码元速率的 4 倍。这种技术成为正交幅度调制（PAM），PAM 与另一种被称为网格编码调制（TCM）的调制技术被广泛用于高度调制解调器中。

调制解调器的数据速率受香农定律的限制，香农定律根据电话环路的平均长度和线路的质量得到电话系统支持的数据速率小于 35 Kbit/s。

5.4 以 ADSL 方式接入 Internet

5.4.1 ADSL 技术体系

1. DSL 技术

数字用户线路技术是基于普通电话线的宽带接入技术。它可以在一对铜线上分别传送数据和语音信号，其中数据信号并不通过电话交换设备。DSL 有许多模式，如 ADSL、HDSL等。它们的主要区别体现在信号传输速度和距离的不同以及上行和下行速率的对称性的不同这两个方面。

HDSL 和 ADSL 支持对称的 T1/E1 传输。其中，HDSL 的有效传输距离为 3～4km，且需要2～4 对铜质电话线；ADSL 最大传输有效距离是 3 km，只需要 1 对铜线。相比较而言，对称 DSL更适用于企业点对点连接应用，如文件传输、视频会议等收发数据量大致相等的工作。

VDSL、ADSL、RADSL 属于非对称传输。其中，VDSL 技术是 xDSL 技术中最快的一种，但其传输距离只在几百米之内；ADSL 在 1 对铜线上支持上行 640 Kbit/s～1 Mbit/s，下行速率 256 Kbit/s～8 Mbit/s，有效传输距离在 3～5km，RADSL 能够提供的速度范围与ADSL 基本相同，但它可以根据双绞线质量的优劣和传输距离的远近动态地调整用户的访问速度。

2. ADSL 技术的特点

ADSL 是一种非对称的 DSL 技术，所谓非对称是指用户线的上行速率与下行速率不同。ADSL 上行速率低、下行速率高，特别适合传输多媒体信息业务，如视频点播、多媒体信息检索和其他交互式业务。

传统的电话线系统使用的是铜线的低频部分，而 ADSL 采用 DMT（离散多音频）技术。将原来电话线中从 40 kHz～1.1 MHz 的频段划分成 256 个频宽为 4.3 kHz 的子频带。其中，4 kHz 以下频段用于传送传统电话业务，20～138 kHz 的频段用来传送下行信号。DMT 技术可以根据线路情况调整每个信道上所调制的比特数，以便充分地利用线路。由以上可以看出，对于原电话信号而言，仍使用原先的频带，而基于 ADSL 的业务，使用的是话音以外的频带。所以原先电话业务不受任何影响。

ADSL 技术具有以下特点：

① 可直接利用现有电话线，节省投资；

② 可享受高速的网络服务，为用户提供上下行不对称的传输带宽；

③ 上网的同时可以打电话，互不影响，ADSL 传的数据并不通过电话交换机，所以上网时不需要另交电话费；

④ 安装简单，不需要另外申请长线路，只需要在普通电话线上加装 ADSL Modem，在计算机上安装网卡即可（目前的计算机一般都标配网卡）；

⑤ ADSL 的数据传输速率是根据线路的情况自动调整的，它以"尽力而为"的方式进行数据传输。

3．ADSL 技术与其他常见接入技术的对比

（1）ADSL 与普通拨号 Modem 的比较

比起普通拨号 Modem 的最高速率 56 Kbit/s，ADSL 的速度优势是不言而喻的，而且它在同一铜线上分别传送数据和语音信号，数据信号并不通过电话交换机设备，所以在线并不需要拨号，这意味着上网无需额外缴纳费用。

（2）ADSL 与 ISDN 的比较

二者的相同点是都能够进行语音、数据、图像的综合通信，但 ADSL 的速率是 ISDN 的60 倍左右，ISDN 提供的是 2B+D 的数据通道，其速率最高可达到 128 Kbit/s，接入网络是窄带 ISDN 交换网络，而 ADSL 的下行速率可达到 8 Mbit/s，它的语音部分走的是传统的 PSTN 网，数据部分则接入宽带 ATM 平台。

（3）ADSL 与 Cable Modem 的比较

ADSL 在网络拓扑的选择上采用星型拓扑结构，为每个用户提供固定、独占的保证宽带，而且可以保证用户发送数据的安全性，而 Cable Modem 的线路为总线型，一旦用户数增多，每个用户所分配的带宽就会急剧下降，而且共享型网络拓扑最大的缺陷就是它的安全性差、数据传输基于广播机制，同一个信道的每个用户都可以接收到该信道中的数据包。

5.4.2 ADSL 的接入方式

1．接入的拨号方式

利用 ADSL 接入的方式主要有 PPPOA、PPPOE 虚拟拨号方式、专线方式和路由方式 4种，每种方式支持的协议是不一样的。一般用户多采用 PPPOA、PPPOE 虚拟拨号方式，用户没有固定的 IP 地址，使用 ISP 分配的用户账户进行身份验证。而企业用户更多的选择静态 IP 地址的专线方式和路由方式。

（1）PPPOE

PPPOE 的中文名称是以太网的点到点连接协议。这个协议是为了满足越来越多的宽带上网设备和越来越快的网络之间的通信而最新制定开发的标准，它基于两个广泛接受的标准，即局域网 Ethernet 和 PPP 点对点拨号协议。对于最终用户来说，不需要用户了解比较深的局域网技术，只需要当作普通拨号上网就可以了；对于服务商来说，在现有局域网基础上不需要花费巨资来做大面积改造、设置 IP 地址绑定用户来支持专线方式。这就使得 PPPOE 在宽带接入服务中比其他协议更具优势，因此逐渐成为宽带上网的最佳选择。

PPPOE 的实质是以太网和拨号网络之间的一个中继协议，继承了以太网的快速和 PPP 拨号的简单、用户验证、IP 分配等优势。在实际应用中，PPPOE 利用以太网的工作原理，将 ADSL 的 100BASE-T 接口与内部以太网互联，在 ADSL Modem 中采用 RFC 1483 的桥接封装方式对终端发出的 PPP 包进行 LLC/SNAP 封装后，通过连接两端的 PVC 与宽带接入服务器之间建立连接，实现 PPP 的动态接入，PPPOE 接入利用在网络侧和 ADSL 之间的一条 PVC 就可以完成以太网络上多用户的共同接入，使用方便，实际组网方式也很简单，大大降低了网络的复杂度。PPPOE 具备了以上这些特点，所以成为当前宽带接入的主流接入协议。

（2）PPPOA 协议

PPPOA 的中文名称为异步传输点到点连接协议，适用于 ATM 网络连接。PPPOA 方式

类似于专线接入方式，用户连接和配置好 ADSL Modem 后，在自己的计算机网络里设置好相应的 TCP/IP 协议以及网络参数，用户端和局端会自动建立一条链路，无须任何拨号软件，但需要输入相应的用户账户。目前普通用户基本上不采用 PPPOA 方式，该方式主要用于电信、邮政等通信领域。

2. 不同数量用户的接入结构

从客户端设备和用户数量来看，ADSL 接入可以分为以下 4 种接入情况。

（1）单用户 ADSL Modem 直接连接

此方式多为家庭用户使用，连接时用电话线将滤波器一端接于 ADSL Modem，再用双绞线将 ADSL Modem 与计算机网卡连接即可（如果使用 USB 接口的 ADSL Modem 则不必使用网线），如图 5-5 所示。

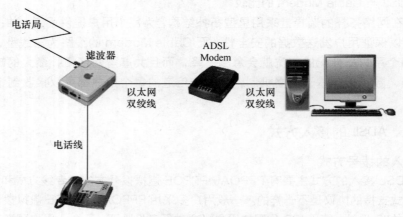

图 5-5　单用户通过 ADSL 接入互联网

（2）多用户 ADSL Modem 直接连接

若有多台计算机，首先应用集线器或交换机组成局域网，设其中一台为服务器，并配置两块网卡，一块连接 ADSL Modem，一块接入局域网，滤波器的连接与单用户 ADSL Modem 直接连接相同，其他计算机可通过服务器接入 Internet，如图 5-6 所示。

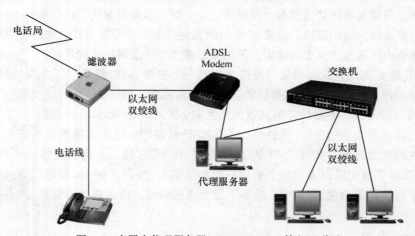

图 5-6　多用户代理服务器+ADSL Modem 接入互联网

（3）小型网络用户 ADSL 路由器直接连接

ADSL Modem+代理服务器的方式接入互联网方案最大的缺点是：代理服务器需要长期打开，这无疑浪费了大量的能源，与当下流行的低碳生活目标背道而驰。所以，当有多个用户需要接入时，可以用另一种方法：在 ADSL Modem 后面加一个宽带路由器。由宽带路由器来完成拨号功能，其他计算机通过宽带路由器上网。

目前还出现了许多新的设备，如 ADSL 路由器、ADSL 无线路由器，其原理无非是将宽带路由器或者无线路由器的功能和 ADSL Modem 整合起来。其连接原理大同小异，大家在使用的时候要留心观察，如图 5-7 所示。

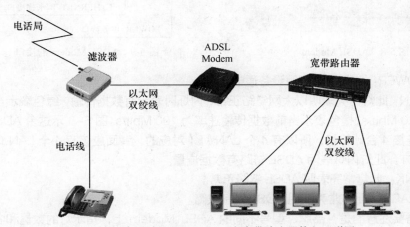

图 5-7　多用户通过 ADSL Modem 和宽带路由器接入互联网

5.4.3　用 ADSL 方式接入互联网

1. 认识 ADSL Modem 和滤波分离器

（1）认识 ADSL Modem

在用户端，接入方式的核心设备是 ADSL Modem。ADSL Modem 与原来的 Modem 一样有内置和外置之分。内置 ADSL Modem 是一块内置板卡，受性能影响现在很少使用。外置 ADSL Modem 根据其提供的计算机接口分为以太网 RJ-45 接口类型和 USB 接口类型，目前常用的是以太网 RJ-45 接口类型，也有些 ADSL Modem 同时提供了以太网和 USB 两种接口，如图 5-8 所示。

在外置 ADSL Modem 上，可以看到一些接口，这些接口的主要功能是实现硬件的连接。图 5-8 所示是 ADSL Modem 的正面，把 Modem 反过来，常常可以看到这样的一些接口，如图 5-9 所示。

① POWER：电源接口，连接电源适配器。

② CONSOLE：调试端口，可以用以太网连接线直接连接计算机进行调试。

③ USB：用来连接没有以太网口的计算机上的 USB 口通信。

④ ETHERNET：以太网接口，可以连接计算机的以太网卡。

⑤ LINE：ADSL 接口，连接电话线。

在外置 ADSL Modem 的正面，还可以看到一些状态指示灯，通过状态指示灯可以判断设备的工作状况，常见外置 ADSL Modem 上的状态指示灯一般有以下几个。

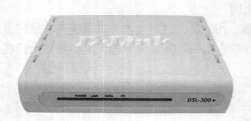

图 5-8　ADSL Modem

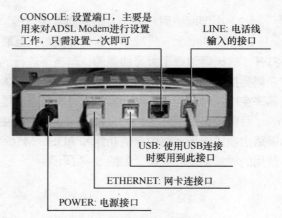

CONSOLE: 设置端口，主要是用来对ADSL Modem进行设置工作，只需设置一次即可

LINE: 电话线输入的接口

USB: 使用USB连接时要用到此接口

ETHERNET: 网卡连接口

POWER: 电源接口

图 5-9　ADSL Modem 的接口

① POWER：此灯常亮表明设备通电。

② LAN：此灯常亮表明以太网链路正常；闪烁时表示有数据传输，绿色表示当前数据传输速率为 10 Mbit/s；橙色表示当前数据传输速率为 100 Mbit/s。图 5-8 示这台 ADSL Modem 可以同时连接 4 台计算机，所以有 4 个 LAN 灯（对应的，背面应该有 4 个 LAN 口）。

③ ACT：此灯闪烁表明 ADSL 链路有数据流量。

④ LINK：此灯常亮表明 ADSL 链路正常。

⑤ ALARM：此灯常亮表明 ADSL 设备故障。

读者需要注意的是，品牌、型号不同的 ADSL Modem 上，指示灯的数量和名称会有所差别。

（2）认识 ADSL 滤波分离器

如果希望上网的同时也能通电话，而且两者互不影响，那就需要在安装电话和 ADSL Modem 前使用滤波分离器。滤波分离器的作用是将 ADSL 电话线路中的高频信号和低频信号分离，使 ADSL 数据和语音能够同时传输，如图 5-10 所示。

图 5-10　ADSL 滤波分离器

通常在滤波分离器上会有 3 个电话线接口，一般都会有英文标注，在连接前请看清每个接口的作用和位置，其中"LINE"是电话线的进线，其他两个接口已做介绍，这里不再赘述。

2．硬件设备的安装和连接

（1）检查相应硬件，制作双绞线跳线

在进行 ADSL 硬件安装前，应检查是否准备好如下材料：网卡（一般计算机已经标配）、1 个 ADSL 调制解调器，1 个滤波器，另外还有 2 根两端做好 RJ–11 头的电话线和 1 根两端做好 RJ–45 头的 5 类双绞线跳线（交叉线）。

（2）安装 ADSL 滤波分离器

安装时先将来自电信局端的电话线接入滤波器的输入端（LINE），然后再用准备好的两端做好 RJ–11 头的电话线一头连接滤波器的语音信号输出口（PHONE），另一端连接电话机。需要注意的是，在采用 G.Lite 标准的系统中由于降低了对输入信号的要求，就不再需要安装滤波器了，这使得该 ADSL Modem 的安装更加简单和方便。

（3）安装 ADSL Modem

用准备好的另一根两端做好 RJ–11 头的电话线将滤波器的 Modem 口和 ADSL Modem 的 ADSL 插孔连接起来，再用 5 类双绞线跳线（交叉线），一头连接 ADSL Modem 的以太网接口，另一头连接计算机网卡中的 RJ–45 接口。这时候打开计算机和 ADSL Modem 的电源，如果两边连接网线的插孔所对应的 LED 灯都亮了，那么硬件连接成功。ADSL Modem 的硬件连接如图 5–11 所示。

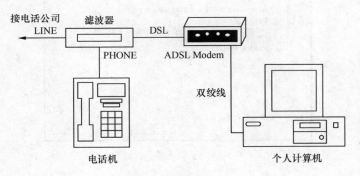

ADSL 安装原理图

图 5-11　ADSL Modem 硬件连接图

3．软件设置

（1）驱动程序和网卡设置

外置 ADSL Modem 和滤波分离器不需要安装驱动程序，现有的 Windows XP 操作系统环境下，网卡的驱动程序会自动安装。

（2）安装 PPPOE 虚拟拨号软件

ADSL 的使用有虚拟拨号和专线拨号两种方式，采用专线接入的用户只要开机即可接入 Internet。所谓虚拟拨号是指用 ADSL 接入 Internet 时同样需要输入用户名与密码，虚拟拨号在使用习惯上与原来的方式没有什么不同，但需要安装虚拟拨号软件。

在 Windows XP 系统中建立 ADSL 拨号连接的方法与建立一个电话拨号连接是一样的，基本操作步骤如下。

第 1 步，新建拨号连接。单击"开始"→"程序"→"附件"→"通信"→"新建连接向导"命令，进入连接向导后，单击"下一步"按钮，进入如图 5–12 所示的"网络连接类型"选择对话框，选择"连接到 Internet"，单击"下一步"按钮。

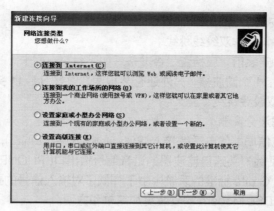

图 5-12　新建连接向导

第 2 步，在图 5-13 所示的对话框中选择"手动设置我的连接"，单击"下一步"按钮。

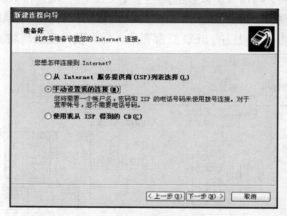

图 5-13　手动设置我的连接

在图 5-14 所示的对话框中选择"用要求用户名和密码的宽带连接来连接"（基于 PPPOE 协议），单击"下一步"按钮。

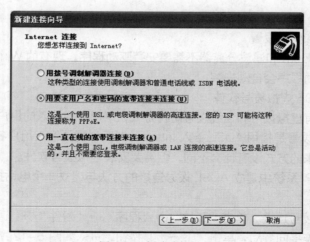

图 5-14　新建连接向导

第3步，设置自己的连接的名称。在图 5-15 所示的对话框中输入一个连接的名称，这里填入"chinanet"，单击"下一步"按钮。

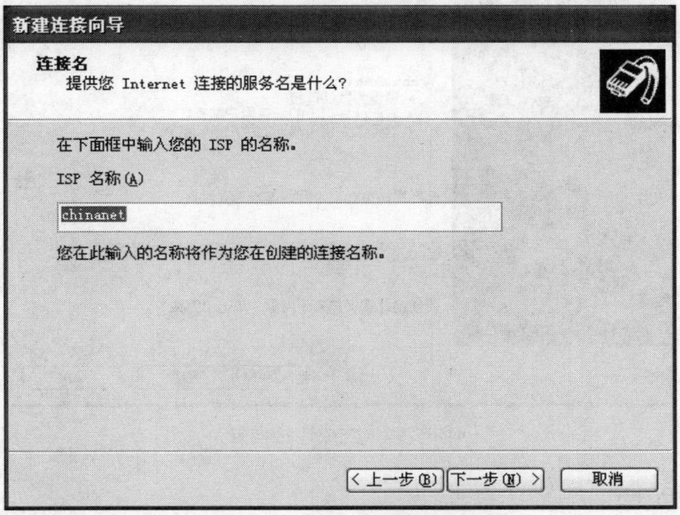

图 5-15　输入 ISP 名称

注意：这个名称与 ISP 的实际缩写无关，主用是方便自己进行区分的。

第4步，输入用户名和密码，在图 5-16 所示的对话框中的"用户名"处填入申请 ADSL 时的账户名，在"密码"与"确认密码"处填入用户密码。用户名和密码必须区分大小写字母，这里输入的资料必须正确，否则将不能成功登录。接着的选项可以按照需要自行选择是否勾选，再单击"下一步"按钮。

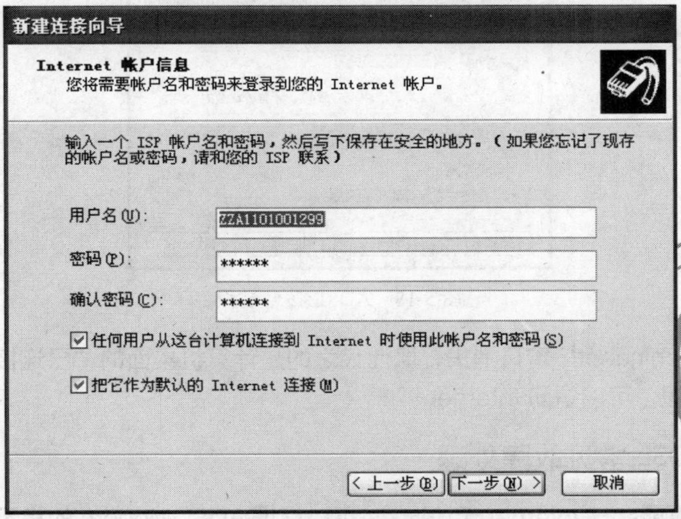

图 5-16　输入用户名和密码信息

在如图 5-17 所示的对话框中把"在我的桌面上添加一个到此连接的快捷方式"打钩，这样在计算机桌面上就会有一个名称为"chinanet"的拨号连接图标，单击"完成"按钮以结束本次安装。

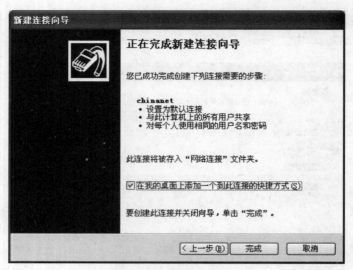

图 5-17 完成连接向导

（3）访问 Internet

双击计算机桌面上的"chinanet"拨号连接图标，系统会打开"连接 chinanet"对话框，如图 5-18 所示，单击对话框左下角的"连接"按钮。

图 5-18 ADSL 拨号过程

如果"连接 chinanet"窗口消失，取而代之的是计算机桌面的"已连接"显示，则表明现在已经连接上线，可以访问 Internet 了。

5.4.4 ADSL 常见故障处理

ADSL 有时可能会与 Internet 无法连接，可以根据 ADSL Modem 的指示灯和计算机拨号程序的提示来判断究竟问题出在哪里并针对性的加以解决。

1．从 ADSL Modem 的指示灯来判断故障及处理办法

（1）计算机提示"本地连接拨出"或"LINK"灯不亮

用户 PC 网卡经网线连接 Modem 后，Modem 上的"LINK"指示灯会闪亮，如该指示灯不能正常闪亮，说明网卡与 Modem 间网线有问题或用户网卡有故障。此时，应该确认计算机网卡、Modem 之间的网线是否连接正常，可以插拔 RJ-45 头或者换根网线试一试。

（2）电源灯不亮

电源灯（POWER）应持续点亮，如电源指示灯不亮，判定为电源问题或 Modem 损坏。

（3）数据指示灯不亮

数据指示灯（ACK）持续闪亮为正常，说明用户端至 DSLAM 局端线路无故障；如该指示灯不亮，说明线路有问题。可能原因及解决办法如下。

① 检查电话线与 Modem 连接的地方是否接触不良，或者是电话线出现了问题。

② 如果怀疑分离器损坏或 Modem 损坏，尝试不用分离器而直接将电话线接入 Modem。

③ 如果确定分离器没有问题，应保证分离器与 Modem 间连线不应过长，太长的话同步会很困难。

④ 如果排除上述情况，重新启动 Modem 一般就可以解决问题。

2．从计算机情况来判断故障及处理办法

（1）IP 地址设置问题

ADSL 虚拟拨号的用户是不需要设定 IP 地址，选自动获取即可；DNS 也无须进行设置。如果需要设定 DNS 一定要设置正确，DNS 地址要根据用户的 ISP 所提供的地址来填写，否则可能出现拨号成功后能上 QQ 而无法打开网页的情况。如没有更改过 TCP/IP 设置，一直可以正常上网，突然发现上网不正常，可以试着删除 TCP/IP 协议后重新添加 TCP/IP 协议。

（2）下载速度问题

ISP 所标称的速度单位一般是 bit/s，也就是比特每秒，而计算机下载时，下载软件所提示的下载速度一般是以 B/s 为单位，也就是字节每秒，两者是 8 倍的关系。例如，2M 的宽带的实际速度最高应该是 2M/8，大约 250 Kbit/s，考虑到电磁干扰，实际上会更低一些。所以下载显示是 200 KB 时，其实已经达到了 1.6 Mbit/s。

（3）网速慢

有时候上网速度忽然会莫名其妙变慢，造成上网速度慢的情况有以下 4 种：

① 访问国外站点会受到国际出口带宽影响；

② 对方站点情况（服务器配置、线路使用运营商）因素影响；

③ 网际互联问题，网通线路与其他运营商服务器（如电信）连接相对会慢点；

④ 由于 ADSL 技术对电话线路的质量要求较高，如果通信机房到用户间的电话线路在某段时间受到外在因素干扰，ADSL 设备会根据线路质量的优劣和传输距离的远近动态地调整用户访问速度。

（4）网络不稳定，时常断线

① 线路过长。ADSL 是一种基于双绞线传输的技术，这样可以有效地抵御外界的电磁场干扰。但从分线盒到用户这段线路大多用的电话线是平行线，这对数据传输非常不利，过长的非双绞线传输会造成连接不稳定、DSL 灯闪烁等现象，影响上网。

② 其他设备干扰。由于 ADSL 是在普通电话线低频语音上叠加高频数字信号，所以从机房到分离器这段连接中任何设备的加入都将危害到数据正常传输，所以在分离器之前不要并接电话分机、传真机、电话防盗打器等设备。并检查接线盒和水晶头有没有接触不良以及是否与其他电线串绕在一起。如居住的房间都要安装分机，最好选用质量好的分线盒。PC接 Modem 的双绞线最好选用优质双绞线与 RJ-45 水晶头连接，也可以选用购买 Modem 时

自带的双绞线。

注意：手机一定不要放在 Modem 旁，每隔几分钟手机会自动查找网络；功放音响不要过于接近电话线路经过的地方。所有强大的电磁波干扰足以造成网络断线。

需要说明的是，如果在一定时间内没有任何数据传输，ADSL 就会自动停止虚拟拨号，从而导致断线。这不是问题，主要是出于保证网络带宽不被白白浪费考虑的设置。此外，天气因素对网络也会有影响。比如大雨中、雷电过后可能无法正常使用，之后重新启动 Modem 就会自然恢复。

3．拨号过程中的故障提示

在拨号过程中，拨号软件可能会出现这样的提示窗口，这时可以根据上面的提示代码来判断故障类型，如图 5-19 所示。

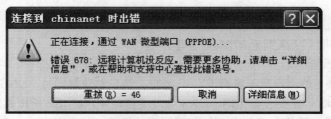

图 5-19　ADSL 错误代码提示

常见措施代码含义及解决办法如下。

（1）697 故障：这是因为网卡可能不小心禁用，只要在设备管理中重新启用网卡即可。

（2）630 故障。

① 没有合适的网卡和驱动可能原因：

网卡未安装好；

网卡驱动不正常；

网卡损坏。

② 解决办法如下：

检查网卡是否工作正常；

更新网卡驱动；

更换网卡。

（3）769 故障：拨号时报 769 错误。

① 可能原因如下：

在 Windows XP 系统中网卡被误禁用；

系统检测不到网卡；

拨号软件故障。

② 解决办法如下：

重新启用网卡；

在设备管理器中检查网卡工作是否正常；

重装拨号软件可解决。

（4）645 故障：拨号适配器未安装"此故障常见于 Windows ME 和 Windows 98 操作系统"。

解决办法如下：

在 Windows 98 下添加拨号适配器组件即可。

Windows ME 因为没有直接添加拨号适配器的选项，所以必须在控制面板中先删除拨号网络组件，再添加拨号网络组件完成适配器添加。

（5）633 故障：找不到电话号码簿，没有找到拨号连接。

① 可能原因如下：

未正确安装 PPPOE 驱动或驱动程序遭损坏；

Windows 系统有问题。

② 解决办法如下：

删除已安装的 PPPOE 驱动程序重新安装，同时检查网卡是否工作正常；

如仍不能解决问题，可能是系统有问题，建议重装系统后再添加 PPPOE 驱动。

（6）720 故障：不支持 PPPOE 连接。

① 可能原因：Windows 2000 特有的故障。

② 解决办法：重新启动计算机后再连接，如仍不能排除故障，需重装或更换操作系统。

（7）691/629 故障：不能通过验证。

① 可能原因如下：

用户账户欠费或者密码输错；

异常退出而造成账号驻留。

② 解决办法如下：

重新设置账号密码后再拨号；

重新启动计算机，等待几分钟再拨号。

如果以上方法均不能解决，确信是账号密码失效，请联系客服解决。

（8）678 故障：无法建立连接。

这个故障比较复杂，原因可能来自用户的网卡故障，可能是用户的拨号程序选错了网卡（考虑用户的计算机上装了两块网卡，只有一块连接到 ADSL Modem），也可能是宽带远程接入服务器的故障。其中任何一个环节有问题，都可能导致 678 故障。

5.5 以 Cable Modem 方式接入 Internet

为了提高用户接入 Internet 的速度，人们一方面通过 xDSL 技术提高使用电话线接入 Internet 的带宽；另一方面也在利用覆盖范围广、具有极高带宽的 CATV（有线电视）网络。HFC 接入技术就是以原有的 CATV 网络为基础，综合应用模拟和数字传输技术、射频技术和计算机技术所产生的一种宽带接入技术。利用 HFC 技术，用户可以用 Cable Modem 借助有线电视线缆高速、快捷地接入互联网。

5.5.1 有线电视 HFC 网络

1．HFC 技术概述

有线电视早已在我国的广大城市普及，它用常见的同轴电缆连入家庭。一方面，它提供了更多质量更好的电视节目，另一方面，有线电视的主干网也把原来分散的独立有线电视网络连接到一起，成为类似于电话网的普及型用户网络。与电话线一样，有线电视在城市间这样的长距离、高带宽要求的连接上也使用了光纤。这种用光纤进行长距离连接，使用同轴电缆连接家庭用户的系统被称为光纤同轴电缆混合网（Hybrid Fiber Coaxial，HFC）。

HFC 是光纤与同轴电缆相结合的混合网络。HFC 通常由光纤干线、同轴电缆支线和用户配线 3 部分组成，从有线电视台出来的节目信号和来自互联网的网络信号经混合器通过载波复用的方式调制到下行频段的不同频道，经过电光转换后用光缆送到各个光节点，在光节点经光电转换后由同轴电缆送到用户。其中，CMTS 指的是电缆调制解调器终端系统，是 HFC 网络中的专用设备，它一方面接受来自有线电视和网络的信号，并进行调制和载波传送到光收发器进行干线传输，另一方面通过交换机和路由器与 Internet 相连，如图 5-20 所示。

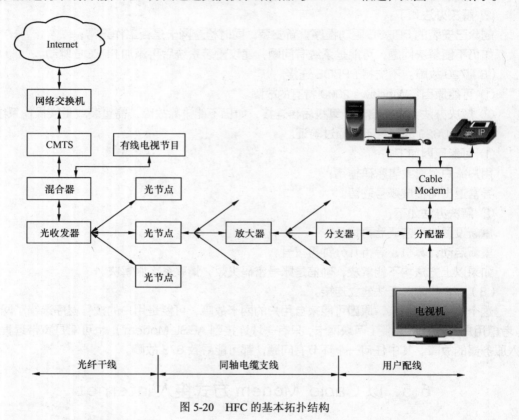

图 5-20　HFC 的基本拓扑结构

2. HFC 的主要特点

① 传输容量大，易实现双向传输；从理论上讲，一对光纤可同时传送 150 万路电话或 2 000 套电视节目。

② 频率特性好，在有限电视传输带宽内无需均衡。

③ 传输损耗小，可延长有限电视的传输距离，25 km 内无须中继放大；光纤间不会有串音现象，不怕电磁干扰，能确保信号的传输质量。

3. HFC 的网络结构

同传统的 CATV 网络相比，HFC 的网络拓扑结构也有所不同。光纤干线采用星型或环型结构；支线和配线网络的同轴电缆部分采用树型或总线型结构；整个网络按照光节点划分成一个服务区。

HFC 采用上述网络结构可满足为用户提供多种业务服务的要求。图 5-20 所示为 HFC

双向网典型连接图。

4．HFC 宽带接入系统的组成

HFC 宽带接入系统构建在现有的 HFC 网络上，借助 HFC 网络的双向传输能力为集团和个人用户提供各类速率的数据传输服务，同时不影响原有的有线电视传送。通常 HFC 宽带接入系统的设备主要有两类：一类是位于前端的设备是 HFC 网关，包括 CMTS、上变频器和以太网交换机等，用来将用户端设备和前端的服务器或者是访问 Internet 的路由器连接起来，完成上、下行数据的转发，并对所有用户端设备进行控制和管理；另一类是位于用户端的设备是 Cable Modem，用来接收数据，并将其转换为以太网数据格式通过以太网接口传送给用户 PC，或将用户发送的以太网格式的数据转换并调制发送到 HFC 网络上。

HFC 的优点是可以充分利用现有的有线电视网络，不需要再单独架设网络，并且速度比较快，它的缺点是 HFC 网络结构呈树型，其本质是总线共享型，上、下行的信道带宽由整个社区共享，所以当使用 Cable Modem 的用户数增多时，在单位时间内分配给用户的带宽变窄，这在接入 Internet 时关系不大，因为用户浏览 Internet 时将内容下载到本地计算机内，下载的过程是非常快的，下载完毕后带宽就被释放，并且所有的用户在同一时间下载内容的概率非常小，所以利用 Cable Modem 在 HFC 网络上接入 Internet，用户共享信道对上网速度的影响不明显。只有当在线观看视频内容时，由于视频节目要保持一个连续的视频数据流，因此，用户数的增加会使用户感觉到图像跳动或停顿。但是 HFC 接入方式具有可扩充带宽的能力。当出现用户平均带宽变窄时，可在 HFC 上再临时增加一个 6 ~ 8MHz 的频道，就可扩充 27 ~ 36 Mbit/s 的数据带宽。更彻底的解决办法就是将光节点的覆盖用户区缩小。从长远来看，HFC 网计划提供的是全业务网，将来配线网内的用户数可进一步下降，实现光纤到小区，最终用户数可望一户一光纤，实现光纤到家庭，提供一条通向宽带通信的新途径。

5.5.2 Cable Modem 的工作原理

1．认识 Cable Modem

Cable Modem 即线缆调制解调器，它集 Modem、调谐器、加密解密设备、桥接器、网络接口卡、虚拟专用网代理和以太网集线器等功能于一身。它无须拨号上网，不占用电话线，可提供随时在线的永久性连接。服务商的设备同用户的 Modem 之间建立了一个虚拟专网连接，Cable Modem 提供一个标准的以太网接口同用户的 PC 或网络设备连接。

Cable Modem 的主要功能是对 HFC 的上、下行数据进行调制和解调，还可以担任数据加密、解密和协议适配等工作。Cable Modem 与普通 Modem 的原理类似，都是对数据进行解调后在电缆的一个频率内传输，接收时进行解调。不同之处在于 Cable Modem 通过 CATV 的某个传输频带进行调制和解调，其他空闲频段仍然可用于有线电视信号的传输，而普通 Modem 的传输介质在用户与交换值之间是独立的，即上网用户独享全部通信介质。

Cable Modem 的技术实现一般是从 5 ~ 1 000 MHz 电视频道中分离出一条 6 MHz 的信道用于下行传送数据。通常，5 ~ 65 MHz 用于上行数据，为了抑制上行噪声积累，一般选用 QSPK 调制，QSPK 比 64QAM 更适合噪声环境，但速率较低。65 ~ 87 MHz 为隔离带。87 ~ 108 MHz 用于传输 FM 信号（调频广播）。108 ~ 550 MHz 频段用于传统的有线电视模拟型号和控制信号。在 550 ~ 750 MHz 之间传送下行数据信号，750 MHz 以上保留。为了方便传送，下行信号一般将数字信号调制到一个 6 ~ 8 MHz 的电视载波上（我国的 PAL 电视制式标准，一路电视信号为 8 MHz，美国的 NTSC 制式为 6 MHz），典型的调制方式有 QPSK 和

QAM 等。前者可以提供 10 Mbit/s 的带宽，后者可以提供 36 MHz 的带宽。Cable Modem 接受下行信号，把它转换为数字信号，以便计算机处理。通常下行数据采用 64QAM 调制方式，最高速率可达 27 Mbit/s，如果采用 256QAM，最高速率可达 36 Mbit/s。上行数据一般通过 5～42MHz 之间的一段频谱进行传送，CMTS 从外界网络接收到数据帧封装在 MPEG-TS 帧中，通过下行数字调制和 RF 输出到用户端，同时接收上行出来的数据转换成以太网帧。用户端的基本功能就是将上行数字信号调制成 RF 信号，将下行的 RF 信号解调成数字信号，从 MPEG-TS 帧中解出数据，形成以太网的数据，通过以太网接口输出，如图 5-21 所示。

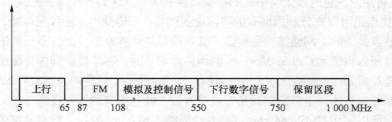

图 5-21　HFC 频谱图

2. Cable Modem 的分类

随着 Cable Modem 技术的发展，出现了不少 Cable Modem 类型，主要有以下几种分类方法。

① 根据传输方式的不同，Cable Modem 可分为双向对称式传输 Cable Modem 和非对称式传输 Cable Modem。对称式传输速率为 2～4Mbit/s、最高能达到 10 Mbit/s；非对称式传输下行速率为 30 Mbit/s，上行速率为 500 Kbit/s～2.56 Mbit/s。

② 根据数据传输方向，Cable Modem 可分为单向 Cable Modem 和双向 Cable Modem。

③ 从网络通信角度，Cable Modem 可分为同步（共享）和异步（交换）两种方式。在同步方式中，网络用户共享同样的带宽，当用户增加到一定数量时，其速率急剧下降，碰撞增加。异步的 ATM 技术与非对称传输已经成为 Cable Modem 技术的发展主流。

④ 根据所支持的用户不同，Cable Modem 可分为个人 Cable Modem 和宽带 Cable Modem（多用户），宽带 Cable Modem 具有网桥的功能，可以将一个计算机局域网接入。

⑤ 根据 Cable Modem 和计算机的接口，Cable Modem 可分为外置式、内置式和交互式机顶盒。外置 Cable Modem 的外形像一个小盒子，通过网卡连接计算机；内置 Cable Modem 是一块 PCI 插卡，可以安装在台式计算机主板上；交互式机顶盒是内置 Cable Modem，通过使用数字电视编码（DVB），交互式机顶盒提供一个回路，使用户可以直接在电视屏幕上访问网络，完成 E-mail 的收发和浏览网页等操作。

5.5.3　用 Cable Modem 接入 Internet

1. Cable Modem 的接口

Cable Modem 的外形与 ADSL Modem 非常相似，只是接口不同，Cable Modem 一般有两个接口，一个用来连接室内的有线电视接口，另一个与计算机相连。

在外置 Cable Modem 上，可以看到一些接口，这些接口主要实现硬件的连接；还可以看到一些状态指示灯，通过状态指示灯可以判断设备的工作情况，常见外置 Cable Modem 上的接口和状态指示灯如图 5-22 所示。

由图 5-22 可见，外置 Cable Modem 主要有以下接口。

① Power：电源接口，连接电源适配器。

② Cable：有线电视接口，连接有线电视同轴电缆。

③ Ethernet：以太网接口，连接计算机的网卡。

④ USB：USB 接口，连接计算机 USB 接口。

外置 Cable Modem 主要有以下指示灯。

① Power：此灯常亮表明设备通电。

② PC：此灯常量表明到计算机的链路正常。

③ Cable：此灯常亮表明上行网络链路正常。

④ Data：此灯闪烁表明链路有数据流量。

⑤ Standby：此灯闪烁表明处于等待状态。

图 5-22　Cable Modem 正面和背面

2．硬件设备的安装和连接

（1）检查相应硬件，制作双绞线跳线

在进行 Cable Modem 硬件安装前，应检查是否准备好以下材料：10M 或 10/100M 自适应网卡、有线电视分线器、Cable Modem、一根两端做好同轴电缆连接器的有线电视同轴电缆和一根两端做好 RJ-45 水晶头的双绞线跳线。

（2）硬件连接

图 5-23 所示为 Cable Modem 的连接示意图。有线电视外线经同轴电缆分线器分线后连接电视机和 Cable Modem，Cable Modem 通过双绞线跳线连接用户计算机。

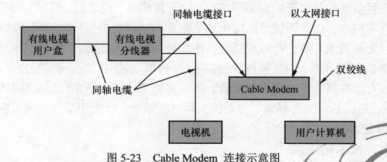

图 5-23　Cable Modem 连接示意图

3．软件设置

Cable Modem 的软件设置比较简单，不需要安装任何另外的软件，也不需要创建另外的网络连接项，只需要安装 Cable Modem 的驱动程序，并对 TCP/IP 协议以及 IE 浏览器进行配置即可。

第 1 步，安装 Cable Modem 的驱动程序。

在 Windows XP 系统下，Cable Modem 驱动程序的安装比较简单，一般 ISP 会附送驱动程序光盘或 USB 驱动盘，用户装上光盘或插上 U 盘，按提示安装即可，在这里不再赘述。

第 2 步，TCP/IP 协议配置。

对于普通家庭用户来说，由于不是专线连接，所以应采用自动获取 IP 地址方式，因此在

TCP/IP 协议属性设置中，分别选择"自动获得 IP 地址"和"自动获得 DNS 服务器地址"单选按钮。

第 3 步，用户端 IE 浏览器的设置。

在 IE 浏览器中，单击"工具"→"Internet 选项"命令，打开"Internet 属性"对话框，切换到"连接"选项卡；再单击"局域网设置"按钮，打开"局域网（LAN）设置"对话框，该对话框中的所有选项都不被选中即可，如图 5-24 所示。

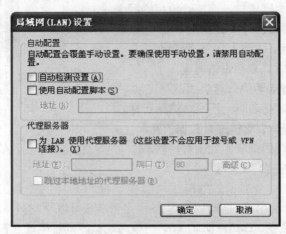

图 5-24　Cable Modem 接入互联网客户端浏览器设置

5.6　以太网接入 Internet

以太网是目前使用最广泛的局域网技术。由于其简单、成本低、可扩展性强、与 IP 网能够很好地结合等特点，以太网技术的应用正从企业内部网络向公用电信网领域迈进。以太网接入是指将以太网技术与综合布线相结合，作为公用电信网的接入网，直接向用户提供基于 IP 的多种业务的传送通道。以太网技术的实质是一种二层的媒质访问控制技术，可以在五类线上传送，也可以与其他接入媒质相结合，形成多种宽带接入技术。以太网与电话铜缆上的 VDSL 相结合，形成 EoVDSL 技术；与无源光网络相结合，产生 EPON 技术；在无线环境中，发展为 WLAN 技术。

1. 以太网技术的发展

作为广泛应用的局域网技术，以太网近年来在很多方面得到了发展。从 10M/100M～1 G 以及目前正在走向成熟的 10 G，以太网的速率不断提高；在从共享式、半双工、利用 CSMA/CD 机制到交换式、点对点、全双工以及流量控制、生成树、VLAN、QoS 等机制的采用，以太网的功能和性能逐步改善；从电接口 UTP 传输到光接口光纤传输，以太网的覆盖范围大大增加；从企业和部门的内部网络，到公用电信网的接入网、城域网，以太网的应用领域不断扩展。

以太网接入的一个重要特点是它可以提供双向的宽带通信，并且可以根据用户对宽带的需求灵活地进行宽带升级。当城域网和广域网都采用吉比特或 10G 比特以太网时，采用以太网接入就可以实现端到端的以太网传输，中间不需要再进行帧格式的转换。这就提高了数据的传输效率和降低了传输的成本。

2．以太网接入的典型形式

以太网接入可以采用多种方案，例如，FTTB 技术光纤到大楼，在每一个大楼的楼口都安装一个 100 Mbit/s 的以太网交换机，在每个楼层安装一个 100 Mbit/s 的以太网交换机。各大楼的以太网交换机通过光纤汇接到光节点汇接点。若干个光节点汇接，再通过吉比特以太网汇接到一个高速光节点汇接点（称为 GigaPoP），然后通过城域网连接到因特网的主干网，如图 5-25 所示。

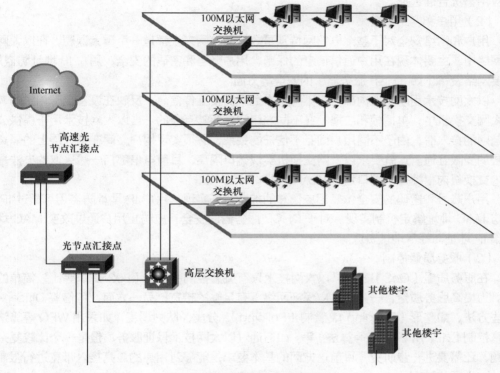

图 5-25　以太网接入互联网示例

3．以太网接入中的主要技术问题

以太网原是用于局域网的一种技术，但是采用这种技术接入 Internet 的方式，在电信宽带等方面还需要解决一系列技术问题，如认证计费、用户管理、网络安全、服务质量控制、网络管理等。

（1）认证计费问题

以太网作为一种局域网技术，没有认证、计费等机制，但要利用这种技术作为可运营、可管理的用户接入方式，必须考虑用户认证授权计费（AAA）。

AAA 一般包括用户终端、AAAClient、AAAServer 和计费软件 4 个环节。AAAClient 与AAAServer 之间的通信采用 RADIUS 协议。AAAServer 和计费软件之间的通信为内部协议。计费时可根据经营方式的需要考虑按时长、流量、次数、应用、带宽等多种方式进行。

用户终端与 AAAClient 之间的通信方式通常称为"认证方式"，目前的主要技术有以下 3种：PPPOE、DHCP＋、IEEE802.1x。PPPOE 方式的标准、设备成熟；承载数据与认证数据都需通过 PPPOE 封装，对用户控制能力强，但网络性能和设备处理效率低，容易形成流量瓶颈；设备价格高。DHCP＋方式无特殊封装，认证通过后承载数据可直接转发，网络性能和设备处理效率较高，但对用户控制能力相对较弱；无论是否通过认证，均占用 IP 地址。另外，认证层次过高会影响认证效率，也会对某些网络资源的安全性带来一定隐患。近来 IEEE802.1x 技术发展很快，这种方式中承载数据通道与认证通道分开，网络性能和设备处理效率较高；认证通过后分配 IP 地址；认证效率较高；更重要的是，它基于以太网内核，实现比较简单，与以太网设备能够很好融合，设备成本低。总之，3 种方式各有特点，应根据具体应用情况合理选择。

（2）用户和网络安全

用户和网络安全对于整个电信网特别是数据通信网来说都是一个重大课题，在以太网接入网络中，主要体现在用户通信信息的保密、用户账号和密码的安全、用户 IP 地址防盗用、重要网络设备（如 DHCP 服务器）的安全等方面。

以太网技术用于企业内部时，不同用户之间需要互传信息，反映在设备上，传统的二层以太网交换机中，单播帧和广播帧在不同端口间是能够互通的。当以太网技术用于提供公用电信网的接入时，由于不同用户间互不信任的关系，必须实现用户之间在第二层上的隔离和三层的受限互通。这就要求以太网交换机实现端口隔离，目前电信部门一般采取的办法是在楼内交换机内根据每个端口划分 VLAN。

用户账号和密码的安全依靠相应信息的加密传送实现。用户 IP 地址防盗用可通过 IP 地址与 MAC 地址绑定机制实现。对于 DHCP 服务器的安全，应防止用户通过改变 MAC 地址申请 IP 地址而耗尽地址资源。

（3）服务质量控制

在服务质量（QoS）方面，以太网技术只有流量控制、QoS（802.1P）等比较简单的机制。为提高服务质量，一方面，应保证网络上有足够的带宽；另一方面，可借鉴 Diffserv 的一些方法，如整形（Shaping）、管制（Policing）、分类、队列调度（如采用 WFQ 等算法）、拥塞控制（如采用 WRED 等算法）等。如何通过以太网技术保证服务质量是一个比较复杂的问题，还需要进一步研究，目前这方面的基本要求是能够对用户的最高接入带宽进行限制。

（4）网络管理

由于传统的以太网主要用于企业内部，因此，以太网交换机的网管功能一般较弱。为了满足电信网络运行、维护、管理的需要，应当对设备的网管功能提出比较全面的要求。当前以太网接入网络中的设备应支持基于 SNMPv2 的网元级管理。

4．以太网接入的网络结构和设备

以太网接入使用的网络设备主要是以太网交换机，但它和普通以太网交换机有所不同。边缘接入设备可看成"L2＋"，即传统二层交换机的改进；以太网接入网关可看成"L3＋"，即传统三层设备（路由器或三层交换机）的改进。由于以太网接入是一种新技术、新应用，相关标准尚不完全成熟；相应地，适合这种应用的设备还不多，在功能、性能方面仍不够完善。目前，不少制造商、运营商等都在进行这方面的研究。

5．发展以太网接入技术的主要原则

以 IP、Ethernet 为代表的计算机网络技术和以 PSTN、ATM 为代表的传统电信网络技术具有不同的特点，对其网络性能的要求也应当有所区别。

对制造商和运营商来说，不能为技术而技术，而应以市场、效益为中心。只有满足用户需求，适应市场需要，低成本、高效益的技术才有生命力。因此，发展以太网接入技术应在保持以太网原有优点的基础上对设备进行改进，在不过多地增加成本、降低性能的条件下扩展功能，努力寻找技术、市场与效益和功能、性能与成本的平衡点。

6．以太网接入发展中的主要问题

在以太网接入的发展上，目前的主要问题包括市场、技术、维护 3 方面的问题。在市场方面，由于宽带业务用户实装率比较低，而以太网接入应用于居民小区或商业大楼时，无论有多少用户，都必须对整座楼进行综合布线，并安装具有一定数量端口的设备。因此，尽管以太网设备（包括交换机和用户网卡）平均每端口的成本较低（低于 ADSL），但如果将较低的实装率（目前一般低于 30%）这一因素考虑在内，上述成本可能远高于 ADSL。这是目前影响以太网接入发展的主要原因。在技术方面，目前还不够成熟，上述几个关键问题仍有待解决。在维护方面，由于以太网传输距离的限制，实际建设时，一般要将二层交换机安装在居民楼内，而在电信机房之外放置大量有源设备，需要考虑和解决很多问题（如供电、散热、防尘、防盗等），必然会带来较大的维护成本。

7．以太网技术应用的新进展

以太网技术作为数据链路层的一种简单、高效的技术，以其为核心，与其他物理层技术相结合，形成以太网技术接入体系。EoVDSL 方式结合了以太网技术和 VDSL 技术的特点，与 ADSL 和（五类线上的）以太网技术相比，具有一定的潜在优势。WLAN 技术的应用不断推广，EPON 技术的研究开发正取得积极进展。随着上述"可运营、可管理"相关关键技术问题的逐步解决，以太网技术接入体系将在宽带接入领域得到更加广泛的应用。

同时，以太网技术的应用正在向城域网领域扩展。IEEE802.17RPR 技术在保持以太网原有优点的基础上，引入或增强了自愈保护、优先级和公平算法、OAM 等功能，是以太网技术的重要创新。对以太网传送的支持，成为新一代 SDH 设备（MSTP）的主要特征。10 G 以太网技术的迅速发展，推动了以太网技术在城域网范围内的广泛应用，WAN 接口（10Gbase-W）的引入为其向骨干网领域扩展提供了可能。

总之，以太网技术由于其简单、低成本、易扩展的优势，在用户桌面系统和企业内部网络已非常普及，随着技术的发展创新，其应用领域正逐步向接入网、城域网、甚至广域网/骨干网方面拓展，形成基于 IP/Ethernet 的端到端无缝连接。

8．光纤接入网参考——FTTX 技术

光纤接入分为多种情况，可以表示为 FTTX（即光纤到……），目前有 3 种主要的光纤接入网，即 FTTH（Fiber To The Home，光纤到家庭）、FTTB（Fiber To The Building，光纤到楼）和 FTTC（Fiber To The Curb，光纤到小区）。

FTTX 技术主要用于接入网络光纤化，范围从区域电信机房的局端设备到用户终端设备，局端设备为光线路终端（Optical Line Terminal，OLT）、用户端设备为光网络单元（Optical Network Unit，ONU）或光网络终端（Optical Network Terminal，ONT）。根据光纤到用户的距离来分类，可分成光纤到交换箱（Fiber To The Cabinet，FTTCab）、光纤到路边（Fiber To The Curb，FTTC）、光纤到大楼（Fiber To The Building，FTTB）及光纤到户（Fiber To The Home，FTTH）4 种服务形态。美国运营商 Verizon 将 FTTB 及 FTTH 合称光纤到驻地（Fiber To The Premise，FTTP）。这几种技术并无大的区别，只是以光纤铺设的范围来区分的，上述服务可统称 FTTX。

（1）FTTC

FTTC 为目前最主要的服务形式，主要是为住宅区的用户服务，将 ONU 设备放置于路边机箱，利用 ONU 出来的同轴电缆传送 CATV 信号或双绞线传送电话及上网服务。

（2）FTTB

FTTB 依服务对象区分有两种，一种是公寓大厦的用户服务，另一种是商业大楼的公司行号服务，两种皆将 ONU 设置在大楼的地下室配线箱处，只是公寓大厦的 ONU 是 FTTC 的延伸，而商业大楼是为了中大型企业单位，必须提高传输的速率，以提供高速的数据、电子商务、视频会议等宽带服务。

（3）FTTH

至于 FTTH，ITU 认为从光纤端头的光电转换器（或称为媒体转换器 MC）到用户桌面不超过 100m 的情况才是 FTTH。FTTH 将光纤的距离延伸到终端用户家里，使得家庭内能提供各种不同的宽带服务，如 VOD、在家购物、在家上课等，提供更多的商机。若搭配 WLAN 技术，将使得宽带与移动结合，则可以达到未来宽带数字家庭的远景。

因为 FTTX 接入方式成本较高，对于目前我国普通用户的承受能力和网络应用水平而言，并不适合。而将 FTTX 和 LAN 结合起来，大大降低了成本，同时可以提供高速的用户端接入带宽，是目前一种比较理想的用户接入方式，国内目前国家公司提供此类宽带接入方式。

第二部分　技能实训

技能实训 1　家用路由器的安装与使用

【实训目的】

熟练掌握家用路由器的安装与使用，了解 ADSL 连接共享上网的不同方法。

【实训条件】

奔腾四以上计算机 2 台，家用路由器 1 台（也可使用无线路由器）、ADSL Modem1 台、ADSL 线路 1 条。

【实训指导】

第 1 步，学生连接所有设备。

第 2 步，教师检查连接是否正常。

第 3 步，学生配置路由器，输入 ADSL 线路用户名和密码（根据路由器的使用说明书来配置）。

第 4 步，学生配置路由器的局域网 IP 地址范围。

第 5 步，学生连接 2 台计算机，配置 IP 地址。

第 6 步，使用 2 台计算机上网打开网页。

第三部分　思考与练习

1. 问答题

（1）ADSL 有哪些特点？

（2）家庭接入互联网的方式有哪些？

（3）FTTX 通常包括哪些类型？

（4）选择 ISP 时候应注意哪些问题？

（5）什么是 PPPOE？简述其技术特点。

（6）阅读表 5-4 后回答问题。

表5-4　　　　　　　　　　　　　题表

主机名	IP 地址	子网掩码
A	192.168.0.0	255.255.255.192
B	192.168.1.66	255.255.255.192
C	192.168.0.030	255.255.255.192
D	192.168.0.090	255.255.255.192

① 主机 A 的网络号和主机号分别是什么？

② 如果一台新的主机，想要它与 A 计算机一个网段，它的 IP 该如何配？

③ 4 台主机分别属于哪个网段？哪些主机位于同一个网段？

2．实训题

（1）用子网掩码划分子网

假设取得网络地址为 200.200.200.0，子网掩码为 255.255.255.0。现在在该网络中需要划分 6 个子网，每个子网中 30 台主机，请问如何划分子网，才能满足要求。请写出 6 个子网的子网掩码、网络地址、第一个主机地址、最后一个主机地址、广播地址。

（2）VLAN 中 IP 地址规划

如图 5-26 所示，6 台计算机连接在 2 台支持 VLAN 功能的交换机上，2 台交换机通过中继口相连，已经在 2 台交换机上划分了 3 个 VLAN，6 台 PC 分别连接到不同的 VLAN 端口。根据局域网中分配 IP 地址的原则，给这 6 台 PC 规划 IP 地址。

注意：在这里已经不能用虚线来圈定广播域的范围了。

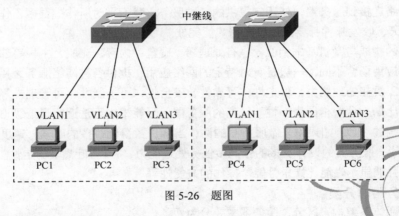

图 5-26　题图

（3）校园网 IP 地址规划

查看你所在学校校园网的 IP 地址规划情况，尝试着画出校园网的拓扑结构图，为校园网规划 IP 地址。

项目六 应用服务器的安装与配置

第一部分 知识准备

6.1 WWW 服务器的配置

6.1.1 了解服务器

1. 服务器的定义

从广义上讲，服务器是指网络中能对其他机器提供某些服务的计算机系统（如果一个 PC 对外提供 ftp 服务，也可以称为服务器）。

从狭义上来讲，服务器是专指某些高性能计算机，能够通过网络对外提供服务。相对于普通 PC 来说，在稳定性、安全性、性能等方面都要求更高，因此 CPU、芯片组、内存、磁盘系统、网络等硬件和普通 PC 有所不同。

服务器是网络的主要节点，存储、处理网络上 80% 的数据、信息，因此也称为网络的灵魂。互联网上的服务器一般放置在 ISP 的专用机房，局域网中的服务器放置在企业的特定位置。而分布在家庭、各种办公场所、公共场所等处的 PC，通过由交换机、路由器等网络设备组成的网络连接到服务器，使用它提供的各种服务。我们平时所作的很多工作，如浏览网页、QQ 聊天、收发邮件都要通过服务器才能完成。

服务器的构成与微机基本相似，也有处理器、硬盘、内存、光驱、主板等部件，但是因为服务器的应用场合不同，一般是针对特定的网络应用，提供各种网络服务之用的。所以，服务器与 PC 机在处理能力、稳定性、可靠性、安全性、可扩展性、可管理性等方面存在的差异很大，比如一台价格昂贵、性能较高的服务器，可能根本无法运行最低级 3D 游戏，而一台配置很高的 PC，如果用来做服务器的话，当客户数量比较多的时候，速度下降非常明显。一般来说，服务器的设计更多的强调多任务处理能力、I/O 吞吐量、稳定性。而 PC 机的设计更多的强调显示性能、娱乐性能、操作的方便性等。

2. 服务器的分类

（1）按照体系架构来区分，服务器主要分为两类。

RISC 架构服务器：许多大型机、小型机并不采用我们熟知的 x86 架构，而是使用 RISC（精简指令集）或 EPIC 处理器，并且主要采用 UNIX 和其他专用操作系统。精简指令集处理器主要有 IBM 公司的 PowerPC 处理器，SUN 与富士通公司合作研发的 SPARC 处理器，HP 公司的 EPIC 处理器与 Intel 公司的安腾处理器等。使用这些处理器的服务器价格昂贵、体系封闭，但是稳定性好、性能强，主要用在金融、电信等大型企业的核心系统中。

x86 服务器又称 CISC（复杂指令集）架构服务器，它是基于 PC 机体系结构，使用 Intel 或其他兼容 x86 指令集的处理器芯片的服务器，如 IBM 的 System x 系列服务器、HP 的

Proliant 系列服务器等。其价格便宜、兼容性好，但稳定性差，与相同功率下的效率要低于 RISC 系列的服务器。

（2）按照服务器的运算性能和所服务对象的范围来分，可以分为入门级服务器、工作组级服务器、部门级服务器和企业级服务器。

入门级服务器通常为 20 个左右的节点服务。一般配有一块 CPU、一块 SCSI 硬盘或 SATA 硬盘，至少 1GB 带 ECC 功能的内存，有一些基本的硬件冗余；工作组级服务器一般为 50 个左右的节点服务，配置要高于入门级服务器；部门级服务器一般为 100 个左右的节点服务，一般至少有两块 CPU、2G 内存；企业级服务器可以为数百个节点服务，一般至少有 4～8 个 CPU，高达 4GB 的内存，配备了磁盘镜像或者磁盘带区。

（3）按照外形分可以分为刀片服务器、塔式服务器和机柜式服务器。

所谓刀片式服务器应是指在标准高度的机架式机箱内可插装多个卡式的服务器单元，实现高可用和高密度。每一块"刀片"实际上就是一台独立的服务器。塔式服务器与常见的 PC 机外形差别不大。而在一些高档企业服务器中由于内部结构复杂，内部设备较多，有的还具有许多不同的设备单元或几个服务器都放在一个机柜中，这种服务器就是机柜式服务器。对于银行、证券、电信等重要企业，则应采用具有完备的故障自修复能力的系统，关键部件应采用冗余措施，对于关键业务使用的服务器也可以采用廉价冗余磁盘阵列或者双机热备份高可用系统，这样的系统可用性就可以得到很好的保证，如图 6-1 所示。

图 6-1　刀片式服务器

（4）按照所提供的应用服务不同可以分成 WWW 服务器、FTP 服务器、视频点播服务器等。

要想对外提供服务，仅仅有服务器的硬件是不够的，我们还需要在其上安装服务器软件，连接在网上的服务器安装了不同的服务器软件后，就成为不同类型的应用服务器。比如安装了电子邮局软件的服务器，就是一台电子邮局服务器，安装了 Web Server 软件的服务器，就是一台 WWW 服务器。下面将探讨几种应用服务器的安装和配置方法。

6.1.2　WWW 服务的概念及原理

WWW（World Wide Web）服务是互联网上最为热门的服务，它与我们熟悉的 E-mail、FTP 等服务相比，产生的历史最晚，目前的使用却最广泛。WWW 的本意是用超链接的形式来组织互联网的各种资源，方便用户获取信息。目前，随着 WWW 功能的不断增加，WWW 服务已经超越了原本的应用范围，越来越多的网络应用技术采用了 WWW 技术。例如，现在使用 E-mail 一般已经不再借助于 Outlook 这样的专用软件，而是直接打开 WWW 页面，在上面进行邮件收发。

1. HTML 语言和 HTTP 协议

WWW 服务是典型的基于客户机/服务器模式的 Internet 服务，客户端使用的是 WWW 浏览器，WWW 服务器端利用的是 HTML 语言来组织各种信息资源，组成一张张网页。网页中可以包含文本、图像、动画、音频、视频等各种媒体信息，WWW 服务器根据客户端的请求将指定的 HTML 文件通过 HTTP 传送给客户端的 WWW 浏览器，WWW 浏览器对所获得的 HTML 文件进行解析执行，并将执行结果显示在浏览器窗口中。

HTML 是一种标记语言，定义了一系列的标记来标注网页的内容及其格式，网页中的文本、表格等内容直接放在 HTML 文件中，而网页中的图像、动画等非文本信息则放在其他文件中。HTML 文件只保存了这些文件的存放位置，浏览器可以利用 HTTP 协议向 WWW 服务器提出请求获取这些文件，以完整展示网页的全部内容。

HTML 文件中，最重要的是包含了指向位于 Internet 中任何 WWW 服务器上的各种资源文件的指针。这些指针称为超级链接（Hyperlink）。正是由于这些超级链接的存在，分布在 Internet 中各 WWW 服务器内的众多网页才能够形成一张"遍布世界的信息网络"，这是 WWW 的原始词义。WWW 浏览器可以方便地顺着这种超链接的指引，从一个服务器进入另一个 WWW 服务器，从一个网页进入另外一个网页，浏览相关的信息。

为了能够通过超级链接方便地访问 Internet 内所有 WWW 服务器中的信息资源，必须对其 WWW 资源进行统一标识，这一标识就是 URL（Uniform Resource Locator，统一资源定位器）。URL 由字符串组成，是 WWW 服务器资源的标准寻址定位编码，用于确定资源所在的主机域名、资源的文件名以及路径和访问资源的协议。实际上，广大读者平时上网时在浏览器地址栏里面输入的资源就是所要访问的网页的 URL。

URL 由 3 部分组成：第 1 部分是访问该资源所用的方式，如超文本传输协议（HTTP）、文件传输协议（FTP）等；第 2 部分是资源所在的主机的域名；第 3 部分是所在主机中的资源的路径及文件名。常见的 URL 类型及其实例，如表 6-1 所示。

表 6-1　　　　　　　常见的 URL 类型及其实例

类型	作用	举例
HTTP	打开 HTML 文件	http：//www.sina.com
FTP	网络上的文件下载	ftp：// ftp.gnuchina.org
File	打开或下载本地文件	File：//abc/1.doc
News	新闻组	news：//news.cn99.com
Mailto	发送邮件	mailto：//soiam@126.com
Telnet	远程登录	telnet：// bbs.tsinghua.edu.cn
Rtsp	Real 流媒体文件在线播放	rtsp：//218.28.0.14:554/encoder/cctv1

HTTP 是 WWW 浏览器和服务器之间的应用协议，是一种简单的、无状态的协议，可以传输文本文件，也可以传输其他类型的文件，如图像、动画、音频、视频和可执行的二进制文件等。

2. 动态网页和静态网页

HTML 语言是 WWW 技术的基础，但 HTML 语言只能描述静态网页。静态网页的内容都是事先设计好的，每次访问这些静态网页时候得到的内容是不变的，用户只要将网页的 URL 通过浏览器发送给服务器，服务器上的 Web Server（即网页服务器软件，下面会提及）软件将网页发回给客户机即可。近些年来，由于互联网上应用，尤其是电子商务的高速发展导致客户端和服务器之间需要进行大量的交互，服务器需要针对客户端的输入做出不同的反应。因此，就产生了动态网页。所谓动态网页，不是说网页上有会动的元素，而是说用户获得的页面是动态生成的，根据用户输入的不同，页面的内容也会不同。而实现这一思想，除了Web Server 外，还需要借助于数据库服务器的支持。

动态网页的扩展名一般不再是 html 或 htm，而可能是 asp 或其他扩展名。动态网页目前一般是在静态的 HTML 语言中嵌入一些脚本语句，当用户访问这种带脚本语句的页面时，Web Server 将调用相应的脚本执行模块运行其中的脚本语句，这些脚本语句的执行结果也是 HTML 代码，与原来的 HTML 代码一起构成完整的网页返回给浏览器。

典型的动态页面应用场合是电子商务网站中的搜索功能，当用户在电子商务网页中进行商品搜索时，一般首先在网页上输入关键字，点击"搜索"，把请求提交给服务器上的 Web Server 软件，此时，Web Server 软件再将这个请求交给数据库服务器，数据库服务器完成查询后，将查询结果交给 Web Server 软件，Web Server 软件根据查询结果生成 HTML 网页，发回给客户机，如图 6-2 所示（左图为无数据库的动态网页解析过程，右图为有数据库的动态网页解析过程）。

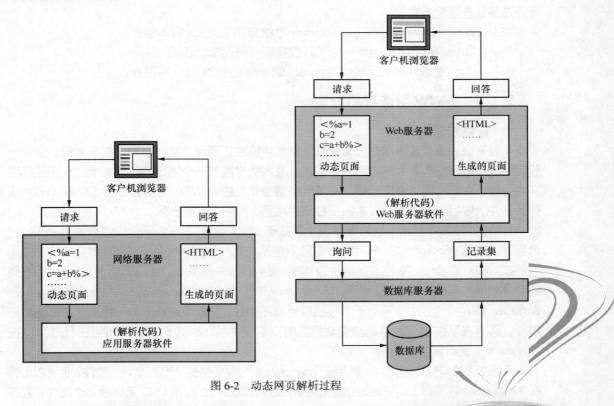

图 6-2　动态网页解析过程

目前，比较常用的动态网页技术标准有 ASP、PHP、JSP，它们所对应的网页文件的扩展名分别是.asp、.php、和.jsp。ASP（Active Server Pages）是 Microsoft 公司推出的动态网页技术，服务器端的数据库通常采用 Access、SQL Server。PHP 则采用了类似 C 语言的脚本语言，原来运行在 Linux 平台下，使用 Apache 作为 Web 服务器，数据库使用 MySQL。PHP 标准使用的操作系统、Web Server、数据库和脚本语言都属于开放软件，都可以免费使用。JSP（Java Server Pages）则是 JAVA 语言的开发者——SUN 微系统公司设计的一种动态网页技术标准，采用 Java 作为动态网页的脚本语言。

事实上，目前 3 个动态网页解决方案各有千秋，JSP 的执行效率最高，但价格最贵，也最为复杂。PHP 是免费方案，不需要支付费用。ASP 主要运行在 Windows 平台上，操作简单、容易上手，而且价格适中。

3．Web Server 服务器软件

目前最常用的 Web Server 软件有 Apache、IIS、Tomcat、WebLogic 等。全球 50%以上的 Web Server 在使用 Apache，Apache 是世界上排名第一的 Web Server 软件。它既可以运行在 UNIX/Linux 上，也可以运行在 Windows 系统中，属于免费的源代码开放软件。IIS 是微软基于 Windows 系统的 Web Server 软件，除了提供 WWW 服务之外，还提供了 FTP 服务、简单邮件传输服务、网络新闻传输服务。Tomcat 则是 SUN 微系统公司基于 Apache 开发的一款支持 JSP 的优秀软件。WebLogic 则是一款支持 JSP 的高端软件，因其价格较高目前国内使用者还很少。

目前的一个趋势是几种动态网页解决方案互相兼容，例如，Apache 已经推出了 Windows 版本；IIS 也已经可以支持 PHP 脚本语言。不过，在动态网页开发时，考虑到效率和兼容性，最好还是合理搭配为宜。

ASP：Windows 平台+IIS+SQL Server 数据库+VBScript 脚本语言。

PHP：Linux 平台+Apache+MySQL 数据库+PHP 脚本语言。

JSP：Unix 或 Windows 平台+Tomcat+Oracle 数据库+JAVA 语言。

6.1.3　WWW 服务器的配置

1．背景知识

一般来说，企业发布网站分为独立主机和虚拟主机两种方式。以独立主机为例，企业一般需要向互联网服务商 ISP 申请一条接入互联网的专线和一个固定的外部 IP 地址。还需要购买或租用一台服务器，在服务器上安装服务器操作系统和 WEB 服务器软件，并在 WEB 服务器软件上做相应的配置后，才能把自己的网页（网站）发布出来。

目前，网站发布技术解决方案目前主要基于 UNIX 平台、Linux 平台或者 Windows 平台，目前以微软的 Windows 2003 +IIS 方案最为常见。

在 UNIX 或 Linux 平台上，常用的 WEB 服务器软件是 Apache，而对于 Windows 系列的平台来说，常用的网站服务器是 IIS（Internet Information Server）。IIS 是一个软件，也是 Windows 下的一个组件。不同于一般的应用程序的是，它就像系统服务一样是操作系统的一部分，具有在系统启动时被同步启动的功能。下面将以 IIS 为例，讲述如何在利用 IIS 在 Windows 上发布网站。

目前主流的 IIS 版本号 6.0，是用于 Windows 系列服务器的 WEB Server 软件，也可以运行在 Windows XP 平台上。它是建立企业网站的最基本软件之一。IIS 6.0 又包括 4 个组件：发布网站的 WEB 服务器、发布文件的 FTP 服务器以及 SMTP 和 NNTP。下面将只谈到 WEB 服务器。

有许多其他的服务器软件也可以提供良好的 Intranet 服务，但是 IIS 是 Windows 平台下最简单好用的服务器。简单、易用是 IIS 的最大优点。IIS 6.0 提供了几个新的特征：摘要式身份验证、安全通信、服务器网关加密、安全向导、IP 地址以及 Internet 域限制、Kerberos5.0 身份验证协议兼容性、证书存储等。IIS 还支持 ASP，它有两个管理工具，一个是基于 MMC

的 Internet Service Manager 外接程序；另一个是基于 Web 浏览器管理的 Internet Service Manager。

本知识点是为实验性内容，读者需要做的准备工作是一个设计好的网站或一个网页，在设计好网页的基础上，本知识点学习如何构建网页发布环境并发布网页。在此假定读者的网页设计工作已经结束。假定首页名为"index.html"。

在做本实验之前，教师还需要向学生简单讲授 DNS 服务器的原理和配置方法。

2. 安装 IIS

首先要检查系统里有没有安装 IIS，依次打开"控制面板"→"管理工具"，如果看到 Internet 服务管理器，说明 IIS 已经正常安装，如图 6-3 所示；否则在图 6-3 中高亮显示的地方打钩，然后放入 Windows 安装光盘，按提示选择相应的目录（一般是光盘根目录下的 i386 目录），完成文件拷贝后，IIS 安装即可完成。

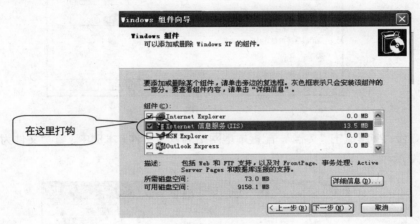

图 6-3　安装 IIS

3. 发布自己的 Web 站点

第 1 步，依次打开"控制面板"→"管理工具"→"Internet 服务管理器"，双击"Internet 信息服务"，如图 6-4 所示。

图 6-4　打开 IIS

第 2 步，在"默认网站"上按右键，点击"属性"，出现图 6-5 所示的界面，点击"主目录"选项卡，输入网页文件所在的文件夹，本例中假定发布的目录是"d：\mysite"。

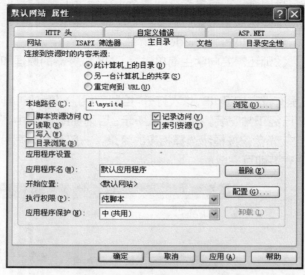

图 6-5　设置 IIS 发布主目录

第 3 步，继续点击"文档"，配置本地网站的首页文件（本例中，首页文件为 index.html，如图 6-6 所示）。

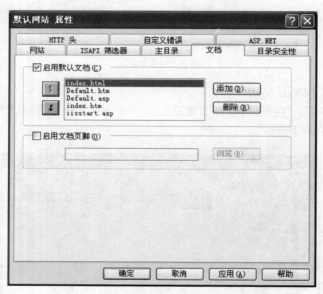

图 6-6　设置发布的首页

第 4 步，网站测试。

测试网站是否开通的方式有以下几种：

① 在浏览器地址栏中输入本机 NetBIOS 名，如"acer001"；

② 在浏览器地址栏中输入缺省服务器名"localhost"；

③ 在浏览器地址栏中输入本机的 IP 地址，如 "192.168.0.0"。

结果如图 6-7 所示（本例中的示例网站为管理信息系统精品课网站，实际显示取决于用户主目录中的首页）。

图 6-7　测试网站

至此，专用主机网站配置基本完成，当主机直接连接在互联网上时，其他人就可以通过主机的 IP 地址访问我们的网页。一般情况下，申请了专用主机的单位都会被分配到至少一个独立的互联网 IP 地址，如 "202.102.224.68"。如果希望他人通过域名进行访问，还需要到提供域名注册服务的机构注册域名（如中国万网），并通过该机构网站，将该域名解析为自己网站的 IP 地址。

4．在一个服务器上建立多个 Web 站点

一台服务器，如果只放一个小型站点，这无疑是对资源的浪费。因此，大多数服务器，往往放了不止一个单位的网站，这种在一台服务器上放置多个站点的方式，习惯上称为"虚拟主机"。

在一个服务器上建立多个站点有 3 种方式：一是多个站点对应多个 IP 地址；二是同一 IP 但端口不同的多个站点；三是同一 IP 但主机头不同的多个站点。

（1）多个站点对应多个 IP 地址。如果本机已绑定了多个 IP 地址，想利用不同的 IP 地址得出不同的 Web 页面，则只需在"默认 Web 站点"处单击右键，选择"新建→站点"，然后根据提示在"说明"处输入任意用于说明它的内容（如为"Test1"）、在"输入 Web 站点使用的 IP 地址"的下拉菜单处选中需给它绑定的 IP 地址即可；当建立好此 Web 站点之后，再按上步的方法进行其他站点的相应设置。这样就可以通过把不同的域名解析为不同的 IP 来访问不同的站点了。

（2）一个 IP 地址但不同端口来建立多个 Web 站点。比如给一个 Web 站点设为 80，一个设为 81，一个设为 82……则对于端口号是 80 的 Web 站点，访问格式仍然直接是 IP 地址就可以了，而对于绑定其他端口号的 Web 站点，访问时必须在 IP 地址后面加上相应的端口号，即使用如"http：//192.168.0.1：81"的格式。

（3）一个 IP 地址但不同"主机头"来建立多个 Web 站点。如果已在 DNS 服务器中将所需要的域名都已经映射到了唯一的 IP 地址，则用设不同"主机头名"的方法，可以让你直接用域名来完成对不同 Web 站点的访问。例如，本机只有一个 IP 地址为 192.168.0.1，已经建立（或设置）好了两个 Web 站点，一个是"默认 Web 站点"，一个是"我的第二个 Web 站点"，现在想输入"www.pacino.com"可直接访问前者，输入"www.pacino.net"可直接访问后者。其操作步骤如下。

请确保已先在 DNS 服务器中将这两个域名都已映射到了那个 IP 地址上；并确保所有的 Web 站点的端口号均保持为 80 这个默认值。

再依次在管理器中选"默认 Web 站点→右键→属性→Web 站点"，单击"IP 地址"右侧的"高级"按钮，在"此站点有多个标识下"双击已有的那个 IP 地址（或单击选中它后再按"编辑"按钮），然后在"此网站的主机头"下输入"http：//www.pacino.com"，再单击"确定"按钮保存退出，如图 6-8 所示。

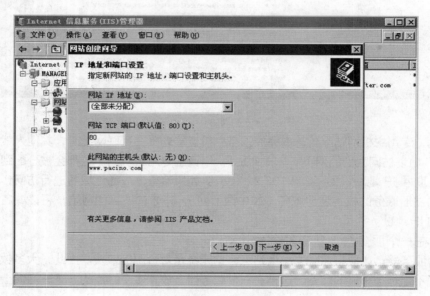

图 6-8　设置主机头

接着按上步同样的方法为"我的第二个 Web 站点"设好新的主机头名为"www.pacino.net"即可。要注意"主机头"的方式来建立多个站点只能在 Windows sever 系列服务器操作系统上实现，在 Windows XP 环境下的 IIS 不能创建多个站点，"主机头"方式也就失去了本来的意义。最后，打开 IE 浏览器，在地址栏输入不同的网址，就可以调出不同 Web 站点的内容了。

Web 服务是目前互联网使用最广泛的一项应用，它使用 HTTP 协议，使用 80 端口号。目前 HTTP 协议不但可以用于网站这种应用上，也可以用在其他应用上，如在腾讯公司的 QQ 中也用到了 HTTP 协议。Web 服务采用客户/服务器工作模式，它以超文本标记语言（HTML）与超文本传输协议（HTTP）为基础，为用户提供界面一致的信息浏览系统。信息资源以页面的形式存储在服务器中，相关的页面资源是通过超链接来进行关联的，页面到页面之间的链接信息由统一资源定位符（URL）维持。一个标准的 URL 的写法是，协议：//主机名（或 IP 地址）：端口号/[目录/]网页文件名，对于大多数网站而言，使用的端口号是 80。在客户端访问的时候需要在客户端软件地址栏里面输入 URL，如果使用的是标准端口号 80，则端口号可以忽略不写，这也是常常感觉不到它存在的原因。

这里的客户端是指 IE、fireFox 等浏览器，而服务器指 IIS、Apache 等服务器组件。当在浏览器地址栏中输入一个网址（如 http：//www.soiam.com）时，浏览器首先把此域名交给本机的域名客户端（这个客户端是后台运行的），域名客户端根据域名解析规则把域名发送给相关的域名服务器，然后将返回来的 IP 地址交给浏览器，浏览器根据这个地址向 http：//www.soiam.com 所在的服务器发送请求，Web 服务器根据请求的页面资源，从服务器的主机的硬盘中取出文件并发送给客户端，通过浏览器的解析就可以打开你所想要的网页了。

6.2　配置 Windows DNS 服务器

对于经常上网的人来说，域名应该不是一个陌生的概念，在访问各种各样的 WWW 站点时候，都要在浏览器地址栏里面输入相应的域名。对于普通人来说，可能觉得域名是自然而然的。其实，标识互联网上主机的唯一标识符应该是 IP 地址，但是，通过 IP 地址的方式来访问繁多的网站，无疑是难以记忆的，这时，就需要用到 DNS。只有通过 DNS 服务器提供的域名解析服务，才能用好记又有规律的域名来访问 WWW 网站。作为网络管理员来说，必须熟悉 DNS 的工作原理、DNS 服务的配置，才能让 Internet 用户在毫不知情的情况下访问 Internet。下面首先介绍 DNS 的工作原理，然后介绍 Windows Server 2003 中 DNS 服务的配置。

6.2.1　域名及域名系统

1．DNS 的定义

Internet 中，主机与主机之间的数据传递均通过 IP 协议来实现，并要求 Internet 内每台主机必须是用 IP 地址表示。IP 地址表示的使用对于用户来说，有两个缺点：第一，即使是点分十进制的 IP 地址，对于普通网民来说，既无规律也无特点，十分不好记忆；第二，如果企业的服务器位置发生迁移（考虑公司从省会一级城市搬迁到北京这种情况）地址的改变将导致用户不能访问。DNS 则可以很容易的解决这个问题。

DNS 最早是 1983 年由保罗·莫卡派乔斯（Paul Mockapetris）发明的；原始的技术规范在 882 号因特网标准草案（RFC 882）中发布。1987 年发布的第 1 034 和 1 035 号草案修正了 DNS 技术规范，并废除了之前的第 882 和 883 号草案。在此之后对因特网标准草案的修改基本上没有涉及 DNS 技术规范部分的改动。

现在 ICANN 负责全球 DNS 服务的管理工作。ICANN(The Internet Corporation for Assigned Names and Numbers ）互联网名称与数字地址分配机构，是一个非赢利性的国际组织，成立于 1998 年 10 月，是一个集合了全球网络界商业、技术及学术各领域专家的非赢利性国际组织，负责互联网协议（IP）地址的空间分配、协议标识符的指派、通用顶级域名（gTLD）、国家和地区顶级域名（ccTLD）系统的管理以及根服务器系统的管理。

DNS 定义了一个层次结构的命名系统来标识 Internet 上的主机，这个命名系统是一种层次逻辑树结构，称为域名空间。域名的管理通过一个庞大的分布式数据库实现，在该数据库系统中名字信息存放在遍布 Internet 的 DNS 服务器上。全球的 DNS 服务器组成一个庞大的树型结构，根服务器由 ICANN 管理，并授权各地的管理机构管理域名空间各个枝干。例如，存放我国的国家域名 cn 以下登记的各个域名的 DNS 服务器就由我国的 CNNIC（中国互联网信息中心）来管理。每一个 DNS 服务器中都存放有所谓的区域文件（Zone File），其中包含这台服务器所管理的区域中的域名登记信息，也就是域名与 IP 地址的对应记录。当用户在访问 Internet 时输入域名，将通过 DNS 服务器查询所对应的主机的 IP 地址，然后根据 IP 地址与主机进行数据通信，因此，即使服务器位置发生了迁移，IP 地址被修改的情况下，只要修改 DNS 服务器的数据库中的相应记录，就能够确保用户继续通过域名来访问该服务器，这个变化对普通用户来说，是感觉不到的。

域名由若干个子域构成，子域和子域之间以英文句号分开，最后边的部分习惯上称为顶级域名，从右向左层次逐渐降低，最左边的部分代表主机的名字。例如，新浪网的域名是 www.sina.com.cn。

不同的子域由不同层次的机构分别进行命名和管理。顶级域名分为两大类：一类表示机构的性质，称为一般顶级域名，也称为组织域；另一类表示地理位置，称为"国家域"。

一般最高域有：com（标识商业企业），edu（标识教育机构），org（非赢利性组织），gov（政府机构），mil（军事机构），int（根据国际条约建立的组织）。

表示地理位置的最高域用于表示所在的国家或地区，由于历史的原因，美国机构的主机，其最高域一般不用 us（虽然这个域名是存在的），而直接使用一般顶级域名。此外一般最高域中的 mil 和 gov 只有美国的机构使用，其国家只能在自己的国家域名之下作为次一级的域名来使用。

由于 Internet 的发展，原先定义的 7 个最高域已经远远不够用了。2000 年 11 月，ICANN 公布了新增的 7 个一般最高域，它们是：aero（航空航天相关机构），pro（医生、律师等专业人士），biz（一般商业机构），coop（合作企业），info（用于各个领域的通用域名），name（个人或以个人命名的单位），museum（会展机构）。2005 年又增加了 6 个面向特定行业和地区的域名：travel（旅行社、航空公司等），jobs（求职相关网站），mobi（为移动设备提供信息服务的机构），cat（加泰罗尼亚语和文化），tel（连接电话网络与互联网的服务）。2006 年 10 月，ICANN 又增补了一个最高域 asia（亚太地区）。

除了上述两类最高域外，还有一个特殊的最高域，名为 arpa，用来进行 IP 地址到域名的解析，这个过程和普通的 DNS 解析相反，称为逆向域名解析。

逆向域名解析是从 IP 地址到域名的映射。由于在域名系统中，一个 IP 地址可以对应多个域名，因此从 IP 出发去找域名，理论上应该遍历整个域名树，但这在 Internet 上是不现实的。为了完成逆向域名解析，系统提供一个特别域，该特别域称为逆向解析域 in-addr.arpa。这样欲解析的 IP 地址就会被表达成一种像域名一样的可显示串形式，后缀以逆向解析域名"in-addr.arpa"结尾。例如，一个 IP 地址 218.30.103.170，其逆向域名表达方式为 170.103.30.218.in-addr.arpa。两种表达方式中 IP 地址部分顺序恰好相反，因为域名结构是自底向上（从子域到域），而 IP 地址结构是自顶向下（从网络到主机）的。实质上逆向域名解析是将 IP 地址表达成一个域名，以地址作为索引的域名空间，这样逆向解析的很大部分可以纳入正向解析中。

与最高域类似，域名的每个子域均代表着一定的含义。下面以新浪网为例，新浪网的域名是 www.sina.com.cn，最右边的是 cn，表明这是一台来自中国的主机；接下来向左的子域是 com，表明这个网站所属机构是一家以赢利为目的的商业企业；再往左的子域是 sina，表明是新浪这个企业；最左边的子域是 www，这实际上是主机名，表示一台从属于新浪的服务器，如图 6-9 所示。

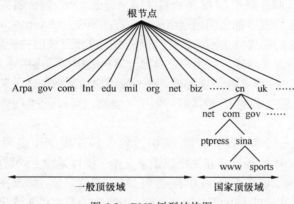

图 6-9　DNS 树型结构图

2．DNS 的工作原理

下面就一次域名解析的过程来谈谈 DNS 的工作原理。DNS 是一种基于 Client/Server 模式的服务，需要服务器和客户机协同工作才能完成。客户机首先需要为自己指定一个可用的 DNS 服务器的 IP 地址（这个地址一般由用户的 ISP 指定，用户通过拨号连接程序获取或手工设置）。

全球的 DNS 信息由许多工作在互联网的 DNS 服务器组成，每个 DNS 服务器存放有自己所管辖区域的主机的域名信息，这些域名信息是整个 Internet 的 DNS 分布式数据库的一个组成部分。当客户机提出请求时，服务器在自己的区域文件中查找，如果该服务器的设置中没有所要的信息，那么这台服务器必须向其他 DNS 服务器请求查询信息。一个 DNS 服务器可以管理一个区域，也可以管理多个区域。DNS 服务器可以分为以下 3 种类型。

① 主服务器

主服务器中存储了其所管辖区域内主机的域名资源的正本，而且以后这些区域内的数据有所变更时候，也是直接写到这台服务器的数据库中，这个数据库通常会被称为区域文件（Zone File）。一个区域内必须有一台，而且只能有一台主服务器。

② 备份服务器

备份服务器定期从一台 DNS 服务器复制区域文件，这一复制动作称为区域传送（Zone Transfer），区域传送成功后会将该区域文件设置为"只读"，也就是说，在备份服务器中不能修改区域文件。一个区域内可以没有备份服务器，也可以有多台备份服务器。设置备份服务器的目的是在主服务器不能正常工作时，能接替主服务器承担域名解析功能。用户在设置客户端时，需要设置包含主服务器和备份服务器在内的 DNS 服务器，才能在主服务器出现故障时由备份服务器来完成域名解析工作。

③ 高速缓存服务器

高速缓存服务器与主服务器和备份服务器完全不同，因为它本身不管理任何 DNS 区域，但仍然可以接受 DNS 客户端的域名解析请求，并将请求转发到指定的 DNS 服务器解析。在将解析结果返回给 DNS 客户端的同时，将解析结果保存在自己的缓冲区内。当下一次接收到相同域名的解析请求时，高速缓存服务器就直接从缓冲区内获得结果返回给 DNS 客户端，而不必将请求再转发给指定的 DNS 服务器。

实际上，Internet 用户在访问 Internet 时从输入域名到获得该域名所对应的主机 IP 地址的过程中，需要由 DNS 服务器和 DNS 解析器共同来完成。DNS 解析器实际上是一组库函数，任何需要解析域名的应用程序都会调用这组函数，在所有支持 Internet 功能的操作系统中均带有 DNS 解析器。它的实现方法不必深究，但是试图连接互联网并使用域名解析的应用程序必须要知道如何调用这些程序。当用户在自己计算机的应用程序中输入域名时，应用程序会调用域名解析器向 DNS 服务器请求解析。对一般用户和网络管理员来说，只需要 DNS 域名服务器设置好 DNS 服务器的 IP 地址就可以了。当然也可以通过 DHCP 协议来设置 DNS服务器的地址。

图 6-10 所示为一个完整的 DNS 解析过程。在该实例中应用程序要求解析域名 example.microsoft.com。应用程序首先把该请求交给了操作系统上的域名解析器，域名解析器查看本地域名 Cache，域名 Cache 中存放了已知的域名记录。如果在本地 Cache 中没有找到该域名，则会查看本地的 Host File，Host File 中存放的是主机名称记录。在 Windows XP中，Host File 的文件名为 hosts，存放在 Windows XP 系统文件夹下的 system32\drivers\etc文件夹中。如果在 Host File 中还没有找到该域名的记录，那么域名解析器将指向指定的 DNS服务器提出域名解析请求。

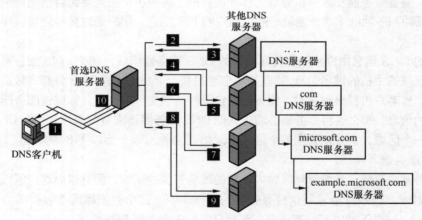

图 6-10　DNS 解析过程

注意：Host 文件是手工设置的，可以添加一些已知、经常访问的域名的对应 IP 地址，这样可以加快访问速度。如果没有编辑这个文件，则里面一般只有一条记录 127.0.0.1 localhost，这条记录将 localhost 这个名字指向代表本机的一个保留地址。

指定的 DNS 服务器接到域名解析请求后，首先查看自己的 Zone File 中是否包含该域名，判断该域名是否属于其自身管理区域内的域名，如果不是则查看其域名 Cache。如果指定的 DNS 服务器在 Zone File 中都无法找到该域名记录，说明其自身无法解析该域名，必须通过其他域名服务器来解析。此时，指定的 DNS 服务器将向 Root 的 DNS 服务器提出请求，Root DNS 服务器中记录了各最高层域的 DNS 服务器的 IP 地址。在图 6-10 所示的实例中，Root

DNS 服务器将管理 com 域的 DNS 服务器的 IP 地址返回给指定的 DNS 服务器。同理，指定的 DNS 服务器通过管理 com 域的 DNS 服务器获得了管理 microsoft.com 域的 DNS 服务器的 IP 地址。最后，管理 microsoft.com 域的 DNS 服务器到自己的 Zone File 中查看是否有主机名为 www 的域名。如果找到了该域名，那么将对应的 IP 地址返回给指定的 DNS 服务器；如果没有找到，则告知指定的 DNS 服务器该域名不存在。指定的 DNS 服务器将查询结果返回给客户端的域名解析器。同时，DNS 服务器将查询到的域名信息保存在本地的缓冲区内，供以后查询使用，最后由该域名解析器将查询结果返回给应用程序，从而完成了整个域名的解析过程。

6.2.2　配置 Windows Server 2003 DNS 服务器

Windows Server 2003 是一个流行的服务器操作系统，它的特点是简单易上手。在我国有大量的用户将它作为服务器操作系统。Windows Server 2003 提供了许多常见的服务，包括 DNS。下面我们以 Windows Server 2003 环境为例，讲述如何安装配置 DNS 服务器。

1. 安装 DNS 服务器

默认情况下，Windows Server 2003 并没有安装 DNS 服务组件，需要通过手动添加的方式安装该组件。在"控制面板"中打开"添加或删除程序"对话框，并打开"Windows 组件向导"。进入"网络服务"详细信息对话框。在"网络服务的子组件"列表中选取"域名系统（DNS）"复选框，并根据系统提示安装 DNS 组件。

注意：要想使在局域网中搭建的 DNS 服务器能够解析来自 Internet 的域名解析请求，除了必须向域名申请机构申请正式的域名外，还必须同时申请并注册 DNS 解析服务。另外 DNS 服务器还必须拥有固定的、可被 Internet 访问的 IP 地址。

2. 创建正向查找区域

DNS 服务器安装完成以后会自动打开"配置 DNS 服务器向导"对话框。在该向导的指引下创建第一个区域。

第 1 步，在"配置 DNS 服务器向导"的欢迎页面中单击"下一步"按钮，打开"选择配置操作"向导页。在默认情况下适合小型网络使用的"创建正向查找区域"单选框处于选中状态。保持默认选项并单击"下一步"按钮。

注意：上述步骤创建的正向查找区域是将域名解析为 IP 地址的过程。即当用户输入某个域名的时候，借助于该记录可以将域名解析为 IP 地址，从而实现对服务器的访问。虽然在 DNS 服务的安装过程中已经创建了一个正向查找区域。但是如果网络中存在两个或两个以上的域的时候。就必须执行添加正向查找区域操作。

第 2 步，打开"主服务器位置"向导页，保持"这台服务器维护该区域"单选框的选中状态，单击"下一步"按钮。

第 3 步，打开"区域名称"向导页，在"区域名称"编辑框中输入一个能反映公司信息的区域名称，单击"下一步"按钮。

第 4 步，在打开的"区域文件"向导页中已经根据区域名称默认填入了一个文件名，该文件是一个 ASCII 文本文件，里面保存着区域的信息，默认情况下保存在"\windows\system32\dns"文件夹中，保持默认值不变，单击"下一步"按钮。

第 5 步，在打开的"动态更新"向导页中指定该 DNS 区域能够接收的注册信息更新类型。允许动态更新可以让系统自动地在 DNS 中注册有关信息，在实际应用中比较有用，因此选择"允许非安全和安全动态更新"单选框,单击"下一步"按钮。

第6步,打开"转发器"向导页,保持"是,应当将查询转送到有下列 IP 地址的服务器上"单选框的选中状态,在 IP 地址编辑器中输入 ISP(或上级 DNS 服务器)提供的 IP 地址,单击"下一步"按钮。

第7步,在最后打开的完成向导页中列出了设置报告,用户确认无误后单击"完成"按钮结束"***.com"区域的创建过程和 DNS 服务器的安装配置过程。

3. 添加主机记录

完成 DNS 服务器的安装并创建主要区域后并不能马上实现域名解析,因为区域名称并不是一个合格的域名,还需要在此基础上创建指向不同主机的域名才能真正实现 DNS 解析服务,也就是说必须为 DNS 服务添加主机名和 IP 地址对应的数据库,从而将 DNS 主机名与其 IP 地址对应起来。这样当用户输入主机名时,才能解析成相应的 IP 地址并实现对服务器的访问。需要注意的是,主机记录和 MX 记录都只需在主 DNS 服务器上进行设置。

注意:主机记录也称为 A 记录,用于静态建立主机名和 IP 地址之间的对应关系,以便提供正向查询服务。因此必须为每种服务都创建一个 A 记录,如 FTP、Mail、News、BBS 等。

添加主机记录的操作步骤如下。

(1)依次单击"开始→"设置"→"控制面板"→"管理工具"→"DNS",打开 DNS 控制台窗口,在左窗格中依次展开"服务器名/正向查找区域"目录,然后右键单击准备添加主机的区域名称(如"hngm.cn"),在快捷菜单中执行"新建主机"命令。

(2)打开"新建主机"对话框,在"名称"编辑框中输入能够代表目标主机所提供服务的有意义的名称,如 www、mail 等,并在"IP 地址"编辑框中输入该主机的 IP 地址。本例输入名称为"www",IP 地址为"172.16.128.104",则该计算机对应域名就是 www.hngm.cn,当用户在 Web 浏览器中输入 www.hngm.cn 时,该域名将被解析成为"172.16.128.104"。设置完毕单击"添加主机"按钮。

(3)接着弹出提示框提示主机创建成功,单击"确定"按钮返回"新建主机"对话框。重复上述步骤可以添加多个主机,如 Mail、FTP 等。主机全部添加完成之后单击"完成"按钮返回"DNS"窗口,显示所有已经创建的 IP 地址映射记录。域名与 IP 地址的映射操作完成,无须重启计算机即可生效。

4. 添加 MX 记录

MX(Mail Exchange,邮件交换)记录用于向用户指明可以为该域接收邮件的服务器,那么为什么要添加 MX 记录呢?首先来举一个例子,例如,我们准备发邮件给 soiam@hngm.cn,这个邮件地址只能表明收邮件人在 hngm.cn 域上拥有一个账户,可是仅仅知道这些并不够,因为电子邮件程序并不知道该域的邮件服务器地址,因此不能将这封邮件发送到目的地。而 MX 记录就是专门为电子邮件程序指路的,在主 DNS 服务器中添加 MX 记录的操作步骤如下。

第1步,在 DNS 控制台窗口中首先添加一个主机名为"mail"的主机记录,并将域名 hngm.cn 映射到提供邮件服务的计算机 IP 地址上。

第2步,在"正向查找区域"目录中右键单击准备添加 MX 邮件交换记录的域名,执行"新建邮件交换器(MX)"快捷命令,打开"新建资源记录"对话框,一般情况"主机或子域"编辑框中应保持为空,这样才能得到诸如 soiam@hngm.cn 之类的信箱地址,如果在"主机或子域编辑框中输入内容（如 User），则信箱名将会成为 user@hngm.cn。

第 3 步，在"邮件服务器的完全合格的域名（FQDN）"编辑框中输入邮件服务器的域名，如 mail.hngm.cn，或者单击"浏览"按钮，在打开的"浏览"对话框中找到并选中作为邮件服务器的主机名称，并单击"确定"按钮。

第 4 步，返回"新建资源记录"对话框，当该区域内有多个 MX 记录（即有多个邮件服务器）时，则需要在"邮件服务器优先级"编辑框中输数值来确定其优先级，通过设置优先级数字来指明首选服务器，数字越小表示优先级越高。

第 5 步，最后单击"确定"按钮使设置生效，重复上述步骤可以添加多个 MX 记录，并需要在"邮件服务器优先级"文本框中分别设置其优先级。

5．设置 DNS 转发器

尽管在 DNS 安装配置的过程中已经设置了 DNS 转发器，但是有时还需要添加多个 DNS 转发器或调整 DNS 转发器的顺序，因此下面介绍如何设置 DNS 转发器的具体步骤。

第 1 步，打开 DNS 控制台窗口，在左窗格右键单击准备设置 DNS 转发器的 DNS 服务器名称，执行"属性"快捷命令，打开服务器属性对话框，并切换到"转发器"选项卡，添加或修改转发器的 IP 地址。

第 2 步，在"所选域的转发器的 IP 地址列表"中输入 ISP 提供的 DNS 服务器的 IP 地址，并单击"添加"按钮，重复操作可以添加多个 DNS 服务器的 IP 地址。需要注意的是，除了可以添加本地 ISP 提供的 DNS 服务器的 IP 地址以外，还可以添加其他地区 ISP 的 DNS 服务器 IP 地址。

6．创建辅助区域

为了防止 DNS 服务器由于各种软、硬件故障导致停止 DNS 服务，建议在同一个网络中部署两台或两台以上的 DNS 服务器，其中一台作为主 DNS 服务器，其他的作为辅助 DNS 服务器。当主 DNS 服务器正常运行时，辅助 DNS 服务器只起备份作用；当主 DNS 服务器发生故障后，辅助 DNS 服务器立即启动承担 DNS 解析服务。值得欣慰的是，辅助 DNS 服务器会自动从主 DNS 服务器中获取相应的数据，因此无须在辅助 DNS 服务器中添加各个主机记录。创建辅助区域的操作步骤如下。

第 1 步，打开"区域类型"向导页，点选"辅助区域"单选框，选择该选项可以将该服务器设置为辅助 DNS 服务器，单击"下一步"按钮。

第 2 步，在打开的"区域类型"向导页需要输入区域名称，需要注意的是，这里输入的区域名称必须跟主要区域的名称完全相同，在"区域名称"中输入"hngm.cn"，并单击"下一步"按钮。

第 3 步，打开"主 DNS 服务器"向导页，在"IP 地址"编辑框中输入主 DNS 服务器的 IP 地址，以便从主 DNS 服务器中复制数据，完成输入后依次单击"添加→下一步"按钮。

第 4 步，最后打开"正在完成新建区域向导"向导页，列出已经设置的内容，确认无误后单击"完成"按钮完成辅助 DNS 区域的创建过程，该辅助 DNS 服务器将每隔 15min 自动跟主 DNS 服务器进行数据同步操作。

现在局域网用户已经能够使用漂亮的昵称访问局域网和 Internet 中的网站了，这一切都是 DNS 带来的。

6.3　配置 DHCP 服务器

1．DHCP 的工作原理

DHCP（动态主机配置协议）是 Windows Server 2003 系统内置的服务组件之一。DHCP 服务能为网络内的客户端计算机自动分配 TCP/IP 配置信息（如 IP 地址、子网掩码、默认网关和 DNS 服务器地址等），从而帮助网络管理员去手动配置相关选项的工作。

对于一个有着良好操作习惯的技术高手而言，在每次进行实际操作之前应该针对欲实现的目标做一些准备工作。首先应该选择一台安装有 Windows Server 2003 的服务器用于部署 DHCP 服务，并且还要为这台服务器指定一个静态 IP 地址，另外要根据网络中同一子网内所拥有的客户端计算机数量确定一段 IP 地址作为 DHCP 的作用域。

2．安装 DHCP 服务

Windows Server 2003 系统中默认没有安装 DHCP 服务组件，需要进行手动安装，安装 DHCP 服务组件的步骤如下。

第 1 步，在"控制面板"中双击"添加或删除应用程序"图标，在打开的窗口左侧单击"添加/删除 Windows 组件"按钮，打开"Windows 组件向导"。在"组件"列表中找到并单击选中（不是选取）"网络服务"选项，然后单击"详细信息"按钮。

第 2 步，打开"网络服务"对话框，在"网络服务的子组件"列表中选取"动态主机配置协议（DHCP）复选框，依次单击"确定→下一步"按钮，开始配置和安装 DHCP 服务，最后单击"完成"按钮完成安装。

3．创建 IP 作用域

要想为同一个子网内的所有客户端计算机自动分配 IP 地址，首先要做的是创建一个 IP 地址作用域，这也是实现确定一段 IP 地址作用域的原因，创建 IP 作用域的步骤如下。

第 1 步，依次单击"开始→管理工具→DHCP"，打开"DHCP"控制台窗口，在左窗格中右键单击 DHCP 服务器名称，执行"新建作用域"快捷命令。

第 2 步，在打开的"新建作用域向导"欢迎页中单击"下一步"按钮，打开"作用域名"向导页，在"名称"框中为该作用域输入一个名称（如 CSD）和一段描述性信息，单击"下一步"按钮。

第 3 步，打开"IP 地址范围"向导页，分别在"起始 IP 地址"和"结束 IP 地址"编辑框中输入实现确定的 IP 地址范围的起止 IP 地址（本例为 192.168.0.000～192.168.0.099），接着需要定义子网掩码，以确定 IP 地址中用于"网络/子网 ID"的位数。由于本例网络环境为校园网内的一个子网，因此，根据实际情况将"长度"微调框的值调整为"23"，单击"下一步"按钮。

第 4 步，在打开的"添加排除"向导页中可以指定排除的 IP 地址范围。由于已经使用了几个 IP 地址为其他服务器的静态 IP 地址，因此需要将它们排除在外，在"起始 IP 地址"编辑框中输入排除的 IP 地址并单击"添加"按钮。重复操作即可，接着单击"下一步"按钮。

第 5 步，在打开的"租约期限"向导页中，默认将客户端获得的 IP 地址使用期限定为 8 天，如果特殊要求保持默认值不变，单击"下一步"按钮。打开"配置 DHCP 选项"向导页，保持选中"是，我想现在配置这些选项"单选框并单击"下一步"按钮，在打开的"路由器（默认网关）"向导页中根据实际情况输入网关地址，并依次单击"添加→下一步"按钮，结束配置。

4．配置 DHCP 客户端

安装了 DHCP 服务并创建了 IP 地址作用域并不代表大功告成，要想通过 DHCP 方式为客户端计算机分配 IP 地址，除了网络中有一台 DHCP 服务器以外，还要求客户端计算机应该具备自动向 DHCP 服务器获取 IP 地址的能力，这些客户端计算机就称为 DHCP 客户端。

以运行 Windows XP 系统的客户端计算机为例，设置 DHCP 客户端的方法为：在桌面上右键单击"网上邻居"图标，执行"属性"命令，在打开的"网络连接"窗口中右键单击"本地连接"图标并执行"属性"对话框，然后双击"Internet 协议（TCP/IP）"选项，在打开的"Internet 协议（TCP/IP）属性"对话框中点选"自动获得 IP 地址"和"自动获得 DNS 服务器地址"单选框，并依次单击"确定"按钮使设置生效。

默认情况下客户端计算机使用的都是自动获取 IP 地址的方式，一般无须进行修改，只需要检查一下就行了。

至此，DHCP 服务器和客户端已经全部设置好了，在 DHCP 服务器正常运行的情况下，首次开机的客户端会自动获取一个 IP 地址并拥有 8 天的使用期限。

5．修改租约期限

尽管 DHCP 服务器部署成功了，但是客户端在获取一个 IP 地址之后只有 8 天的使用期限，期限过后又要重新申请一个新的 IP 地址，IP 地址的频繁变动肯定又会给管理工作带来麻烦，能不能使客户端在获取一个 IP 地之后就拥有对该 IP 地址的永久使用权呢？其实要解决这个问题并不难，只要将"租约期限"设置为"无限制"就行了，在 DHCP 窗口左窗格中展开"服务器名称"目录，然后右键单击"作用域 CSD"选项，执行"属性"命令，在打开的属性对话框中点选"无限制"单选框，并单击"确定"按钮。

注意："租约期限"就是指客户端计算机对所获取的 IP 配置信息的使用期限。

6．DHCP 保留

DHCP 服务器中提供的"DHCP 保留"功能可以将指定的 IP 地址跟指定计算机网卡的 MAC 地址绑定，以使该 IP 地址为该网卡专用，以 Windows XP 系统为例，具体设置步骤如下。

第 1 步，在指定的计算机中打开"命令提示符"窗口，然后输入命令行"ipconfig/all"并回车，在返回的信息中找到"Ethernet adapter 本地连接"信息组，在信息组中将"Physical Address（物理地址）"项所对应的网卡 MAC 地址记下来，本例中计算机网卡的 MAC 地址为"00-01-02-6A-7E-3D"。

第 2 步，在 DHCP 服务器中打开"DHCP 控制台窗口"，在左窗格中依次展开"服务器名/作用域"目录，然后选中并右键单击"保留"选项，在打开的快捷菜单中执行"新建保留"命令。

第 3 步，打开"新建保留"对话框，自定义一个"保留名称"，然后输入准备保留的 IP 地址和目标主机的网卡 MAC 地址，并单击"添加"按钮。重复操作新建多个保留，最后单击"关闭"按钮。

通过部署 DHCP 服务器，管理员可以轻松的管理局域网中的 IP 地址，缓解了工作压力。有关 DHCP 的实例就先谈到这里，有兴趣的读者可以通过自己的摸索继续研究。

6.4 文件传输服务

6.4.1 FTP 的工作原理

1. FTP 概述

FTP 是 TCP/IP 协议簇中一个古老的应用层协议。通过 FTP 协议可以对 Internet 上远程主机上的文件和目录（在 Windows 环境中一般称为文件夹）进行新增、删除、复制、移动等处理，也可以实现远程主机和本地计算机之间的文件传输。FTP 服务就是用其使用的 FTP 协议来命名的 Internet 服务，是 Internet 上使用最早、应用最广泛的协议之一。1995 年之前，FTP 服务一直是 Internet 中数据流量最大的服务，随后被 WWW 服务所取代。

文件传输服务长期存在的一个重要原因是：FTP 服务器为用户提供一个从客户机到网络上其他计算机上浏览并下载完整的各种类型文件的功能。它和 WWW 服务完全是面向不同的应用场合。如果制作一个快速、高效的文件下载服务器，用 FTP 比用 WWW 服务器来做要方便得多。

在 FTP 的使用当中，用户经常遇到两个概念：下载（Download）和上传（Upload）。下载文件就是从远程主机拷贝文件至自己的计算机上，上传文件就是将文件从自己的计算机中拷贝至远程主机上。

和 WWW 一样，FTP 也是基于客户机/服务器模式的，一方面，我们需要在服务器端安装 FTP Server 软件。安装了 FTP Server 之后，用户要想使用 FTP 服务，还必须首先登录，在服务器上获得相应的权限以后，方可下载或上传文件。也就是说，要想同任何一台服务器之间传送文件，就必须具有那一台服务器的适当授权。换言之，除非有用户 ID 和口令，否则便无法传送文件。考虑一个为公众提供下载的场合，比如某软件公司为公众提供的软件试用版下载。这种情况下，不可能要求每个用户在每一台主机上都拥有账户。这时就需要用到匿名账户。匿名 FTP 是这样一种机制，当 FTP 服务器允许匿名登录时，用户可以直接连接到远程主机上，并从其下载文件，而无需成为其注册用户。这就需要系统管理员在服务器上建立一个特殊的用户 ID，名为 anonymous， Internet 上的任何人在任何地方都可使用该用户 ID。

FTP 也是应用层的协议，客户机和服务器之间必须先用 TCP 进行连接后才能进行数据传输。但是与其他多数应用不同的是，FTP 工作时需要使用两个 TCP 连接：控制连接和数据连接。控制连接用于传输控制信息，包括 FTP 客户进程项 FTP 服务器发出的 FTP 指令以及 FTP 服务器的响应。等到需要传输文件时，服务器再与客户建立一个数据连接，进行实际的数据传输。一旦文件传输结束，数据连接就被撤除，但控制连接仍然保留，等待接收客户进程下一步的命令，直到用户将 FTP 关闭。

2. FTP 的主动方式和被动方式

FTP 支持两种方式进行连接，一种方式称为主动 FTP，另一种称为被动 FTP。FTP 是仅基于 TCP 的服务，不支持 UDP。与众不同的是，FTP 使用两个端口，一个数据端口和一个命令端口（也可称为控制端口）。通常来说这两个端口是 21（命令端口）和 20（数据端口）。但由于 FTP 连接方式的不同，数据端口并不总是 20，当使用被动方式的时候，就会使用一个大于 1 024 的高端端口来进行数据传输。

（1）主动 FTP

主动方式的 FTP 的工作过程：客户端从一个任意的非特权端口 N（N>1 024）连接到 FTP 服务器的命令端口，也就是 21 端口。然后客户端开始监听端口 N+1，并发送 FTP 命令 "port N+1" 到 FTP 服务器。接着服务器会从它自己的数据端口（20）连接到客户端指定的数据端口（N+1）。

针对 FTP 服务器前面的防火墙来说，必须允许以下通信才能支持主动方式 FTP：

任何大于 1 024 的端口到 FTP 服务器的 21 端口（客户端初始化的连接）；

FTP 服务器的 21 端口到大于 1 024 的端口（服务器响应客户端的控制端口）；

FTP 服务器的 20 端口到大于 1 024 的端口（服务器端初始化数据连接到客户端的数据端口）；

大于 1 024 的客户机端口到 FTP 服务器的 20 端口（客户端发送 ACK 响应到服务器数据端口）。

（2）被动 FTP

由于很多客户机防火墙的限制，导致服务器无法主动发起连接。为了解决服务器发起到客户的连接的问题，人们开发了一种不同的 FTP 连接方式。这就是所谓的被动方式，或者称为 PASV，当客户端通知服务器它处于被动模式时才启用。

在被动方式 FTP 中，命令连接和数据连接都由客户端发起，这样就可以解决从服务器到客户端的数据端口的入方向连接被防火墙过滤掉的问题。

当开启一个 FTP 连接时，客户端打开两个任意的非特权本地端口（N>1 024 和 N+1）。第一个端口连接服务器的 21 端口，但与主动方式的 FTP 不同，客户端不会提交 PORT 命令并允许服务器来回连它的数据端口，而是提交 PASV 命令。这样做的结果是服务器会开启一个任意的非特权端口（P>1 024），并发送 PORT P 命令给客户端。然后客户端发起从本地端口 N+1 到服务器的端口 P 的连接，用来传送数据。

对于服务器端的防火墙来说，必须允许下面的通信才能支持被动方式的 FTP：

从任何大于 1 024 的端口到服务器的 21 端口（客户端初始化的连接）；

服务器的 21 端口到任何大于 1 024 的端口（服务器响应到客户端的控制端口的连接）；

从任何大于 1 024 端口到服务器的大于 1 024 端口（客户端初始化数据连接到服务器指定的任意端口）；

服务器的大于 1 024 端口到远程的大于 1 024 的端口（服务器发送 ACK 响应和数据到客户端的数据端口）。

（3）主动 FTP 与被动 FTP 的优缺点

主动 FTP 对 FTP 服务器的管理有利，但对客户端的管理不利。因为 FTP 服务器企图与客户端的高位随机端口建立连接，而这个端口很有可能被客户端的防火墙阻塞掉。被动 FTP 对 FTP 客户端的管理有利，但对服务器端的管理不利。因为客户端要与服务器端建立两个连接，其中一个连到一个高位随机端口，而这个端口很有可能被服务器端的防火墙阻塞掉。

3. FTP 客户端

只要是支持 FTP 协议的软件，就都可以做 FTP 的客户端，如 CuteFTP、IE 浏览器、Dreamweaver 等。在 FTP 的客户端，用户接口模块是用户与 FTP 客户进程之间的交互界面，它把用户命令变换成控制连接上发送的 FTP 指令，并把服务器在控制连接上返回的响应转换成用户所需的格式。不同的 FTP 客户端软件区别在于：有的 FTP 客户端软件提供命令行界面，有的则提供图形界面。不同的客户端和 FTP 服务器程序内部都会有一组被称为协议解析器的函数，负责进行 FTP 指令和用户命令之间的转换。

大部分 FTP 软件会同时支持被动方式和主动方式，在连接时分别用被动模式和主动模式进行连接，IE 浏览器默认的连接方式是被动方式，有些情况下，需要我们将其修改成主动方式（在 IE 的 Internet 属性里面修改），才能连接到某些 FTP 网站。

Internet 上运行的主机有各种不同的操作系统，如 Windows XP、Linux 等。各操作系统的文件系统差异很大。为了确保不同的操作系统的主机之间能够使用 FTP 协议传输文件，FTP 协议设计成支持一定数量的常用的文件类型和文件结构。FTP 协议所支持的文件类型有 ASCII 文件和二进制文件，所支持的文件结构有字节流类型和记录类型，如图 6-11 所示。

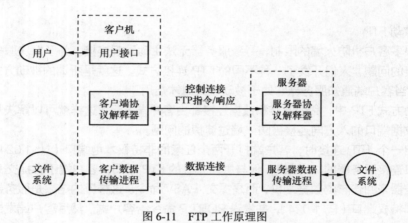

图 6-11　FTP 工作原理图

6.4.2　用 Serv-U 组建 FTP 站点

1. 安装 Serv-U

Serv-U 是一种被广泛运用的 FTP 服务器端软件，支持 Windows 9x/NT/XP/2000/2003 等。它设置简单，功能强大，性能稳定。用户通过它用 FTP 协议能在 Internet/Intranet 上共享文件。它并不是简单地提供文件的下载，还为用户的系统安全提供了相当全面的保护。例如，用户可以为自己的 FTP 设置密码、设置各种用户级的访问许可等。Serv-U 不仅 100% 遵从通用 FTP 标准，也包括众多的独特功能，可为每个用户提供文件共享完美解决方案。它可以设定多个 FTP 服务器、限定登录用户的权限、登录主目录及空间大小等，功能非常完备。它具有非常完备的安全特性，支持 SSL FTP 传输，支持在多个 Serv-U 和 FTP 客户端通过 SSL 加密连接保护您的数据安全。

Serv-U 可以很容易在网上下载其免费版本，安装过程比较简单，这里不再赘述。需要提醒的一点是，它并非一款免费软件，要想使用完全功能的 Serv-U，需要向它的开发公司 RhinoSoft 支付费用。

安装完成后，启动 Serv-U administration，出现如图 6-12 所示界面，先看看"本地服务器"这个项目，有个选项是"自动开始（系统服务）"，选中后，Serv-U 就把自己注册成为系统服务，开机运行后，而且在用户没有登录的情况下就开始运行了。

图 6-12　Serv-U 管理控制台界面

Serv-U 安装完成后，打开它的安装目录，可以看到安装文件，需要用到的主要有两个程序文件：一个是 ServU.exe，这是 Serv-U 的服务程序，只要 ServUDaemon.exe 在运行，FTP 就已经在运行了；另外一个就是在图 6-12 中看到的 Serv-U Administrator，这是 Serv-U 的管理器，各种安装配置都在这里进行。Serv-U 的服务程序是默认开机自动运行的，此时，即使没有启动管理程序，用户仍然可以登 FTP，就是因为 ServUDaemon.exe 已经在后台运行了，如图 6-13 所示。

图 6-13　Serv-U 安装目录

2．新建域

下面首先新建一个域。这里的域有什么作用呢？假如你的计算机上有两个网卡，而又对不同的两个网段提供FTP服务的话，那么在这里建几个不同的域就有作用了。

第1步，在管理器界面里面点击"新建域"。启动新建域向导，在接下来的对话框里首先要填上你的域名，如果你的是内网，或者没有域名，那就随便填上个域名或者干脆就填IP好了，如图6-14所示。

图 6-14　新建一个域

第2步，填上所要使用的端口号，如图6-15所示。

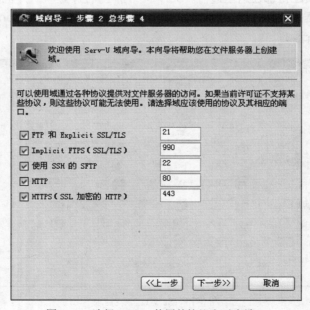

图 6-15　选择 Serv-U 使用的协议和对应端口

默认情况下，Serv-U 提供了 5 种服务，使用了 5 个端口，分别是标准 FTP 服务、显式安全 FTP 服务、隐式安全 FTP 服务、使用 SSH 协议（安全外壳）的简单 FTP 服务、标准 HTTP 服务和 SSL 加密的 HTTP 服务。

注意：如果用户的计算机上已经安装了 IIS 或者 Apache 这样的 WWW 服务器软件，请把 HTTP 和 HTTPS 旁边的"√"号去掉。

FTP 服务的端口号是 21，建议不要更改，如果更改则访问起来会略微麻烦一点，当然，这也可以增加 FTP 服务器的隐蔽性。

第 3 步，选择一个提供服务的 IP 地址，如图 6-16 所示。

图 6-16　为 Serv-U 选择 IP 地址

最后选择加密方式，用服务器默认的加密方式就可以。

3．为 Serv-U 增加用户

确认后新的域就建好了，刚建好时，Serv-U 会询问我们是否要创建一个新用户，如果选择"是"，Serv-U 会启动一个向导来帮助我们生成用户。如果选择了"否"，可以等一会到管理控制台界面下新建用户。在这里，选择"否"，如图 6-17 所示。

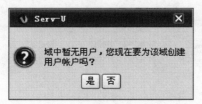

图 6-17　新建用户提示

到这里，FTP 服务器开始工作了，但是用户还是无法登录，因为还没有创建用户，下面就为 FTP 服务器创建用户。

第 1 步，添加用户，打开"用户"窗口，单击左下角的"添加"，如图 6-18 所示。

图 6-18 在 Serv-U 下添加用户

　　添加用户也是以向导方式启动的，这里填上用户名。FTP 客户端登录有两种方式：匿名登录和实名登录。如果允许用户匿名登录，首先要建立第一个用户"Anonymous"，这是 Serv-U 的一个特殊用户名，有了这个账户，客户端才可以匿名登录。注意：不要输入密码，根目录这里设定为 C 盘下的 ftproot，其他地方不要修改。填写完成后，单击"目录访问"选项卡，如图 6-19、图 6-20 所示。

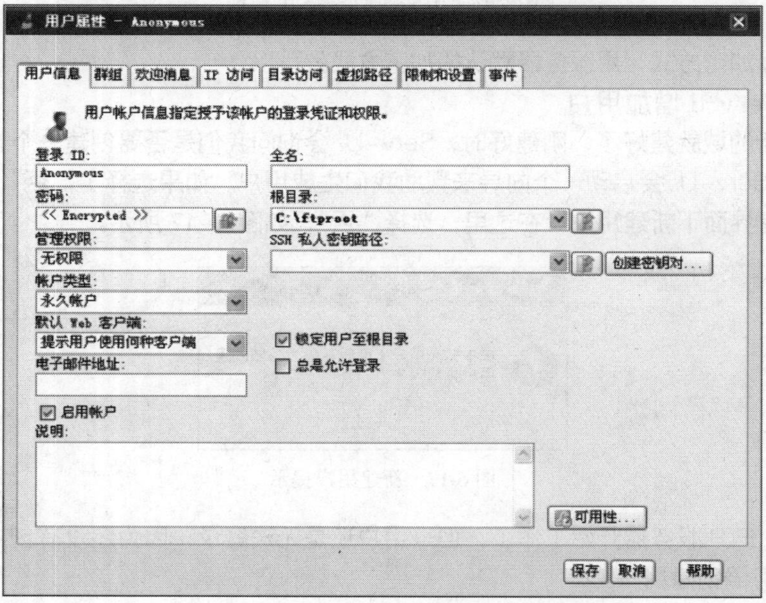

图 6-19 Serv-U 添加用户

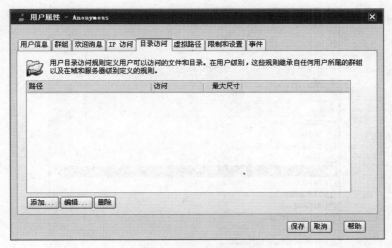

图 6-20 目录访问选项卡

首先询问的是目录（文件夹）权限。权限包括文件权限、目录权限和子目录权限 3 种。一般来说，我们只对匿名用户提供下载服务，所以只选择默认的 3 个基本权限。单击"路径"输入框右边的按钮，选择主目录，如图 6-21 所示。

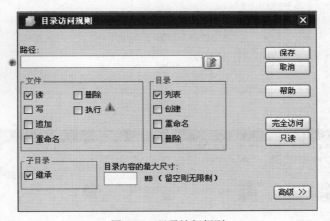

图 6-21 目录访问规则

在打开的目录选择对话框中选择一个主目录，就是用户登录后会进入的目录，对服务器来说，就是发布下载文件的目录。这里假定我们要发布的目录是"c：/ftproot"，如图 6-22 所示。

单击下面的"选择"按钮，Serv-U 会询问是否将用户锁定在主目录，也就是只允许用户访问主目录及子目录，为了安全，这个选项是非常必要的。

连续单击"保存"按钮，完成匿名用户的添加和设置。最后关闭用户管理窗口。

下面来测试这个匿名用户。首先在发布目录，也就是 C 盘下的 ftproot 里面拷贝进去一些文件供下载用，如图 6-23 所示。

第 2 步，用客户端连接 Serv-U 服务器。

用户可以换一台计算机，也可以在同一台计算机上尝试着和服务器进行连接。

图 6-22　选择发布目录

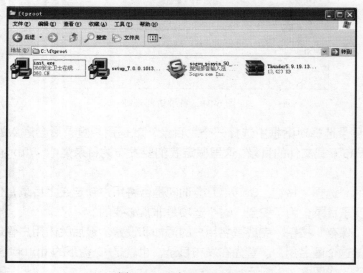

图 6-23　服务器下载目录

FTP 的客户端软件有很多，可以用命令行窗口、IE 或者专用的 FTP 客户端软件来连接
FTP 服务器，这里选用一款流行的 FTP 客户端软件"CuteFTP"来进行连接。

打开 CuteFTP，在"快速连接"工具栏输入主机 IP 地址，因为是匿名登录，所以就不需要输入用户名和密码，端口号默认是 21，不需要修改，填写完成后，单击快速链接工具栏最右边的连接按钮，就可以连接到 FTP 服务器了，如图 6-24、图 6-25 所示。

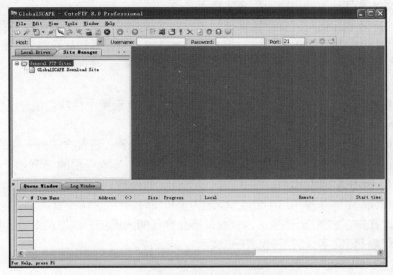

图 6-24　用 CuteFTP 连接到 Serv-U 服务器

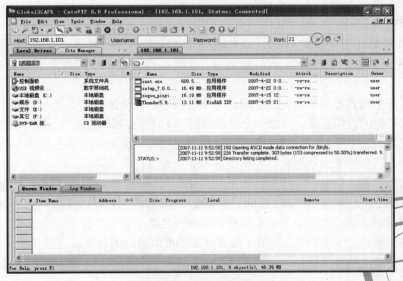

图 6-25　CuteFTP 连接成功示意图

选中要下载的文件，单击工具栏上的下载按钮，就可以进行下载了。

但是现在这个用户只能进行下载，不能进行上传，很多情况下需要开放上传功能，如网络管理员远程维护 FTP 空间、网站设计师上传制作好的网站、学生远程提交自己的作业等。这时候，就需要在服务器端添加另一种类型的用户——实名用户。

4. 为 Serv-U 增加实名用户

回到刚才做好的 FTP 服务器，双击屏幕右下角的 Serv-U 图标，再次打开 Serv-U 管理控制台，单击"用户"。在里面添加一个名为"admin"的用户（用户名用户可自定）。

创建用户后要对用户进行设置，这里的设置继承全局设置，也就是说，全局设置和域的设置对这里的设置有限制作用，也就是说，用户最终的权限相当于全局设置和用户设置的交集。只有两个地方都开放的权限，用户才真正具备。

如果用户比较多，还可以创建组，与用户添加方法基本相同，将用户添加到组后，用户就继承组的权限和设置。这一点非常有用，作为网络管理员，常常需要对很多相似的用户进行权限分配，如果一个个地做显然费时费力。如果用组来做，就方便多了。

5. Serv-U 高级设置

下面介绍如何设置 IP 限制和如何添加虚拟目录，还有设置个性欢迎信息。

（1）Serv-U 的 IP 限制

IP 限制可以在域设置中设置，也可以在用户设置中设置，设置方法是一样的，只是作用范围一个大、一个小而已。IP 访问规则是从上往下一条条地应用的。例如，FTP 地址为192.168.1.21，想让本网段和 192.168.2.1/24 访问，其他地址除了 192.168.3.1 以外全部禁止，另外，本网段中的 192.168.1.254 也禁止访问。那么可以这样设置。

第 1 步，首先，*.*.*.*全部禁止，也就是不允许任何人连接。这里的 IP 地址可以使用通配符，"*"代表任何数字，"？"代表一位数字。

第 2 步，允许 192.168.1.*访问，允许 192.168.2.*访问。

第 3 步，允许 192.168.2.1 访问。

第 4 步，禁止 192.168.1.254 访问。

（2）虚拟目录

虚拟目录是比较重要的东西，如果不可能把所有的东西都放在一个目录里，那么虚拟目录还可以让用户看起来在一个目录中，这样比较方便。虚拟目录是在域的设置中设置的。

这里有两个地方可以添加，一个是虚拟路径映射，一个是链接，这两者有什么不同呢？前者就是我们说的虚拟目录，是把一个目录映射到 FTP 的主目录中，让用户看起来这个目录好像是主目录的一个子目录一样。链接是把一个主目录中原有的目录在另一个目录中做一个链接（注意：这个目录必须是真实的目录，不能用虚拟目录）。

添加虚拟目录，例如，FTP 主目录是"f：\FTP"，想把 D 盘中的电影和 E 盘中的软件映射到这里目录中来。单击"添加"按钮，会出现一个添加向导，首先要填上要被映射的目录，这里选中 D：\movie。然后填上虚拟路径，就是要在哪个目录中显示这个虚拟的目录。要映射到主目录，就选"f：\FTP"，再填上所要显示的虚拟目录的名字就可以了。

注意：被虚拟的目录用户一定要有访问权，不然用户登录后看不到虚拟目录，这是在用户设置中添加。

添加链接：如果想在主目录中添加一个链接，将虚拟目录用名字链接到主目录中去。单击"添加"，在向导的下一步填上要链接到什么地方，这里和虚拟目录一样，支持用"%HOME%"这样的环境变量。

最后填上要被链接的目录，支持相对目录（如添加虚拟目录链接，用绝对目录无法表示）。

虚拟目录和链接设置好以后在客户端 CuteFTP 中的效果。

（3）个性欢迎信息设置

在域的设置中有"消息"选项卡。这里可以设置 FTP 服务器回应给客户端的一些消息。单击就可以修改，想要自己 FTP 增加一些个性化效果就可以在这里设置一下。

而且，FTP 支持欢迎文本，可以把欢迎信息放到一个文本文件里，这样就可以设置大段文本作为欢迎词，而且支持很多变量，可以使欢迎词更具个性。

下面是 Serv-U 能支持的变量。

① 时间和日期

```
%Time
%Date
```

② 服务器的统计信息

```
%ServerDays
%ServerHours
%ServerMins
%ServerMIns
%ServerSecs
%ServerKbup
%ServerkbDown
%ServerFilesUP
%ServerFilesDown
```

③ 用户信息

```
%Name –显示登录的用户名
%IP –显示登录的用户 IP
%Disk –显示登录的用户的当前磁盘
%DFree –显示登录的用户的当前磁盘空间，单位是 MB
%FUp –显示登录的用户的上传文件数量
%FDown –显示登陆的用户下载的文件数量
%FTot –显示登录的用户上传和下载的总的文件数量
%BUp –显示登录的用户的上传的字节数，单位是 KB
%RationUp –显示登陆用户的上传流量限制
%RationDown –显示登录的用户下载的流量限制
%QuotaLeft –显示登录用户还有多少空间可以使用，单位是 KB
%QuotaMax –显示登录用户的最大空间
```

第二部分 技能实训

技能实训 1 应用服务器安装与配置

【实训目的】

在 Windows XP 环境下安装 IIS 5.3 服务器。

【实训条件】

（1）安装了 Windows XP Professional 的计算机。

（2）计算机之间互联成局域网。

（3）安装了 TCP/IP 协议。

（4）一台安装了 DNS 服务的 Windows Server 2003 计算机，与其他机器连到一个网络。

【实训指导】

（1）下载 IIS 包。

（2）安装到计算机上。

（3）将做好的网站拷贝到计算机上。

（4）设置 IIS 发布目录和发布首页。

（5）发布动态页面。

（6）到其他计算机测试效果。

（7）在 DNS 服务器上做域名解析。

（8）测试解析效果。

第三部分　思考与练习

1．问答题

（1）专用主机网站建设方式是不是一台服务器只能存放一个网站？如果想存放多个网站如何办理？有什么现实意义？

（2）了解一下你身边的网站，哪些网站采用专用服务器方式，分析一下为什么。

（3）描述 DNS 系统是如何协同工作的。

（4）FTP 的主动方式和被动方式有何区别？

（5）DNS 中，什么是正向查询区域？什么是反向查询区域？

（6）如何把一个 IP 地址解析给多个域名？

2．实训题

（1）在 Windows XP 或者 Windows Server 2003 环境下创建不少于 3 个站点，为主机指定 3 个 IP 地址，然后分别将这 3 个站点指定给这 3 个 IP 地址。另找 1 台计算机，访问者 3 个网站。

（2）设计一个专门用于学生交作业的服务器，要求学生登录后可以上传、修改、删除自己的作业，可以看到别人的作业是否已上交，但是不能复制别人的作业。想一下，该如何实现？

（3）在小组局域网中找一台计算机，安装 Windows Server 2003，并安装 DHCP 服务，将其他 PC 的 IP 获取方式改成自动获取，然后查看 IP 地址。

项目七　计算机网络安全防护

当今社会，计算机已经相当普及，国内不少企事业单位不满足于将计算机应用停留在简单的文字处理和表单制作，开始需要更深层次的计算机应用，例如，将计算机连成网络，采取集中管理的方式来协调工作进程，或者在网络上建立企业内部管理信息系统等。这些措施无疑对提高企业生产力和工作效率有着积极的帮助。但与此同时，来自计算机病毒的威胁却随着网络的建立大大增强了。因此，系统管理员必须掌握一定的安全知识和采取一定的保护措施来防止病毒的入侵。

第一部分　知 识 准 备

7.1　计算机病毒与杀毒软件

1．病毒的基本特点和分类

网络管理员防止网络上的计算机被病毒感染，必须要先了解病毒的基本特点。病毒其实就是一个程序。像其他程序一样，当病毒程序被执行的时候，病毒才能影响我们的计算机（如复制自己占用系统资源、非法操作计算机或毁坏硬盘上数据）。反过来说，如果我们不让它运行，病毒无非是一些存储在磁介质上的程序代码，不能起任何破坏作用。

一般来说，病毒通过以下步骤达到影响和破坏计算机的目的：

① 一些人编制病毒并把它放到公共区域；

② 某个计算机用户执行了带病毒的文件；

③ 病毒将自己复制到计算机存储器上；

④ 病毒花费一些时间深入系统并适时进行传染；

⑤ 某一时刻，病毒开始发作，改变计算机的正常运行，摧毁数据。

下面来看一个典型的病毒传播过程：

① 计算机由一只插入的受感染的 U 盘而受到感染；

② 计算机再次引导时，受到病毒的控制；

③ 病毒控制文件运行和打开服务的调用，使自己常驻内存；

④ 当计算机启动时，病毒使引导过程看上去并无异样；

⑤ 最后，当有别的磁盘访问系统时，病毒将自己复制到新的媒介上完成传染。

需要说明的是，大多数病毒是在外界条件满足的情况下自动运行的，例如，某一特定时间的到来或者计算机插入了 U 盘，这样的运行称为发作。所以，大多数病毒并不是直接发作，而是在经过一段时间以后发作，以增加在被发现并杀灭前感染其他计算机的机会。

（1）按照病毒存在的媒体分类

按照病毒存在的媒体，可以把计算机病毒分为两类：文件型病毒和引导型病毒。文件型病毒是以文件为主要感染对象的病毒，引导型病毒就是感染引导扇区的病毒。还有一类病毒是混合型病毒，它们既是文件病毒，同时也是引导病毒。这里不详细介绍该类病毒，因为它们同时拥有上述两类病毒的特点。

典型的文件病毒通过以下的方式载入并复制自己：当一个受感染的程序运行后，病毒控制后台及后续操作。如果该病毒是一个宏病毒，那么当打开一个带有受感染宏程序的文档时，病毒将入侵新的文件；如果这个病毒是常驻内存型的，它将自己载入内存，控制文件运行和打开服务的调用。当系统调用该类操作时，病毒将入侵新的文件；如果该病毒不是常驻内存型的，它会立刻寻找一个新的感染对象，可能是当前目录中的第一个文件，一个文件夹或者是设计病毒的人预先定义的某个文件，然后取得这个原始文件的控制权。

（2）按照病毒的传染方式分类

根据病毒传染的方式，病毒可以为驻留型病毒和非驻留型病毒。驻留型病毒感染计算机后，把自身的内存主流部分放在内存中，这一部分程序挂接系统调用并合并到操作系统中去，处于激活状态，一直到关机或重新启动。非驻留型病毒在得到机会激活时并不感染计算机内存，一些病毒在内存中留有小部分，但是并不通过这一部分进行传染，这类病毒也被划分为非驻留型病毒。

（3）按照寄生方式分类

按照病毒的寄生方式，病毒可分为源码型病毒、入侵型病毒、操作系统型病毒和外壳型病毒。其中，源码型病毒主要攻击高级语言编写的源程序，通过将自己插入到系统的源程序中，并随着程序一起编译、链接成可执行文件，从而导致刚刚生成的可执行文件直接带毒。这种病毒较难编写，比较少见。入侵性病毒主要用自己替换掉正常的程序的一部分，导致正常程序执行的时候也一并执行病毒程序。操作系统型病毒则是用其自身替代操作系统的部分功能。外壳型病毒指的是病毒附在正常程序的开头或结尾，相当于给正常程序加了个外壳，大部分的文件型病毒都属于外壳型病毒。

（4）其他类型的病毒

传统意义上的病毒只感染可执行文件，随着 Windows 的流行和互联网的普及，又出现了几种特殊形式的破坏性代码或者软件，现在往往也把它们归入病毒范围。

① 宏病毒

宏病毒是使用某种应用软件如 MS Office 自带的宏编程语言编写的病毒，主要感染 MS Office 文件和 Lotus Pro 文件等。宏病毒是用比较简单的代码形式出现的，一般比较容易感染，它可以感染数据文件，具有传播容易、隐蔽性强、危害大等特点。

② 木马

木马不是病毒，其实质是一种通信软件，被某些别有用心的人设计出来，通过各种方式在别人的计算机里自动运行，开放一些网络端口，达到非法入侵他人计算机的目的。木马直接威胁的是网络用户的数据安全。大多数病毒软件厂商都将木马纳入病毒范围。但是，因为木马与正常的通信软件有时很难区分，所以，为了防治木马，最好还在个人计算机上安装防火墙软件，以监控网络运行，随时发现借助于木马的非法入侵。

③ 蠕虫

蠕虫也是一种程序，但是它与病毒通过文件进行传播不同，蠕虫程序是通过自行计算网络地址，将自身副本通过网络发送，利用网络从一台计算机的内存传播到其他计算机的内存，而不改变文件和资料信息。和病毒破坏文件不同，蠕虫程序的破坏方式是占用内存资源并阻塞网络。

注意：即使我们未使用受感染磁盘引导系统，病毒仍然可能感染计算机的引导扇区；有的病毒既是引导病毒，同时也是文件病毒；计算机可能在执行此类受染文件后，引导扇区受到病毒感染。

2．病毒在网络环境中的传播及防治

（1）病毒传播的途径

病毒传播的途径往往是通过 U 盘、光盘复制文件的时候可能伴随有病毒的传播，但是，最普通的病毒来源是网络，在网上不当的下载，带有病毒的电子邮件甚至 QQ 聊天过程中都有可能使计算机感染病毒。

由于现在的大多数网络应用是基于客户机/服务器架构的，这就带来了一个问题：服务器可能扮演着病毒中转站角色。服务器中如果不慎放入了一个含有病毒的文件供客户机下载，那么下载了这个文件的客户机势必受到感染。这一问题在宏病毒出现后变得更加严峻，因为宏病毒感染的对象是文档，而文档是普通公司中使用最广泛的文件类型。

总的来说，受感染文件存在服务器有以下原因：

① 受感染文件直接由工作站被网络管理员直接拷贝或上传到硬盘上；

② 服务器被网络管理员当做工作站使用，在上网过程中不慎感染病毒；

③ 病毒由服务器的通信端口（如 RJ–45 端口）传入系统。

这里要说明的是，一个工作站上被激活的引导型病毒不能影响服务器，因为它没有通过网卡控制远程读、写服务的能力。

出于安全的考虑，服务器最好专机专用，不要既当服务器又当工作站。但是，如果工作站拥有网络管理员权限，那么服务器仍然有可能受到病毒攻击。

（2）保护计算机不受病毒侵袭的安全措施

保护计算机不受病毒侵袭，要养成良好的习惯，这些习惯总结如下：

① 经常备份系统；

② 在网络中为不同的用户分配各自相应的权限；

③ 不要将服务器当成工作站；

④ 不要在服务器上运行应用程序；

⑤ 安装正版程序；

⑥ 不要下载来历不明的文件。

3．网络环境下的两种防病毒策略

由于局域网计算机之间需要共享信息和文件，这就给计算机病毒在网络中的传播带来了可乘之机，因此网络管理员必须为网络构建一个安全的防病毒方案。目前局域网防病毒方案有两种可以选择。

① 传统的分布式防病毒方案，如图 7–1 所示。

在这种方案中，局域网的服务器和客户机上分别安装了单机版的防病毒软件，这些防病毒软件之间没有任何联系，甚至可能是来自不同厂家的产品。这种方案的优点是用户对客户机进行分布式管理，客户机之间互不影响，而且单机版的杀毒软件价格比较便宜。

这种方案的缺点是没有充分利用网络，客户机和服务器在病毒防护上各自为战，防病毒软件之间无法共享病毒库，对于有很多计算机的局域网来说，一方面会增加局域网对 Internet

的数据流量；另一方面也会给网络管理员带来巨大的工作量。

图 7-1　传统的分布式防病毒方案

② 集中式防病毒方案，如图 7-2 所示。

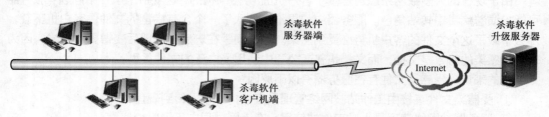

图 7-2　集中式防病毒方案

集中式防病毒方案通常由防病毒软件的服务器端和工作站端组成，通常可以利用网络中的任意一台主机构建防病毒服务器，其他计算机安装防病毒软件的工作站端并接受防病毒服务器的管理。在集中式防病毒方案中，防病毒服务器自动连接 Internet 的防病毒软件升级，服务器下载最新的防病毒库升级文件，防病毒工作站自动从局域网的防病毒服务器上下载并更新自己的病毒库文件，这样网络管理员不需要对每台客户机进行维护和升级，也能够保证网络内所有的计算机的病毒库保持一致并自动更新。目前大多数防病毒软件厂商都提供了集中式的防病毒方案。

一般情况下，对于大中型局域网应该采用集中式防病毒方案；而对于采用对等模式组建的小型局域网，考虑到成本等因素，一般应采用分布式防病毒方案。

7.2　安装并配置 360 杀毒软件

目前社会上主流的杀毒软件有卡巴斯基、NOD32、瑞星、金山毒霸等。在此以 360 杀毒软件为例，讲述如何完成防病毒软件的安装和设置。360 杀毒软件是 360 公司和世界著名的安全公司 BitDefender 推出的一款面向中国用户的杀毒软件，具有双引擎、全免费、适应中国网民习惯等特点。

1．安装 360 杀毒软件

① 到 360 公司的网站上下载最新的 360 杀毒软件，这个文件很小，只有不到 1M 大小。双击安装文件，弹出对话框，如图 7-3 所示。这时出现了再次下载的提示，实际上刚才下载的文件其实只是一个下载的工具，这个工具使用 P2P 技术帮助我们下载杀毒软件，这个版本的杀毒软件大约有 90 多兆字节大小。

② 下载完成后，单击"下一步"按钮进入安装阶段，打开"安装类型"对话框，通常选择"快速安装"按照默认设置安装；也可以根据自己的需要进行"自定义安装"，如图 7-4

所示。

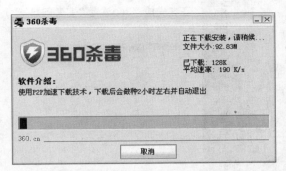

图 7-3 开始正式下载 360 杀毒软件

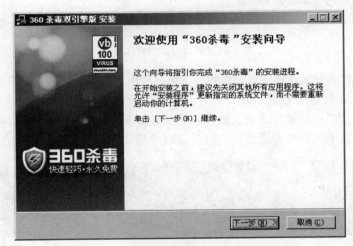

图 7-4 开始安装 360 杀毒软件

③ 单击"下一步"按钮，接受安装协议，开始安装，如图 7-5 所示。

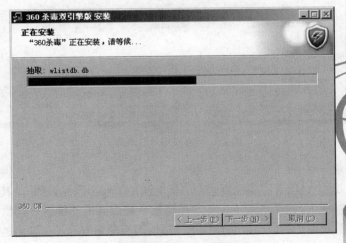

图 7-5 安装过程——复制文件

④ 安装完毕后，单击"下一步"按钮，打开配置向导对话框，如图 7-6 所示。

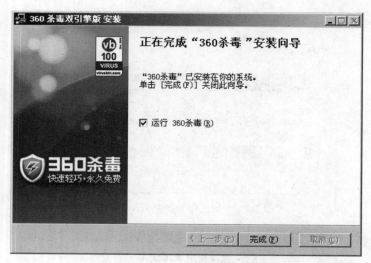

图 7-6　完成 360 杀毒软件安装

360 杀毒软件的安装还是比较简单的，下面将利用它来查杀病毒，进行设置。

2. 防病毒软件查杀病毒

当安装好了 360 杀毒软件之后，就可以用它来查杀病毒，保护计算机。

单击系统托盘中的 360 杀毒图标，打开 360 杀毒软件的主窗口，如图 7-7 所示。

图 7-7　360 杀毒软件主界面

（1）病毒查杀

我们看到有 3 个选项卡"病毒查杀"、"实时防护"和"产品升级"。其中，默认显示的选项卡是"病毒查杀"，这个选项卡提供了杀毒软件最主要的功能——病毒扫描。扫描病毒是防病毒软件最重要的功能，可以防止由于一些原因反恶意程序没有测到的恶意代码蔓延。360 杀毒软件提供了 3 种扫描病毒的方式，如图 7-8 所示。

① 指定位置扫描：扫描用户选择的计算机文件系统里的任何对象。

图 7-8　360 杀毒软件病毒查杀界面

②　全盘扫描：彻底扫描整个系统，默认时将扫描系统内存、启动时加载的程序、系统备份、电子邮件数据库、硬件驱动程序、移动存储介质和网络驱动器。

③　快速扫描：扫描所有操作系统启动时加载的对象。

下面来看一下进行扫描的过程。

启动/停止扫描病毒任务。打开主程序窗口，在窗口左边选择"扫描"（可选择"完全扫描"或"快速扫描"），如图 7-9 所示。单击"开始扫描"按钮执行扫描任务。如果想在任务运行时停止扫描，可单击"停止"按钮。

图 7-9　360 杀毒——快速扫描查杀病毒

可以在扫描窗口中单击"运行模式"的链接，选择"设置"，打开"运行模式"对话框。可以设置扫描计划，定期对计算机文件系统进行自动扫描。

当检测到危险时执行的操作。一旦检测到一个问题，应用程序会给它指定一种确定的状态，在状态被确定后，应用程序将会对检测到的威胁执行指定的操作。默认情况下，应用程序会在扫描结束时提示用户对恶意程序要进行的操作。

① 清除：清除被感染的目标。处理之前这个目标将被备份。

② 删除：删除危险目标。处理之前这个目标将被备份。

③ 跳过：对危险对象不采取动作，在报告中简单表明关于它的信息。如果选择该操作，这个文件还可以继续使用。

如果是在自动模式下使用程序，当检测到一个危险对象时会自动引用360杀毒软件所推荐的操作。

如果是想更改对检测到的对象执行的操作，可在扫描窗口中选择"检测后处理方式"的链接，从下拉菜单中选择需要的操作。

（2）查看当前的保护状态

要保护计算机不受病毒侵袭，仅仅被动地进行查杀是不够的，最好的方法是防患于未然。与大多数杀毒软件一样，360杀毒软件提供了"实时防护"功能，只要启动了这个功能，杀毒软件可以一直监测U盘、邮件、拷贝进来的文件等可能存在的病毒隐患。切换到"实时防护"选项卡，从360杀毒软件的主窗口，用户可以看到当前计算机被保护的情况和当前程序运行的情况，如图7-10所示。

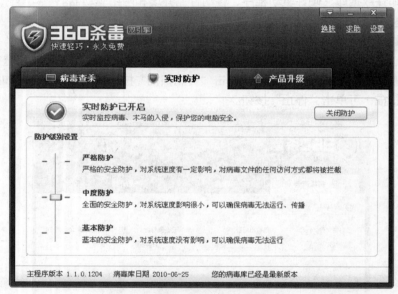

图7-10　360杀毒软件实时防护界面

为了提供实时防护功能，360杀毒软件需要有一部分程序常驻内存，在提供安全的同时也会牺牲掉一些主机资源。为了使用户在安全和计算机性能之间达到一个理想的平衡点。360杀毒提供了3个级别的防护。

① 严格防护：严格的安全防护，对系统速度有一定影响，对病毒文件的任何访问方式都将被拦截。

② 中度防护：全面的安全防护，对系统速度影响很小，可以确保病毒无法进行传播。

③ 基本防护：基本的安全防护，对系统速度没有任何影响，可以确保病毒无法访问。

如果计算机配置很高，则不妨使用"严格防护"，但是这一级别可能存在一定程度的误报。如果配置偏低，就最好使用"基本防护"。

（3）升级杀毒软件

由于互联网上流行的病毒一般都是比较新的病毒，所以，要想得到更好的杀毒服务，必须要经常对杀毒软件进行升级。升级包括两种意义上的升级，一是软件升级，二是病毒库升级。大多数情况下，只需要升级病毒库就可以了。杀毒软件会根据最新病毒库里存储的病毒特征码来查杀最新的病毒。因此，养成定期升级病毒库的习惯是非常重要的，当然，也可以自己升级病毒库。

把 360 杀毒的主界面切换到"产品升级"，单击"更新"按钮，此时系统会自动从 360 安全公司放在互联网上的服务器或用户设置的更新源进行更新，更新成功后，窗口会在醒目位置提示"无需升级——您的病毒库是最新版本"，如图 7-11 所示。

图 7-11 更新病毒库成功

除手动更新外，还可以将更新模式设置为"自动"，并可以设置自动更新的时间间隔以及更新源。具体方法是：在 360 杀毒软件的主窗口单击"设置"按钮，打开"设置"对话框，单击"更新"按钮，在运行模式中可以选择"自动"。也可以单击"设置"按钮，打开"更新设置"对话框，设置更新源和具体运行模式等，如图 7-12 所示。

图 7-12 将 360 杀毒软件升级方式改为"自动升级"

3．360 杀毒软件的设置

要想让杀毒软件更好的按照我们的需求为我们服务，对杀毒软件进行设置是必要的工作。我们在 360 杀毒软件的主界面右上角单击"设置"按钮，进入设置界面，如图 7-13 所示。

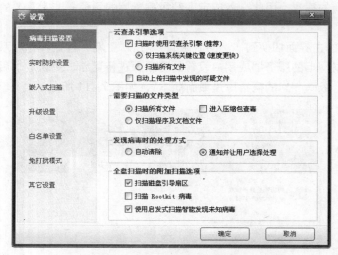

图 7-13　360 杀毒设置主界面

我们看到，360 杀毒设置项一共被分成了 6 大类，下面逐一介绍。

① 杀毒设置

选择需要扫描的文件类型，勾选"进入压缩包查毒"后就可以让 360 杀毒支持扫描压缩包。

扫描时发现病毒的处理方式，如果不知道如何去分辨是不是病毒，建议选择"自动清除"，如果计算机中有很多容易被误杀的程序或文件，建议选择"通知并让用户选择处理"。

全盘扫描时的附加扫描选项，建议全选，如果怕卡机，可以只选择第一和第二项目，如果时间空闲，建议全选并定期进行一次全盘扫描，如图 7-14 所示。

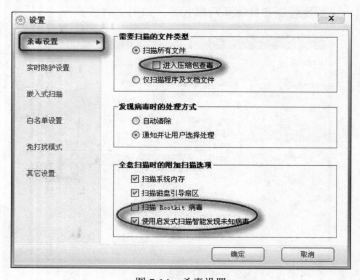

图 7-14　杀毒设置

② 实时防护设置

选择监控文件的类型，如果对系统要求比较高，建议选择"监控所有文件"，否则保持默认就可以了。

监控发现病毒时的处理方式，为防止误报，在病毒清除失败后的动作需要选择"禁止访问"。

其他防护选项，如果不是在局域网内，可以不勾选"拦截局域网病毒"，如图 7-15 所示。

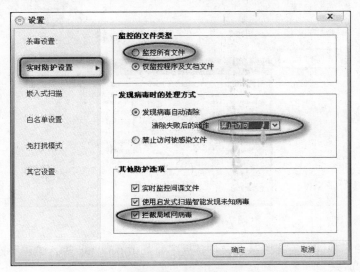

图 7-15 监控设置

③ 嵌入式扫描

这里的设置一目了然，全选即可，另外，如果已经通过组策略或其他方式禁止了 U 盘的自动运行，可以取消勾选"即时扫描插入的 U 盘"，以免计算机配置不是很好的用户在插入 U 盘后自动扫描出现卡机的现象，如图 7-16 所示。

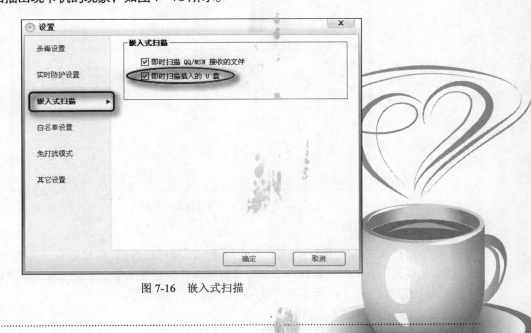

图 7-16 嵌入式扫描

④ 白名单设置

设置文件目录白名单，其中添加文件及指定添加某个文件，而添加目录则可以指定添加某一个文件夹，如图 7-17 所示。

图 7-17 设置文件夹白名单

文件扩展白名单即制定排除某个文件扩展名，如 mp3、avi 等，这里不建议新手随意添加，如图 7-18 所示。

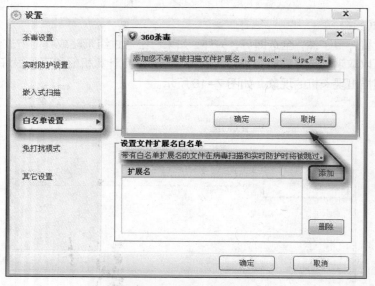

图 7-18 白名单设置

⑤ 免打扰模式

免打扰模式的作用在于，当进入全屏游戏或程序的时候，可让 360 杀毒进入免打扰模式，在这个模式下，360 杀毒软件不会有弹窗等类似的提醒出现，所有出现的事件都会按照先前设置好的方式处理，从而不去打扰用户，如图 7-19 所示。

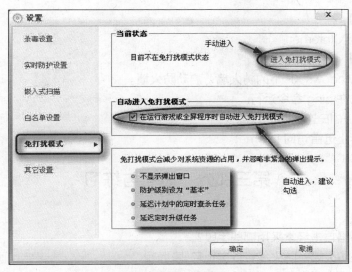

图 7-19　免打扰设置

⑥ 其他设置

定时查毒，也就是制定查毒计划，没有特殊要求的用户保持默认即可，不建议开启。自动启动，设置 360 杀毒是否在开机后自动启动，建议勾选，如图 7-20 所示。

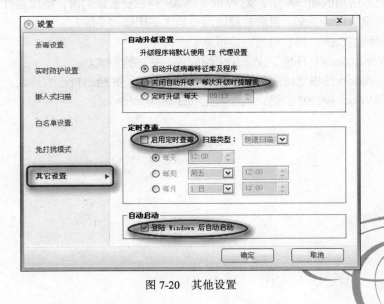

图 7-20　其他设置

第二部分　技 能 实 训

技能实训 1　使用 Windows 防火墙保障系统安全

【实训目的】

熟练掌握使用杀毒软件查杀病毒。

【实训条件】

计算机，接入 Internet。

【实训指导】

（1）打开 Windows XP 下的防火墙，启动防火墙。

（2）设置允许 ping 命令运行。

（3）设置允许 IE 连到 Internet。

（4）设置禁止迅雷访问 Internet。

第三部分　思考与练习

1．问答题

（1）目前网络攻击经常采用哪些手段？

（2）什么是防火墙？防火墙可以实现哪些功能？

（3）按照传播方式来分，病毒分为几种？

（4）简述计算机病毒存在的特征。

2．实训题

（1）为什么要关闭不必要的服务和端口？

（2）发现你所用的操作系统，如 Windows XP 存在安全漏洞时，应做些什么？

（3）为了保障网络安全，目前在局域网中通常采用哪些手段？

（4）针对网络攻击，都有哪些防范措施？

（5）在 Windows XP 环境下安装防火墙软件，并进行测试。

（6）用 X-scan 扫描局域网，报告你所发现的漏洞，并给出自己的建议。

（7）打开 Windows XP 的防火墙，禁止 QQ 访问 Internet。

书　名	书　号	定　价
高等职业教育课改系列规划教材（通信类）		
交换机（华为）安装、调试与维护	978-7-115-22223-7	38.00 元
交换机（华为）安装、调试与维护实践指导	978-7-115-22161-2	14.00 元
交换机（中兴）安装、调试与维护	978-7-115-22131-5	44.00 元
交换机（中兴）安装、调试与维护实践指导	978-7-115-22172-8	14.00 元
综合布线实训教程	978-7-115-22440-8	33.00 元
TD-SCDMA 系统组建、维护及管理	978-7-115-23760-8	33.00 元
光传输系统（中兴）组建、维护与管理	978-7-115-24043-9	44.00 元
光传输系统（中兴）组建、维护与管理实践指导	978-7-115-23976-1	18.00 元
光传输系统（华为）组建、维护与管理	978-7-115-24080-4	39.00 元
光传输系统（华为）组建、维护与管理实践指导	978-7-115-24653-0	14.00 元
网络系统集成实训	978-7-115-23926-6	29.00 元
高等职业教育课改系列规划教材（汽车类）		
汽车空调原理与检修	978-7-115-24457-4	18.00 元
汽车传动系统原理与检修	978-7-115-24607-3	28.00 元
汽车电气设备原理与检修	978-7-115-24606-6	27.00 元
汽车动力系统原理与检修（上册）	978-7-115-24613-4	21.00 元
汽车动力系统原理与检修（下册）	978-7-115-24620-2	20.00 元
高等职业教育课改系列规划教材（机电类）		
钳工技能实训（第 2 版）	978-7-115-22700-3	18.00 元

如果您对"世纪英才"系列教材有什么好的意见和建议，可以在"世纪英才图书网"（http://www.ycbook.com.cn）上"资源下载"栏目中下载"读者信息反馈表"，发邮件至 wuhan@ptpress.com.cn。谢谢您对"世纪英才"品牌职业教育教材的关注与支持！